环境分子微生物学

汪善全　主编

梁大为　侯慧杰　信丰学　副主编

科学出版社

北京

内 容 简 介

本书较为系统地介绍了环境科学与工程专业领域涉及的分子微生物学原理与技术。全书共分为八章,第一章主要介绍了分子微生物学概念、发展史及基本研究内容;第二章系统介绍了微生物细胞大分子与分子生物学中心法则涉及的基础知识;第三至五章主要介绍了原核微生物细胞结构与分子组成,进化、系统发育与分类,以及微生物代谢;第六章主要从分子层面介绍了病毒性质、复制周期、宿主影响等基本知识;第七章描述了环境分子生物学分析方法与技术的原理及应用;第八章从胞外电子传递角度介绍了微生物电子传递的分子机制及环境应用。

本书可作为高等学校环境科学与工程等专业本科生与研究生教材,同时,还可供从事环境微生物学相关领域工作的科研人员及技术人员参考。

图书在版编目(CIP)数据

环境分子微生物学 / 汪善全主编. —北京:科学出版社,2022.3

ISBN 978-7-03-071950-8

Ⅰ.①环… Ⅱ.①汪… Ⅲ.①环境微生物学－分子生物学
Ⅳ.①X172

中国版本图书馆 CIP 数据核字(2022)第 047511 号

责任编辑:肖 雷 马程迪 / 责任校对:杜子昂
责任印制:苏铁锁 / 封面设计:刘 静

科 学 出 版 社 出版
北京东黄城根北街 16 号
邮政编码:100717
http://www.sciencep.com

北京凌奇印刷有限责任公司 印刷
科学出版社发行 各地新华书店经销

*

2022 年 3 月第 一 版 开本:720×1000 1/16
2022 年 3 月第一次印刷 印张:17 1/2
字数:340 000
POD定价: 79.00元
(如有印装质量问题,我社负责调换)

前　言

环境科学与工程专业领域涉及大量微生物过程，包括从小尺度的微粒表面生物膜形成过程，到实际工程中的生物反应器系统和污染土壤、地下水生物修复系统，再到全球尺度的元素循环过程。随着分子生物学和分析技术的快速发展，环境分子微生物学已成为微生物学的重要分支，从分子层面分析、理解和调控环境微生物过程及其机制已经成为环境科学与工程专业的基本专业知识要求。目前环境科学与工程专业领域的微生物学教材主要介绍微生物细胞生长、代谢、遗传、变异、群落及生态系统层面的专业知识，很少涉及分子层面的基础知识和理论。因此，需要编写专门教材来满足专业发展需求，这也是编写本书的初衷。

本书紧密结合环境科学与工程专业发展对环境分子微生物学基础知识的需求和教学要求，重点介绍了分子生物学中心法则及其环境应用、微生物细胞结构及大分子组成、原核微生物与病毒分类及进化等分子机制、微生物胞内与胞外电子传递及能量代谢分子机制和现代分子生物分析技术。在本书编写过程中，结合了编者在水与固废处理、土壤与地下水修复、环境元素循环过程、生物能源等环境科学与工程专业研究领域多年的教学与科研经验，充分体现了环境科学与工程专业对环境分子微生物学的知识要求。本书注重基本知识、理论和技术的掌握和训练，可以满足初学者和具有一定环境微生物学知识的读者需求。同时，为了适应专业未来发展需求，广泛参考了国内外文献与书籍，使得本书内容系统、全面、丰富、详细，也具有一定的深度。

参与本书编写工作的主要有中山大学汪善全教授、北京航空航天大学梁大为教授、华中科技大学侯慧杰教授和南京工业大学信丰学教授。汪善全负责编写第一至六章，梁大为负责编写第七章，侯慧杰负责编写第八章，信丰学负责编写第三章和第四章的部分内容，最后由汪善全统稿。在编写过程中，得到了中山大学部分老师、学生及兄弟院校老师的热情关心和支持，在此向各位提供帮助的老师和学生表示衷心的感谢！

由于作者水平有限，书中难免存在不足之处，敬请广大专家学者、师生和读者批评指正。

编　者

2022 年 1 月 18 日

目　　录

前言
1　导论 ……………………………………………………………… 1
　　1.1　分子微生物学概念 ……………………………………… 1
　　1.2　分子微生物学发展史 …………………………………… 1
　　　　1.2.1　一个基因一个酶 ………………………………… 3
　　　　1.2.2　DNA 双螺旋结构 ………………………………… 4
　　　　1.2.3　遗传信息传递中心法则 ………………………… 5
　　　　1.2.4　操纵子模型 ……………………………………… 6
　　　　1.2.5　聚合酶链反应（PCR）技术 …………………… 6
　　　　1.2.6　DNA 测序技术 …………………………………… 8
　　　　1.2.7　设计人工蛋白 …………………………………… 9
　　　　1.2.8　首个人造微生物 ………………………………… 10
　　1.3　分子微生物学的基本研究内容 ………………………… 11
　　1.4　分子微生物学与环境关系 ……………………………… 12
　　　　1.4.1　分子微生物学技术与环境检测 ………………… 13
　　　　1.4.2　分子微生物学原理与各环境过程微生物响应机理研究 … 13
　　　　1.4.3　分子微生物学与新环境微生物技术开发 ……… 13
　　参考文献 ……………………………………………………… 13
2　微生物细胞大分子与分子生物学中心法则 ………………… 15
　　2.1　微生物细胞大分子 ……………………………………… 15
　　　　2.1.1　微生物细胞化学组成 …………………………… 15
　　　　2.1.2　化学键与分子相互作用力 ……………………… 18
　　2.2　DNA ……………………………………………………… 20
　　　　2.2.1　DNA 分子结构 …………………………………… 20
　　　　2.2.2　DNA 分子与基因组 ……………………………… 24
　　2.3　RNA ……………………………………………………… 26
　　　　2.3.1　RNA 分子组成与结构 …………………………… 26
　　　　2.3.2　RNA 分类与功能 ………………………………… 28
　　2.4　蛋白质 …………………………………………………… 31

2.4.1 蛋白质组成 ·· 31

2.4.2 蛋白质结构与功能 ···································· 34

2.4.3 蛋白质变性与复性 ···································· 37

2.5 分子生物学中心法则 ·· 37

2.5.1 中心法则 ··· 38

2.5.2 DNA 复制 ·· 38

2.5.3 DNA 转录与 RNA 逆转录 ···························· 43

2.5.4 蛋白质合成 ··· 46

2.5.5 分子生物学中心法则与环境应用 ················· 50

参考文献 ·· 51

3 原核微生物细胞结构与分子组成 ································ 52

3.1 细胞质膜 ··· 54

3.1.1 细胞质膜组成 ·· 55

3.1.2 细胞质膜结构 ·· 58

3.1.3 细胞质膜功能 ·· 60

3.2 细胞壁 ·· 72

3.2.1 细胞壁组成与结构 ···································· 72

3.2.2 细胞壁功能 ··· 75

3.3 细胞内结构 ··· 76

3.3.1 核区 ·· 76

3.3.2 质粒 ·· 76

3.3.3 内含体 ··· 77

3.3.4 细胞其他组成部分 ···································· 81

参考文献 ·· 84

4 原核微生物进化、系统发育与分类 ·························· 85

4.1 遗传变异 ··· 85

4.1.1 基因突变 ··· 87

4.1.2 基因重组 ··· 93

4.1.3 基因转座 ··· 99

4.2 微生物进化与系统发育 ······································ 102

4.2.1 微生物进化 ··· 102

4.2.2 系统发育 ··· 104

4.3 微生物系统分类学 ·· 110

4.3.1 微生物分类等级划分及命名规则 ················· 111

　　　　4.3.2　微生物分类方法 ……………………………………… 115
　　参考文献 ……………………………………………………………… 122
5　微生物代谢 …………………………………………………………… 123
　　5.1　酶催化反应能学与酶促反应动力学 …………………………… 124
　　　　5.1.1　酶的组成与结构 …………………………………………… 124
　　　　5.1.2　酶催化反应能学 …………………………………………… 126
　　　　5.1.3　酶促反应动力学 …………………………………………… 128
　　5.2　氧化还原反应与电子传递链 …………………………………… 132
　　　　5.2.1　氧化还原反应 ……………………………………………… 132
　　　　5.2.2　电子传递链及传递过程中的能量转化 ………………… 136
　　5.3　微生物代谢途径 ………………………………………………… 140
　　　　5.3.1　发酵与呼吸 ………………………………………………… 140
　　　　5.3.2　生物大分子的分解代谢 ………………………………… 148
　　　　5.3.3　合成代谢 …………………………………………………… 151
　　5.4　微生物生长繁殖 ………………………………………………… 156
　　　　5.4.1　微生物营养类型 …………………………………………… 156
　　　　5.4.2　微生物生长 ………………………………………………… 156
　　　　5.4.3　微生物系统的化学计量学与动力学 …………………… 161
　　参考文献 ……………………………………………………………… 165
6　病毒 ………………………………………………………………… 166
　　6.1　病毒性质 ………………………………………………………… 166
　　　　6.1.1　病毒颗粒特征 ……………………………………………… 166
　　　　6.1.2　病毒颗粒的化学组成 …………………………………… 170
　　　　6.1.3　病毒分类与命名 …………………………………………… 173
　　6.2　病毒学研究基本方法 …………………………………………… 176
　　　　6.2.1　病毒分离与纯化 …………………………………………… 176
　　　　6.2.2　病毒测定 …………………………………………………… 178
　　6.3　病毒表达、复制与感染 ………………………………………… 184
　　　　6.3.1　病毒生长与复制周期 …………………………………… 184
　　　　6.3.2　病毒核酸复制与表达 …………………………………… 186
　　　　6.3.3　病毒感染 …………………………………………………… 188
　　6.4　病毒与宿主 ……………………………………………………… 195
　　　　6.4.1　病毒对宿主的影响 ……………………………………… 195
　　　　6.4.2　原核生物抗病毒感染 …………………………………… 197

参考文献 ·· 204

7 环境分子生物技术 ·· 205

7.1 基于 16S rRNA 的 PCR-克隆文库与测序分析 ····················· 206

7.1.1 提取样品基因组 DNA（genomic DNA） ····················· 207

7.1.2 PCR 扩增目标片段 DNA ··································· 208

7.1.3 PCR 产物克隆 ··· 209

7.2 PCR-RFLP 技术原理及应用 ····································· 212

7.2.1 ARDRA ··· 215

7.2.2 T-RFLP ··· 216

7.2.3 AFLP ··· 217

7.3 随机扩增多态性 DNA（RAPD） ·································· 217

7.4 SSCP/DGGE/TGGE 指纹技术 ··································· 218

7.4.1 SSCP ··· 219

7.4.2 DGGE/TGGE ··· 220

7.5 荧光原位杂交 ·· 225

参考文献 ·· 228

8 微生物电子传递 ·· 230

8.1 微生物能量获取与吉布斯自由能 ·································· 230

8.2 矿物形式及其氧化还原活性 ······································ 234

8.2.1 含铁地表矿物 ··· 234

8.2.2 矿物质的氧化还原电位 ································· 236

8.3 微生物胞外电子传递 ·· 237

8.3.1 耦合有机物氧化与 Fe（III）还原的能量壁垒 ··············· 238

8.3.2 直接电子传递 ··· 239

8.3.3 氧化还原中介体 ······································· 247

8.3.4 直接电子传递与电子中介体介导电子传递 ··············· 254

8.3.5 纳米导线 ·· 255

8.4 胞外电子传递意义 ··· 258

8.5 微生物电化学技术 ··· 258

8.5.1 微生物电化学技术总括 ································· 259

8.5.2 微生物燃料电池 ······································· 261

8.5.3 总结和展望 ·· 266

参考文献 ·· 267

1　导　　论

1.1　分子微生物学概念

分子生物学这一术语早在 1938 年就由 Warren Weaver 首先使用，随后得到包括研究生物大分子结构的 William Astbery 等学者的广泛使用。广义分子生物学是指在分子水平上研究生命现象，或用分子的术语描述生命现象的学科。早期的狭义分子生物学则指在核酸与蛋白质水平上研究基因复制、基因表达（包括 RNA 转录、蛋白质翻译）、基因表达调控及基因突变与交换的分子机制。作为 DNA 双螺旋结构发现人之一的 James D. Watson 将这种狭义的分子生物学也称为基因分子生物学。

分子微生物学是微生物学的一个分支。基于分子生物学概念，分子微生物学是在核酸（DNA 和 RNA）、蛋白质等分子水平对微生物遗传、生长等生命过程分子机理进行的研究与认识。这里的分子水平是指那些携带遗传信息的核酸和在遗传信息传递或细胞内外通信过程中发挥重要作用的电子、能量、信号传递等分子载体。其中，核酸、蛋白质等生物大分子分别由简单的核苷酸、氨基酸等小分子通过排列组合蕴藏大量生物信息，并进一步利用复杂的空间结构形成精确的相互作用体系，由此构成微生物多样性和微生物个体精确的代谢调节控制系统。阐明这些复杂大分子结构及结构与功能的关系是分子微生物学的主要任务。

分子微生物学是由生物化学、微生物学、细胞学、病毒学及生物信息学等多学科相互渗透、融合产生并发展而来。分子微生物学的发展对微生物学、医学与环境科学及其他学科的发展也产生了深远影响。同时，材料、物理、分析化学等学科在分子水平上的发展也极大地推动了分子微生物学与这些学科的相互交叉和渗透。分子微生物学从研究微生物细胞内部组成的大分子结构及其生物学功能开始，逐步延伸到在分子水平上认识微生物生长与分化、信息传递、基因表达与调控、遗传、进化等过程，并进一步延伸到复杂微生物群落中功能微生物的基因组学、转录组学、蛋白质组学等。

1.2　分子微生物学发展史

在 1665 年英国物理学家 Robert Hooke 发现细胞后，德国植物学家 Matthias

Jakob Schleiden 和动物学家 Theodor Schwann 在 1838~1839 年提出了细胞学说，认为细胞是生命体组成的基本单位，论证了生物体结构的统一性，并提出细胞为动植物进化上的共同起源。1859 年，英国科学家 Charles Robert Darwin 在《物种起源》一书中基于大量考证资料和科学分析，提出了物种通过变异、生存竞争而实现"物竞天择，适者生存"的进化论。进化论的提出对当时流行的神创论及物种不变论提出了根本性的挑战，成为生物学发展史上的一个重要转折点。进化论与细胞学说同为 19 世纪最重要的自然科学发现之一，二者的结合促进了现代生命科学的形成。

1868 年，奥地利遗传学家 Gregor Mendel 通过豌豆杂交实验发现了遗传上的分离定律、自由组合定律，成为遗传学的奠基人。此后，美国实验动物学教授 Thomas Hunt Morgan 不仅在 1910 年的果蝇杂交实验中证实了 Mendel 从豌豆实验中总结的遗传规律，还进一步发现并提出了连锁定律，该定律与分离定律及自由组合定律一起成为遗传学三大定律。19 世纪末至 20 世纪初，生物化学步入快速发展时期：生物化学家发现了糖酵解途径、尿素循环、三羧酸循环等主要代谢途径，得到了模拟细胞内环境特性的"缓冲溶液"系统，提出了"胶体"理论，为酶学研究奠定了基础。同时，生物大分子以氢键、离子键发生相互作用的现象与生物化学其他原理一道加深了我们对生命形式的结构与功能的理解。因此，以研究基因的遗传和变异规律为主要内容的遗传学与以研究细胞内活性物质代谢规律为主要目标的生物化学形成分子生物学的两大支撑学科。

在现代生命科学与分子生物学形成、发展期间，微生物学逐渐发展起来。在 Robert Hooke 发现细胞的同一时期，荷兰科学家 Antonie van Leeuwenhoek 利用自制显微镜发现了包括细菌在内的多种微生物，成为"微生物学之父"。在随后的 19 世纪 60 年代，法国化学与微生物学家 Louis Pasteur 及德国医生及微生物学家 Robert Koch 建立了早期的微生物研究方法，包括否定"自然发生说"的巴氏消毒法、微生物固体培养基培养与分离、细菌细胞染色等技术与方法，成为微生物学的奠基人。

进入 20 世纪之后，在现代生命科学、分子生物学及微生物学发展及电子显微镜等高新技术出现的基础上，分子微生物学进入了快速发展时期（表 1.1）。

表 1.1　分子微生物学发展里程碑

年份	事件
1944	Avery、MacLeod 及 McCarty 通过实验证明 DNA 是遗传物质
1953	Watson 与 Crick 发现了 DNA 的双螺旋结构
1956	Kornberg 发现 *E. coli* DNA 聚合酶 I

续表

年份	事件
1958	Kornberg 分离 DNA 聚合酶 I 并在体外环境实现 DNA 合成；Crick 提出了遗传信息传递的中心法则；Meselson 用著名的"密度转移"实验证实 DNA 的"半保留复制"，建立密度梯度离心技术
1960	Weiss 发现转录酶
1961	Monod 与 Jacob 提出乳糖操纵子模型，这是第一个原核基因表达控制模型，同时预言了 mRNA 的存在；Spiegelman 在 T2 感染的 *E. coli* 中发现 mRNA，建立分子杂交技术
1966	Nirenberg 与 Khorana 破译了遗传密码
1967	Gellert 等发现 DNA 连接酶
1970	Smith 与 Wilcox 分离第一个限制性内切酶 *Hind* II
1972	Khorana 等合成了完整的 tRNA 基因
1973	Boyer 与 Cohen 建立了 DNA 重组技术
1977	Gilbert 和 Sanger 分别发明了基于化学断裂法与聚合酶链反应终止技术（双脱氧终止技术）的 DNA 测序方法；Itakura 发现真核基因在原核细胞中的表达
1978	Genentech 公司在大肠杆菌中表达出胰岛素
1988	PCR 技术问世
1990	Woose 提出将自然界生命分为细菌、古菌和真核生物三域，揭示各生物间的系统发育关系
1995	Fleischmann 等报道了第一个原核生物全基因组序列
2003	David Baker 等设计出人工蛋白
2010	地球上首个全基因组由人工合成并能够自我复制的"新物种"出现

1.2.1　一个基因一个酶

　　1941 年，George Beadle 和 Edward Tatum 以红色面包霉（*Neurospora crassa*）为研究对象，提出"一个基因一个酶"（one gene-one enzyme）的假说（获得 1958 年诺贝尔生理学或医学奖），说明了基因的生化作用本质是控制酶的合成，每个酶都对应着一个基因。这一科学发现促使了生物化学和遗传学之间的联合，也是分子生物学史上的重大发现。后续研究表明，"一个基因控制一个酶"并不意味着"一个基因就足以指导合成一个酶"。因为蛋白酶通过众多氨基酸聚合形成多肽链，合成一个酶需要若干酶的功能协调，以及若干基因的参与。并且，一些酶是由多个不同多肽链通过进一步聚合形成具有四维结构的催化活性单元（遗传信息从基因到酶的具体转化过程可以参见本书 2.5 节"分子生物学中心法则"）。Beadle 和 Tatum 所揭示的基因仅是合成这个蛋白酶大分子的众多反应过程或基因组成中的基因之一。因此，"一个基因一个酶"的假说进一步改进为"一个基因一条多肽链"（one gene-one polypeptide）的假说。

1.2.2 DNA 双螺旋结构

1953 年，James Watson 和 Francis Crick 在来自 Rosalind Franklin 命名为"Photo 51" DNA 的 X 射线衍射谱图及 Erwin Chargaff 碱基配对等研究成果基础上提出了 DNA 双螺旋结构模型，以此作为现代分子生物学诞生的标志，开创了分子生物学发展的黄金时代。Watson 在博士学习期间，主要研究 X 射线对噬菌体繁殖和发育的影响，并意识到噬菌体遗传物质组成及结构是阐明噬菌体复制机制的关键。在 Cavendish 实验室，Watson 和与其专业形成互补的 Crick 相遇，展开了合作研究，并将目标锁定在揭示 DNA 分子结构上。在他们的合作研究中，Crick 可以帮助 Watson 理解晶体学原理并为解释其结果提供必要信息，Watson 可以为 Crick 提供细菌遗传学的发展动态和噬菌体研究的最新结果。Watson 和 Crick 在 1953 年 4 月于 *Nature* 杂志发表了关于 DNA 双螺旋结构（图 1.1）模型的论文。同期，Maurice Wilkins、Alexander Stokes 和 Herbert Wilson 报道的 DNA 结晶 X 射线衍射实验数据从结构生物学的角度进一步证实了 Watson 和 Crick 所提出的 DNA 模型的合理性。时隔一个月（1953 年 5 月），Watson 和 Crick 再次在 *Nature* 杂志发文，从 DNA 双螺旋结构遗传学意义的角度报道了简单的 DNA 自我复制模型，合理解释了基因自我复制的过程，并指出突变是源于 DNA 中稀有的、短暂存在的碱基形式，进而导致复制过程的错误配对。这一结构模型解释了"基因自我复制与突变"的现象，即基因的基本属性问题。

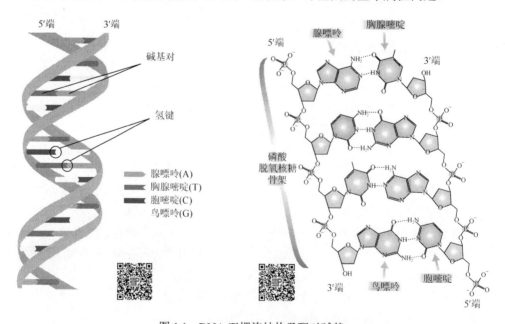

图 1.1 DNA 双螺旋结构及配对碱基

1.2.3　遗传信息传递中心法则

　　DNA 双螺旋结构的发现，确立了核酸作为遗传信息分子的物质基础，提出了碱基配对是核酸复制、遗传信息传递的基本原则，为认识核酸与蛋白质的关系及作用打下了最重要的基础。在此基础上，俄国物理学家 George Gamow 首次提出了遗传密码是核苷酸与氨基酸之间"连接者"的概念，但当时存在的问题是，如何寻找不同核苷酸序列和相同氨基酸序列之间的这一"连接者"。这一瓶颈问题很快被当时在美国工作的德国生物学家 Johann Heinrich Matthaei 和 Marshall Nirenberg 破解。1961 年 5 月，Matthaei 与 Nirenberg 通过向细菌提取物中加入人工合成的 RNA（多聚尿嘧啶，poly-U）获得了由单一聚苯丙氨酸（Phe）聚合组成的肽链，实现了首个遗传密码子的破译，并从方法和策略上为遗传密码的全部破译找到了突破口。Nirenberg 在已建立的体系上，进一步发现仅含有三个核苷酸的核酸分子足以固定到核糖体（当时称为"微粒体"）上，并使负载有特异氨基酸的 tRNA 结合在核糖体上。在此基础上，美国生物化学家 Hargobind Khorana 进一步建立了一种能合成具有特定碱基序列的多核苷酸分子的方法，从而加速了余下所有密码子的破译。

　　Crick 在发现 DNA 双螺旋结构时，就提出了遗传信息"从 DNA 序列到 RNA 序列，然后再到蛋白质"这一分子生物学的"中心法则"（图 1.2），并指出微粒体

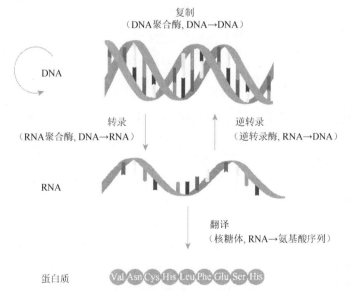

图 1.2　分子生物学（遗传信息传递）中心法则

（核糖体）中的 RNA 对蛋白质合成的重要性。但这一时期，DNA-RNA-蛋白质 3 种大分子之间的联系或者分子生物学关系并未获得有力的实验证明，而解答这一瓶颈问题的关键在于法国科学家 Francois Jacob 和 Jacques Monod 证明了"遗传密码携带者——信使 RNA（mRNA）"的存在。他们通过进一步的实验区分了 rRNA 与 mRNA，证明了 rRNA 是一种稳定的核酸分子，具有 rRNA 的核糖体是合成蛋白质时的密码阅读器，mRNA 控制着蛋白质的合成。

1.2.4 操纵子模型

通过对 β-半乳糖苷酶诱导合成及"溶原化"细菌诱导裂解的试验研究，法国科学家 Francois Jacob、Andre Lwoff 和 Jacques Monod 提出了"操纵子（operon）模型"，从而解开微生物体内信息交换循环圈中的最后环节——基因表达的调控机制。在 Lwoff 指导下，Monod 开展了大肠杆菌在同时加有葡萄糖及乳糖培养基中的乳糖代谢研究，结果表明乳糖的加入迅速诱导并增加 β-半乳糖苷酶的合成。乳糖的分解和利用是由乳糖诱导合成的 β-半乳糖苷酶的作用所引发的。同一时期，Lwoff 研究组的 Jacob 利用高频重组菌株，在不同时间中止细菌的接合，将原噬菌体在细菌染色体上的整合位点进行了精准定位，并发现一旦噬菌体进入另一细菌细胞就能诱导产生新的噬菌体，但溶原性细菌对其他噬菌体的感染具有免疫力。这些实验结果都体现了相同的基因表达调控机制，为操纵子模型的提出提供了试验基础。在操纵子模型中，几个结构基因可以同时被一个调节基因控制，并组合在一起形成"操纵子"的结构，转录过程中，它们从"启动子"的序列开始转录成一条单一的 mRNA 分子（图 1.3）。

1.2.5 聚合酶链反应（PCR）技术

分子微生物学研究通常需要大量 DNA 片段进行基因操作，远远高于微生物本身所能提供的 DNA 量。因此，众多分子微生物学研究需要依赖 PCR 技术对目标 DNA 片段进行大量扩增，然后再进行后续研究。PCR 是通过特异引物、DNA 聚合酶、4 种碱基混合物在酶反应缓冲溶液中对目标 DNA（或模板 DNA）进行放大扩增的分子生物技术（图 1.4）。Hargobind Khorana 早在 1979 年就提出了核酸的生物体外扩增设想："经过 DNA 变性，与合适的引物杂交，用 DNA 聚合酶延伸引物，并不断重复该过程便可合成某个基因片段"。但该设想直到 1983 年才由 Kary Mullis 实现技术开发。当时，生物化学博士出身的 Mullis 在美国 Cetus 生物技术公司供职，专门制备用作探针的寡聚核苷酸。一次偶然机会，Mullis 想到如何利用极少量生物样本就能将 DNA 大分子的某个特定位置核苷酸片段进行扩增，即聚合酶链反应（PCR）技术。但找到能在核酸变性温度条件下保持酶活性的 DNA 聚合酶是该技术的一个关键因素。Mullis 在随后的研究中，从嗜热水生菌（*Thermus aquaticus*）（*Taq*）中成功提取了耐热 DNA 聚合酶，实现了该技术的成功开发。PCR 技术自提出后，便迅速在生物、农业、医疗、环境等领域获得广泛应用。这项看似"简单"的分子生物技术对分子微生物学发展及其他众多学科领域的影响程度远超过了其他任何技术。因此，Mullis 在 1993 年被授予诺贝尔化学奖。

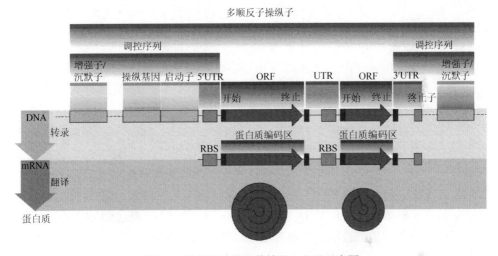

图 1.3　操纵子结构及其转录、翻译示意图

5′UTR 为 5′-untranslated region 的缩写，即 5′端非翻译区，又称前导序列（leader sequence）或前导 RNA（leader RNA），是指信使 RNA（mRNA）起始密码子上游的区域。3′UTR 为 3′非翻译区。RBS 为 ribosome binding site 的缩写，即核糖体结合位点。ORF 为 open reading frame 的缩写，即开放阅读框，为一段编码完整多肽链或功能核苷酸的基因序列

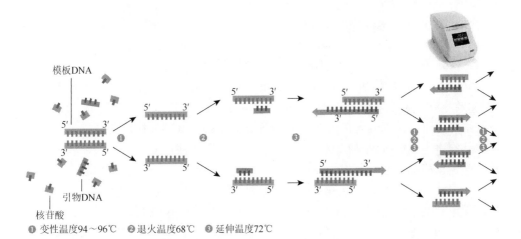

❶ 变性温度94～96℃　❷ 退火温度68℃　❸ 延伸温度72℃

图 1.4　PCR 技术原理图及 PCR 仪

1.2.6　DNA 测序技术

1977 年，英国生物化学家 Frederick Sanger 及美国生物化学家 Walter Gilbert 分别发明了基于聚合酶链反应终止技术及化学断裂法的 DNA 测序技术，这两项重大突破使分子生物学发生了变革，Sanger 及 Gilbert 也因此获得了 1980 年的诺贝尔化学奖。其中，聚合酶链反应终止技术（或 Sanger 测序法）是现代 DNA 测序技术的源头。早期 Sanger 测序法的关键反应分别在 4 个试管中独立进行。每个反应管缓冲溶液中添加了 DNA 合成所必需的 DNA 聚合酶、脱氧核苷酸（dATP/dTTP/dGTP/dCTP），但不同反应管添加有不同的双脱氧核苷酸（dideoxy nucleotide，ddATP/ddTTP/ddGTP/ddCTP）作为终止剂。在 DNA 测序过程中，聚合酶会以脱氧核苷酸或双脱氧核苷酸为底物并以目标测序 DNA 为模板进行合成反应，某个双脱氧核苷酸一旦进入正在延长的 DNA 链，DNA 合成反应终止并随机产生末端带有该双脱氧核苷酸的 DNA 片段。对该管产生的 DNA 片段进行电泳分离分析，即可得知待测 DNA 序列在哪些位点含有该核苷酸，最后综合 4 个试管的电泳结果，即可获得整个 DNA 片段序列 [图 1.5（A）]。该测序技术的核心在于采用双脱氧核苷酸终止 DNA 合成，产生一系列末端碱基已知的 DNA 片段，并在高分辨率聚丙烯酰胺凝胶中进行电泳分离，最后根据各序列位置的双脱氧核苷酸读出 DNA 序列组成。进一步通过对双脱氧核苷酸进行荧光标记，可实现该方法的自动测序分析 [图 1.5（B）]。

Sanger 测序法获得的 DNA 片段通常能够达到单端读长 600～900bp，但该技术由于测序通量较低导致单位 DNA 读长的测序成本较高。为提高测序通量和降低测序成本，新的高通量测序（high-throughput sequencing）技术或下一代测序（next-generation sequencing）技术被不断开发出来。2005 年，454 生命科学（454 Life Sciences）公司推出了基于焦磷酸测序（pyrosequencing）技术的商业化高通量测序仪。该测序技术的核心在于 DNA 聚合酶复制待测 DNA 序列时，每个核苷酸进入 DNA 合成后会释放焦磷酸（PPi）并通过酶合反应产生荧光信号，仪器装置给 DNA 聚合酶依次送入 4 种脱氧核苷酸（如按 dATP、dGTP、dCTP 和 dTTP 顺序）并利用高分辨电荷耦合元件（charge-coupled device，CCD）检测荧光信号即可实现自动测序。该反应体系在加入下一个脱氧核苷酸之前，需要对上次输入的脱氧核苷酸进行清理，这项工作主要由腺苷三磷酸双磷酸酶（apyrase）完成，它可以快速清除残留 dNTP。由 Illumina 公司开发的另一个高通量测序方法是将短 DNA 片段固定到纳米级颗粒进行 DNA 扩增，一次延伸一个核苷酸，对所有颗粒上的 DNA 同时进行测序。每次循环中添加的核苷酸都含有所有 4 种链终止核苷酸，每个循环之后，用连接到显微镜上的 CCD 照相机扫描颗粒表面，检测添加到每个颗粒的荧光标记，该荧光颜色可指示刚加入核苷酸的成分。荧光标签和链终止基团（3′-叠氮基）很容易被化学去除，所以该过程可多次重复，直到获得整个 DNA 片段序列。上述第二代测序技术通常存在序列读长短的缺点。因此，以 Pacbio 单分子实时测序（single-molecule real time sequencing，SMRT）为代表的第三代测序技术及以 Nanopore 纳米孔测序为代表的第四代测序技术也在近年被开发出来。

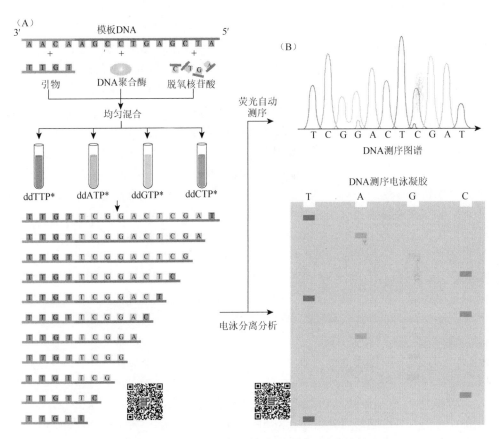

图 1.5　Sanger 测序法采用的聚合酶链反应终止技术

1.2.7　设计人工蛋白

在实现 DNA 读写之后，分子生物学研究领域存在的另一挑战是解释氨基酸长链如何折叠为具有催化活性并让"生命机器"运转的三维蛋白质。传统方法主要是通过 X 射线结晶及核磁共振检测来进行蛋白质结构鉴定，相对于自然界存在的亿万种蛋白质，这些传统研究方法显得极为缓慢、昂贵。通过大量研究其他蛋白质三维结构可获得每个分子功能信息,生物化学家 David Baker 带领团队利用计算机模型模拟的方法解决了蛋白质的折叠问题,并在 2003 年报道了如何成功设计、合成第一个非天然蛋白质 Top7。同源建模是研究蛋白质折叠模型的主要方法之一,其是将目标蛋白氨基酸序列与模板(已知三维模型并具有类似序列的蛋白质)进行对比。但该方法存在的主要问题是,尽管研究人员进行了大量昂贵的 X 射线结晶及核磁共振检测,但依然没有足够的已知其结构的蛋白质作为模板。因此,Baker 及其团队成员通过计算相邻氨基酸之间的拉力和推力来预测蛋白质结构,进行从头建模。同时,为了满足蛋白质结构建模需要的强大计算能力要求,Baker 及其团队成员创建了一个众包性的外延项目(称为 Rosetta@home),该项目可以让人们将闲置的计算机用于需要进行的计算,从而研究所有潜在的蛋白质折叠形式。随后,他们还添加了一个叫作 Foldit 的视频游戏外延,可以让位于世界不同地方的游戏玩家的独特蛋白折叠观点指导 Rosetta 的计算。该方法吸引了来自国际科学界的 100 多万名用户,此外还收到了包括从设计新蛋白到预测蛋白与 DNA 互动方式等在内的 20 多个软件包。在未来几年,蛋白质折叠模型可能可以帮助实现对任何蛋白质结构的分析。预测氨基酸序列如何折叠的能力有助于了解蛋白质如何发挥作用,由此可以设计能够催化特定化学反应的蛋白酶。例如,Baker 带领团队在细菌体内设计了一种全新的新陈代谢通道,促使微生物将大气中二氧化碳转化为燃料和化学物质。2021 年 7 月,蛋白质结构预测领域取得了进一步发展,谷歌旗下 DeepMind 团队基于深度学习算法的蛋白质结构预测人工智能 AlphaFold2,完成了 98.5%人类蛋白质结构的预测,实现了大规模蛋白质结构的准确预测。人工蛋白的设计具有深远意义:蛋白质设计者可以超越自然的限制,而现在能够限制他们的只有他们自己的想象力。

1.2.8　首个人造微生物

2010 年 5 月,美国 JCVI 研究所(J. Craig Venter Institute)在 *Science* 杂志上发表了首例人造细胞的研究报道。这个由 John Craig Venter 带领的 20 多人的科研小组将蕈状支原体(*Mycoplasma mycoides*)的人工合成基因组放入被剥离基因的山羊支原体(*Mycoplasma capricolum*)细胞内,成功获得人造细胞(Synthia)并表现出蕈状支原体的生命特征。这是地球上首个全基因组由人工合成并能够自我复制的"新物种"。该研究的整个实验过程按照设计-建造-测试(design-build-test,DBT)的步骤进行(图 1.6)。

1)设计及合成供体基因组:首先对供体(蕈状支原体)的全基因组进行测序,并按测序结果人工合成 1078 条 DNA 片段。值得注意的是,JCVI 研究所创始人 John Craig Venter 博士为此人工合成的 DNA 片段加入了"水印标记"来区分天然序列模板。这些改动都以不影响细胞正常生命活动为前提。在设计并合成这些DNA片段后，在酵母细胞中通过同源重组的方法进行DNA片段拼接。然后将这些连接有目的基因的 DNA 片段从酵母中分离出来，转入大肠杆菌中进行扩增。最后将这些扩增片段拼接成完整的全基因组。

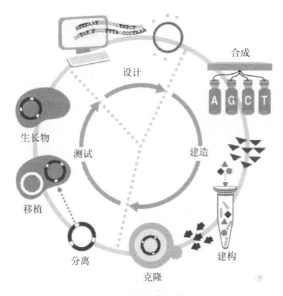

图 1.6　人工合成生物体的实验步骤

2）将人工合成基因组移植到受体细胞：将人工合成并已建构好的蕈状支原体全基因组移植到山羊支原体细胞内。在含抗生素的微生物培养基中筛选成功移植人工合成 DNA 的山羊支原体细胞，含有天然 DNA 的细胞逐渐消失。人工合成细胞（Synthia）就此产生。

3）根据特定目的进行重新设计和 DNA 优化：当得到可自主生长的人工合成细胞后，可用表征等手段得到更多细胞信息以便于下次的设计和 DNA 合成。同时根据不同目的和需求，可人工改变合成 DNA 序列。

这项历经 15 年，耗资 4000 万美元的科学成果无疑是生命科学发展史上的里程碑。它为未来的合成生物学打开了新的大门。

1.3　分子微生物学的基本研究内容

1）微生物大分子的结构与功能，包括核酸及蛋白质等生物大分子及细胞膜等空间结构及结构与功能关系，属于结构分子生物学范畴。

2）在基因等分子水平上，利用基因组学、转录组学、蛋白质组学等方法研究不同生理类型微生物的各种代谢途径和调控、能量产生和转换，以及不同环境中的代谢活动等。

3）分子水平上研究微生物的形态构建和分化，病毒的装配及微生物的进化、分类和鉴定等，在基因等分子水平揭示微生物的系统发育关系。

1.4　分子微生物学与环境关系

环境科学与工程学科领域涉及的"环境"通常包括湿地、森林及海洋等开放式大环境系统和市政污水处理厂及污染土壤或地下水生物修复场地等相对闭合的人工环境系统。在上述各类型环境中，微生物作为重要组成部分对其中元素循环、污染物控制及环境质量改善等都起着关键作用。通过结合分子微生物学与其他学科领域的技术方法，实现对环境科学与工程相关的微生物系统（如污水处理厌氧生物反应器及污染土壤原位生物修复系统）进行从系统、微生物群落、细胞到分子水平的全面掌握（图1.7）。目前，分子微生物学研究已经广泛渗透到环境相关的各个研究领域，并极大地推动了环境科学研究及工程技术开发的向前发展。

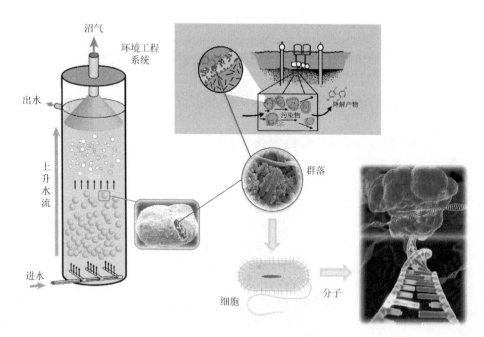

图1.7　从系统、微生物群落、细胞到分子水平研究环境微生物系统（以污水处理厌氧生物反应器及污染土壤原位生物修复系统为例）

1.4.1　分子微生物学技术与环境检测

利用现代分子微生物学的技术与方法，直接检测基因（DNA 或 RNA）组成、结构及表达水平，可以针对对环境造成重要影响的微生物群落及环境因子等进行诊断、监测和评价。这些用于基因检测与分析的分子微生物学技术与方法包括核酸分子杂交、基因芯片、PCR 及 DNA 测序等。例如，由俄克拉荷马大学（University of Oklahoma）的周集中教授及其科研团队开发的 GeoChip 基因芯片被广泛应用在生物地球化学、生态学及环境污染治理领域的 C-N-P-S 循环、重金属氧化还原反应及有机污染物降解等环境微生物研究领域，极大地提升了我们人类对不同环境条件下的微生物过程及其环境间相互关系的了解。

1.4.2　分子微生物学原理与各环境过程微生物响应机理研究

微生物无处不在，是各种自然及人工环境的重要组成部分。通过对这些微生物及其过程进行分子水平上的研究与认识，可以帮助我们更好地了解和积极应对环境微生物带来的影响。目前，微生物抗药性已经成为环境及医疗健康等领域的重大挑战。从分子微生物学角度来看，微生物利用不同机制产生抗生素的耐药性。通过对这些微生物抗药的分子机制及其抗药基因在环境中迁移转化规律的研究，可以开发更高效并具有更低生态环境影响的新型抗生素及减少已有抗生素污染对环境造成的负面影响。

1.4.3　分子微生物学与新环境微生物技术开发

分子微生物学作为研究环境微生物及开发环境微生物资源与技术的主要工具，其重要性日益凸显。由于 DNA 测序技术及生物信息学分析方法的飞速发展，环境中大量以前认为是不可人工培养的微生物被富集培养、分离出来，并应用于环境持久性有机污染物生物修复及全球微生物协调的 C-N-P-S 循环研究中。利用基因及代谢工程技术，大肠杆菌能够产出丙醇及正丁醇等新型生物燃料，为人类提供优质、环保的新能源。自然环境蕴藏着极为丰富的微生物资源，而环境分子微生物学是开启这些自然资源与知识宝库所必需的钥匙。

参 考 文 献

Atsumi S，Hanai T，Liao J C. 2008. Non-fermentative pathways for synthesis of branched-chain higher alcohols as biofuels. Nature，451：86-89.

Gibson D G, Glass J I, Lartigue C, et al. 2010. Creation of a bacterial cell controlled by a chemically synthesized genome. Science, 329: 52-56.

He Z, Gentry T J, Schadt C W, et al. 2007. GeoChip: a comprehensive microarray for investigating biogeochemical, ecological and environmental processes. ISME J, 1 (1): 67-77.

Hutchison C A 3rd, Chuang R Y, Noskov V N, et al. 2016. Design and synthesis of a minimal bacterial genome. Science, 351: 6253.

Wang S, Chng K R, Wilm A, et al. 2014. Genomic characterization of three unique *Dehalococcoides* that respire on persistent polychlorinated biphenyls. PNAS, 111 (33): 12103-12108.

Watson J D, Baker T A, Bell S P. 2013. Molecular Biology of the Gene. 7th ed. London: Pearson Press.

2 微生物细胞大分子与分子生物学中心法则

2.1 微生物细胞大分子

2.1.1 微生物细胞化学组成

构成微生物细胞的主要化学元素包括碳（C）、氢（H）、氧（O）、氮（N）、磷（P）和硫（S），这些元素通过各种键合方式形成生物分子。其中，水作为生物溶剂约占细胞总重 75%，剩下的细胞干重部分主要由蛋白质（protein）、多糖（polysaccharide）、脂类（lipid）及核酸（nucleic acid）4 种大分子（macromolecule）构成（图 2.1）。其中，核酸与蛋白质为信息大分子，它们的序列携带遗传信息。

（A）

组成成分	百分比/%
水	75
干重	25
有机组成	90
C	45~55
O	22~28
H	5~7
N	8~13
无机组成	10
P_2O_5	50
K_2O	6.5
Na_2O	10
MgO	8.5
CaO	10
SO_2	15

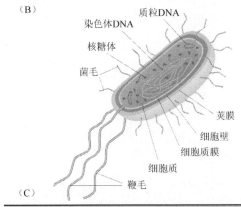

（B）

（C）

分子	干重百分比/%	细胞中的分子数
全部大分子	96	24 610 000
蛋白质	55	2 350 000
碳水化合物	7	—
脂类	9.1	22 000 000
核酸		
DNA	3.1	2
RNA	20.5	255 500

图 2.1　微生物细胞组成

（A）元素组成；（B）主要细胞结构与组成；（C）细胞分子组成，"—"为无数据

在环境微生物研究领域，尤其在污水处理及污泥处置工程的物料平衡（mass balance）计算中，微生物细胞化学分子式通常采用 $C_5H_7O_2N$ 经验式。实际数值也可以通过化学元素分析仪进行检测获得。

蛋白质是氨基酸（amino acid）单体的聚合物，广泛分布于微生物细胞中，既有结构功能也有催化（酶）功能。例如，大肠杆菌（*Escherichia coli*）细胞中含有约 1900 种不同蛋白质和 240 万个总蛋白质分子。

糖或碳水化合物类（carbohydrate）是碳、氢和氧之间以 1：2：1 组成的有机化合物。微生物细胞内的糖类主要为含有 4 个、5 个、6 个和 7 个碳原子的糖类（表示为 C_4、C_5、C_6 和 C_7），作为主要的碳源和能量载体。其中 C_5 糖（戊糖）及 C_6 糖（己糖）分别作为构成核酸结构骨架、组成细胞壁、能量储存多聚物的单体，在微生物细胞组成与代谢过程中发挥重要作用。图 2.2 为常见单糖结构式。多糖（polysaccharide）由众多（多达数百至数千）单糖分子通过 α-或 β-糖苷键（glycosidic bond）连接形成。同时，多糖与其他类型大分子结合可以形成复杂多糖。例如，多糖与蛋白质和脂类结合分别形成糖蛋白和糖脂。其中糖蛋白在细胞膜中起重要作用，可作为细胞膜外表面的受体分子。而糖脂是革兰氏阴性菌细胞壁的主要组分，因此也赋予这类微生物独特的表面特征。

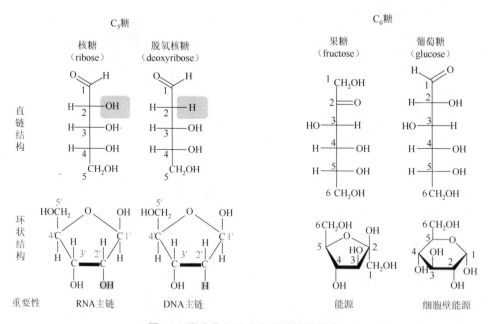

图 2.2　微生物细胞中常见单糖结构式

脂类（lipid）是两性大分子，既有疏水性也有亲水特性，是微生物细胞膜的主要结构物质。脂分子的疏、亲水两性特征使其成为细胞膜的理想结构组分：亲水（丙三醇）部分与细胞内、外部环境接触，而疏水部分埋在膜内，形成理想的透性屏障。细胞内的极性物质不能透过脂类的疏水区域，从而阻止细胞质中的组分外流。但不同种类微生物细胞膜中脂类结构不同。例如，脂肪酸是细菌和真菌细胞膜中脂类的主要成分，而部分古菌的脂类主要由疏水性分子植烷（phytane）组成。并且，古菌脂质在甘油和疏水侧链间是醚键（ether linkage）[图2.3（A）]，而非细菌脂质的酯键（ester linkage）[图2.3（B）]。

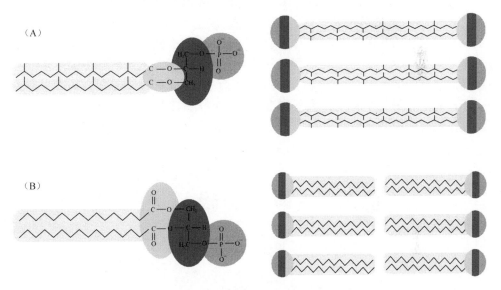

图 2.3　微生物细胞膜结构

（A）部分古菌的细胞膜结构；（B）细菌细胞膜结构

　　核酸为核苷酸的多聚物，在细胞中有两种形式：核糖核酸（RNA）和脱氧核糖核酸（DNA）。RNA 是除蛋白质之外在活性微生物细胞中组成比例最高的生物大分子，这是由于在每个活性细胞内都有大量用于蛋白质合成的核糖体（ribosome）[图2.1（B）]，该核糖体由 RNA 与蛋白质共同组成。此外，少量 RNA 形成信使 RNA（mRNA）和转运 RNA（tRNA），在蛋白质合成中发挥着关键作用。DNA 在微生物细胞中主要以染色体（chromosome）和质粒（plasmid）形式存在，占细胞总质量的百分比较低，但作为遗传信息载体在细胞功能中发挥着重要作用。

　　水在微生物细胞中起着"溶剂"作用，浸润着各类大分子及其他小分子。水作为生物溶剂主要是由它的两个关键特性决定——极性和黏结性。水的极性特征很重要，因为许多重要的生物分子本身都是极性的，都可以溶解于水，并通过运输途径进出细胞。这些生物分子有构建新细胞材料的营养物质，也包括代谢过程的废物。同时，微生物细胞内的非极性物质也由于水的极性趋于聚合在一起。以细胞膜为例，细胞膜包含大量脂类，这些脂类含有许多非极性（疏水性）成分，趋于聚合在一起，从而阻止极性分子自由进出细胞膜。

2.1.2　化学键与分子相互作用力

存在于生命体中的各种元素通过化学键形成分子。典型化学键为元素原子间通过电子共享形成的共价键（covalent bond），其是一类强化学键。以水分子（H_2O）为例，氧原子外层有 6 个电子，而氢原子只有 1 个电子，在结合成水分子时，氢原子与氧原子共享一对电子，形成双价共价键将 3 个原子紧密结合在一起［图 2.4（A）］。分子可以形成双价或三价共价键，并且化学键强度随价数增加而显著增大。通过共价键结合的小分子（单体）可进一步聚合形成生物大分子，并且单体化学特性很大程度上决定着该大分子独有的结构与功能，如组成微生物细胞的 4 种典型大分子［图 2.4（B）］。

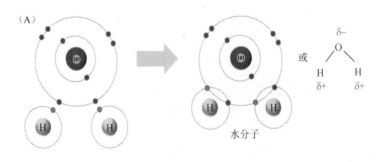

（A）

水分子

（B）

大分子	单体	胞内位置
蛋白质	氨基酸	鞭毛、菌毛、细胞壁、细胞膜、核糖体、细胞质
多糖 磷脂	单糖（碳水化合物） 脂肪酸	囊泡（capsule）、细胞壁 细胞膜
DNA/RNA	核苷酸	DNA：染色体和质粒 rRNA：核糖体 mRNA、tRNA：细胞质

图 2.4　微生物细胞分子组成及功能

（A）水分子中化学键组成；（B）微生物大分子组成单体

除共价键外，很多较弱的化学键也在生物分子中发挥了重要作用，其中氢键（hydrogen bond）最为重要，氢键是在氢原子和电荷性较强的元素之间形成的。由

于氧原子相对氢原子是电荷负性原子，所以氢、氧原子间共价键的外层共用电子
对更靠近氧原子核，产生了一个轻微的电荷偏离，氧微带负电，氢微带正电。水
分子由于氢键在细胞质溶液中可以形成三维网状结构而具有很强的亲和性，形成
有序的化学排列。这些氢键不断地形成、断开、再形成，赋予水分子黏结性这一
重要生物学特征，并形成水溶液的高表面张力及高比热等性质 [图2.5（A）]。对
于生物大分子来说，单独的氢键非常微弱，但当生物大分子内部或分子之间形成
大量氢键时，该分子的整体稳定性则大为增强 [图2.5（B）]。因此，氢键在蛋白
质和核酸的生物学特性中发挥着重要作用，这包括 DNA 双链和氨基酸序列通过
氢键分别形成稳定双螺旋结构和蛋白质三维结构。只有在加热等条件下破坏氢键
作用才会发生 DNA 解链或蛋白质变性现象。

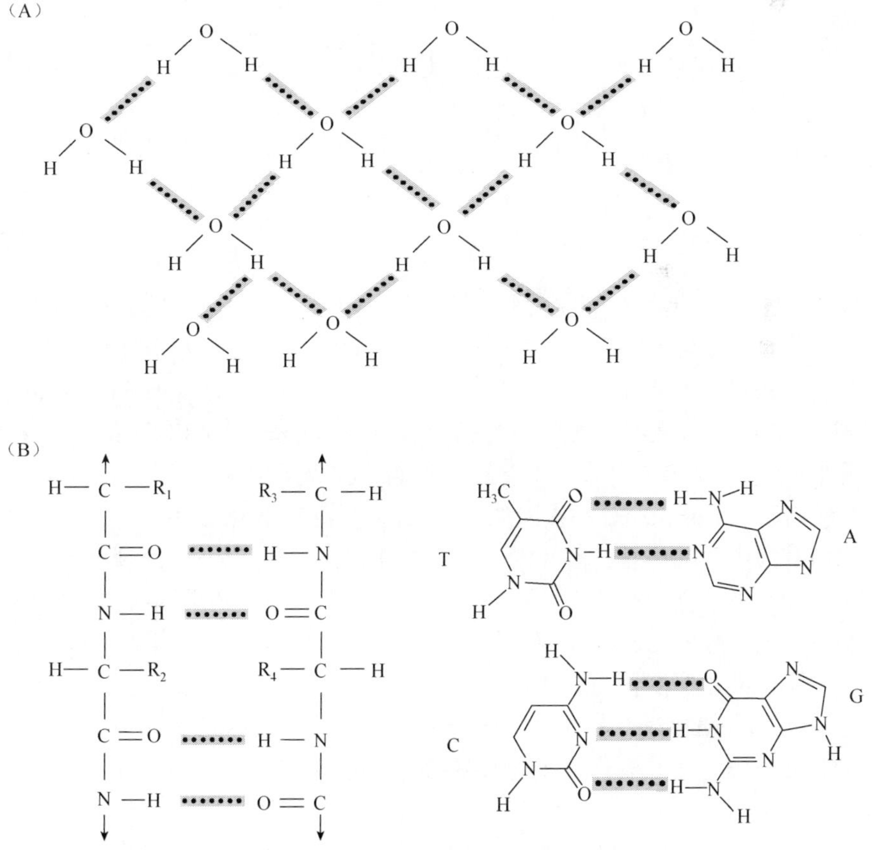

图 2.5 分子间氢键作用

（A）细胞质溶液水分子间氢键；（B）氨基酸大分子及碱基对分子间氢键

生物分子间的弱相互作用还包括范德瓦耳斯力（van der Waals force）、离子键（ionic bond）及疏水相互作用（hydrophobic interaction）等。范德瓦耳斯力是当原子间距离小于 4Å（Å 为长度单位 $1×10^{-10}$m，即 0.1nm）时发生于分子间的弱吸引力，在底物与酶的结合和蛋白质与核酸的相互作用中发挥重要作用。离子键（如 NaCl 中 Na^+ 与 Cl^- 之间）是在水溶液中可以电离的离子间的弱静电作用。许多重要的生物分子，包括羧酸和磷酸，在细胞质 pH（6～8）水平下呈电离状态，因此可以在细胞质中充分溶解。疏水相互作用是非极性分子或极性分子的非极性区域在极性环境中趋于紧密结合的作用。疏水相互作用在蛋白质聚合和底物与酶的结合中发挥重要作用。此外，疏水相互作用常用于控制不同的亚基在多亚基蛋白质（multimeric protein）中如何彼此结合以形成生物活性分子，并且对于 RNA 的稳定具有重要作用。

2.2　DNA

2.2.1　DNA 分子结构

2.2.1.1　DNA 分子组成与一级结构

DNA 是脱氧核糖核苷酸的大分子聚合物（图 2.6）。在组分上，它是由分别含 A、G、T 及 C 4 种碱基的脱氧核糖核苷酸聚合形成。单个核苷酸分子包括五碳糖、磷酸及含氮碱基 3 个部分。其中，含氮碱基在化学分类上包括嘌呤碱（purine）和嘧啶碱（pyrimidine）两类。嘌呤碱包括腺嘌呤（adenine，A）和鸟嘌呤（guanine，G），是碳-氮组成的双杂环体。嘧啶碱分为碳-氮六元杂环的胸腺嘧啶（thymine，T）和胞嘧啶（cytosine，C）［尿嘧啶（uracil）只存在于 RNA 中］。

在核苷酸中，碱基通过糖苷键与戊糖的 1′号碳相连。如果没有磷酸参与，只有碱基与糖相连就称为核苷。核苷酸则是含有一个或多个磷酸的核苷。核苷酸主要功能是作为核酸序列的组分，此外还有一些其他功能。例如，腺苷三磷酸（ATP）是微生物细胞的主要能量元。这是因为水解一个磷酸酐键要比水解一个磷酸酯键的能量多，所以 ATP 分子在水解打开一个高能磷酸酐键时会释放能量支持微生物细胞的代谢过程。其他核苷酸或其衍生物在细胞的氧化还原反应中能作为多糖生物合成中的糖源。

DNA 大分子是核苷酸的共价连接物。在结构上，它由核苷酸通过 3′, 5′-磷酸二酯键将糖和磷酸分子交替连接而成，连接方式是从一个戊糖分子的 3′号碳原子经磷酸与相邻戊糖分子的 5′号碳原子连接。DNA 大分子中的核苷酸序列即 DNA 分子的一级结构（primary structure）。它的两端总是一端的戊糖分子带有 5′-磷酸

（5'-P），另一端的戊糖分子带有 3'-羟基（3'-OH）。DNA 链的方向一般理解为从 5'-P 端到 3'-OH 端。

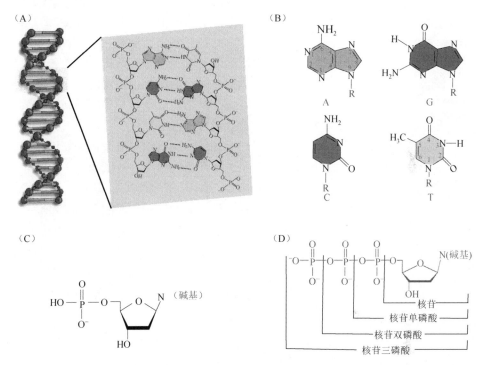

图 2.6　DNA 分子结构与组成示意图

（A）DNA 大分子结构；（B）碱基结构；（C）核苷酸；（D）核苷三磷酸

2.2.1.2　DNA 分子二级结构

微生物细胞中 DNA 大分子以双链形式存在，这两条链上互补的嘌呤和嘧啶间以氢键连接（A 与 T 及 G 与 C 分别以 2 个和 3 个氢键形成碱基互补配对）形成 DNA 大分子的双螺旋二级结构（图 2.7）。该双螺旋结构具有以下特点：①主链。脱氧核糖和磷酸分子通过 3'，5'-磷酸二酯键交互连接，成为螺旋链的骨架。两条主链以 $^{5'}_{3'}$$^{3'}_{5'}$ 反平行的方式组成直径为 20Å 左右的双螺旋。②碱基对（base pair）。由于 DNA 双螺旋结构中骨架螺旋链直径为 20Å，不能容下两个嘌呤碱基，并且 A 与 C 或 G 与 T 不能形成适合的氢键，所以 DNA 双螺旋结构中总是 A 与 T 或 G 与 C 形成碱基配对，并且也只有这样才能满足 Chargaff 定律的当量规律。DNA 分子大小可用碱基对数目表示，因此含有 1000 个碱基的 DNA 分子是 1kb（kilo base）DNA。③大沟（major groove）与小沟（minor groove）。沿螺旋轴方向的两条主链

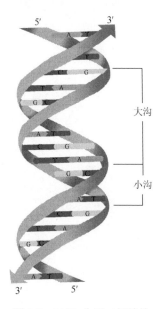

图 2.7　DNA 分子二级结构

和碱基对并不能充满双螺旋空间，双螺旋的表面会形成两条凹槽，一条宽而深，叫作大沟，一条狭而浅，为小沟。之所以形成大沟和小沟，是因为从螺旋轴心到两条主链所划分出的两个扇形不等，一个大于180°，一个小于180°。这两条沟，特别是大沟，对于微生物细胞内蛋白质识别 DNA 双螺旋结构上的遗传信息至关重要，因为只有在沟内，蛋白质才能"感觉"到碱基顺序，而双螺旋结构的表面全是相同的磷酸和脱氧核糖骨架，没有遗传信息。

DNA 分子二级结构是 DNA 分子内的氢键、碱基堆积力、带负电磷酸基静电斥力及碱基分子内能 4 种分子作用的结果。

（1）**氢键**　碱基通过氢键实现配对是 DNA 双螺旋结构的重要特征。双螺旋中存在氢键，可以用 DNA 解链温度（T_m）与 G + C 的百分含量成正比来得到说明。例如，当 G + C 百分含量为 30%～70%，在 0.15mol/L 氯化钠及 0.015mol/L 柠檬酸钠溶液中，T_m 与 G + C 百分含量可以用 Marmur-Doty 关系式计算：

$$T_m = 69.3 + 0.41 \times （G + C）\%$$

DNA 双链因加热解链的过程称为变性或熔解，可通过实验检测，因为单链和双链核酸在紫外线 260nm 处吸收能力不同。如果加热的 DNA 慢慢冷却，这个过程称为退火（annealing），有活性的双链 DNA 能再次形成。这个过程不仅能使双链 DNA 恢复，而且还能使两个不同来源的单链形成杂交分子（杂交是指将两个同源或异源单链通过碱基对互补形成双链结构的过程），这在环境分子微生物技术中应用非常广泛。

氢键受体原子到供体原子的距离称为氢键键长。DNA 互补碱基间的氢键键长为 2.8～3.0Å，键能为 4～6kcal/mol。氢键的另一个特点是具有高度方向性。如果供体原子、氢原子和受体原子三者在一条直线上，形成的氢键最强。同链相邻碱基之间的堆积力为形成最强氢键提供了条件。

（2）**碱基堆积力**　碱基堆积力是同链相邻碱基之间的非特异性作用力，包括疏水相互作用和范德瓦耳斯力。疏水相互作用是不溶或难溶于水的分子在水中具有相互联合、集聚在一起的趋势，没有化学键形成，但在热力学上是有利的。DNA 大分子中主链部分是亲水的，而构成碱基对的嘌呤环和嘧啶环本身带有一定疏水性。因此，DNA 相邻碱基就有相互堆积在一起的趋势，这是碱基堆积力形成的重要因素之一。另外，双螺旋结构中相邻碱基垂直距离为 3.4Å，而嘌呤环和嘧啶环的范德瓦耳斯力半径约为 1.7Å，这样，DNA 序列中大量嘌呤环和嘧啶环间的范德瓦耳斯力加强了疏水相互作用，这是构成碱基堆积力的另一个重要因素。碱基在堆积力作用下按一定方向排列后更容易让氢键键合；同时，已被氢键定向的碱基更容易堆积。因此，两种作用力相互协同，形成非常稳定的 DNA 分子二级结构。

（3）带负电荷的磷酸基静电斥力 核苷酸的磷酸基带有负电荷，DNA 双链会因负电荷间的静电斥力产生解链。因此，纯蒸馏水中的 DNA 在室温下就会变性。当加入盐类时，这些带负电的磷酸基团可以被阳离子（如 Na^+）中和。Debye-Hückel 离子屏蔽理论指出，阳离子围绕在磷酸基周围形成"离子云"，有效屏蔽了磷酸基间的静电斥力。在约 0.2mol/L 的生理盐水中即可发生这种静电斥力的屏蔽或中和作用。事实上，人工合成的 DNA 就是 DNA 的钠盐，每个磷酸基结合一个 Na^+。在用 NaCl 和 CsCl 测量 DNA 分子质量时，会得到不同数值，且两者之比约为 0.75。这是因为单核苷酸的平均相对分子质量为 330，若是钠盐则为 353，铯盐为 476（$353/467 \approx 0.75$）。

（4）碱基分子内能 DNA 分子在温度等条件变化使碱基分子内能增加时，碱基定向排列会遭到破坏，从而削弱碱基的氢键结合力和碱基堆积力，影响 DNA 双链结构。

由此可见，在决定 DNA 双螺旋结构的上述 4 个因素中，前两者（互补碱基氢键和相邻碱基堆积力）有利于维持 DNA 双螺旋结构，而后者（磷酸基静电斥力和碱基分子内能）则不利于 DNA 双螺旋构型的稳定。因此，DNA 分子结构状态将是这 4 种分子间竞争作用的最终结果。

2.2.1.3 DNA 分子三级结构

松弛 DNA 大分子需要很大的容纳空间。例如，线性化大肠杆菌染色体，它的长度大于 1mm，大约是大肠杆菌自身细胞的 400 倍。因此，在微生物细胞内，双螺旋 DNA 进一步扭曲盘旋形成其三级结构，超螺旋是 DNA 分子三级结构的主要形式。并且，一个松弛的 DNA 分子，通过已知的碱基对数量能够准确计算出超螺旋圈数 [图 2.8（A）]。

自 1965 年 Vinograd 等利用电镜发现多瘤病毒环形 DNA 的超螺旋结构后，现已知的绝大多数原核生物（细菌及古菌）DNA 是共价封闭环（covalently closed circle，CCC）分子。这种双螺旋环状分子再度螺旋化成为超螺旋结构（superhelix 或 supercoil）。DNA 可以被正向或负向超螺旋化 [图 2.8（B）]。负超螺旋是当 DNA 以右手螺旋的反方向缠绕时形成的双链螺旋。天然的 DNA 主要以负超螺旋形式存在。研究发现，所有的 DNA 超螺旋都是由 DNA 拓扑异构酶产生的。

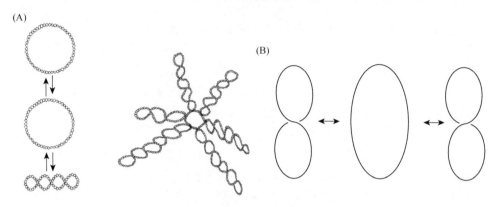

图 2.8　DNA 分子三级结构

（A）超螺旋 DNA；（B）DNA 分子的正负向超螺旋化

在细菌和大多数古生菌中，DNA 拓扑异构酶分为拓扑异构酶Ⅰ和拓扑异构酶Ⅱ（DNA 促旋酶）。拓扑异构酶Ⅰ的功能是解开 DNA 超螺旋。在微生物细胞内，通过拓扑异构酶的活性，DNA 分子能够交替地进行超螺旋和松弛。因为超螺旋对 DNA 包装到细胞中是必需的，而松弛对于 DNA 复制是必需的。这两个互补过程在微生物细胞中起着非常重要的作用。负超螺旋的程度是 DNA 促旋酶和拓扑异构酶Ⅰ之间酶活性平衡的结果。

2.2.2　DNA 分子与基因组

DNA 是遗传的物质基础，而基因（gene）是具有特定生物功能的 DNA 片段。该 DNA 片段由 2 个部分组成，即蛋白质或 RNA 编码区（coding region）和编码区之外编码区转录功能所必要的非编码调控区。原核生物的 DNA 平均长度约为 1000bp。在微生物细胞中，DNA 大分子是由大量基因序列片段连接形成的基因组（genome）组成，包括染色体（chromosomal）DNA 和质粒（plasmid）两部分。染色体 DNA 是细菌及古菌组成的原核生物最主要的遗传元件（genetic element），多数原核生物含有单个染色体，并且染色体 DNA 为环状，但也有例外（表 2.1）。

表 2.1　典型原核生物染色体基因组信息

	微生物名称	注释	大小/Mb	染色体数目	染色体 DNA 形状
细菌	Ca.*Hodgkinia cicadicola*	最小内共生菌	0.13	1	环状
	Mycoplasma genitalium	内共生菌	0.58		环状
	Haemophilus influenzae	革兰氏阴性，能引起疾病	1.83	1	环状

续表

	微生物名称	注释	大小/Mb	染色体数目	染色体 DNA 形状
细菌	*Rhodobacter sphaeroides*	革兰氏阴性，光营养	4.00	2	环状
	Bacillus subtilis	革兰氏阳性，遗传模型	4.21	1	环状
	Escherichia coli K-12	革兰氏阴性，遗传模型	4.64	1	环状
	Streptomyces coelicolor	放线菌，产抗生素	8.66		线状
	Sorangium cellulosum	革兰氏阴性，黏细菌	14.00	1	环状
古菌	*Methanococcus janmaschii*	产甲烷，生长在高温环境	1.66	1	环状
	Pyrococcus abyssi	生长在高温环境	1.77		环状
	Halobacterium sp. NRCI	生长在高盐环境	2.57		环状
	Sulfolobus solfataricus	生长在高温和高酸性环境	2.99	1	环状

注：空白处的含义为无相关数据

细菌作为典型原核生物，染色体基因组具有以下特征：①只有一个复制起始点（0 点）[图 2.9（A）]；②有操纵子（operon）结构，操纵子为数个相关（参与同一个生化过程）的结构基因串联在一起，受同一个调控区调节，合成信使 RNA（mRNA）的结构；③基因组 DNA 具有多种调控区，如复制起始区、复制终止区、转录启动子、转录终止区等；④编码蛋白质的结构基因是单拷贝的，但编码核糖体 RNA（rRNA）基因可以是单拷贝或多拷贝的；⑤染色体 DNA 上很多基因是非必需的，但编码维持微生物细胞基本生命活动所必需产物的持家基因（housekeeping gene）则只会在染色体 DNA 中。染色体基因组中已知功能基因可分为维持细胞代谢、进行生物信息加工处理及信号处理与细胞过程基因三大部分 [图 2.9（B）]。

质粒是独立于染色体之外并能进行自主复制的较小遗传元件（1～200kb），绝大多数质粒为双链 DNA，大部分是环状的，也有些是线状的。许多原核生物含有一个或多个独立于染色体之外的质粒，一些质粒含有的基因所产生的蛋白质能够赋予宿主细胞重要特性，如对抗生素的抗性和降解某些有机物等功能。相对于染色体基因组上的持家基因而言，质粒对宿主细胞的生存不是必需的，而且它不含有宿主细胞生长所必需的基因。质粒按复制机制可以分为两种：①严紧型质粒（stringent plasmid），当微生物细胞复制一次时这种质粒也复制一次，每个细胞中只有 1～2 个质粒，也称为低拷贝数质粒；②松弛型质粒（relaxed plasmid），这种质粒的复制不受宿主细胞的严格控制，每个细胞可含有 10～200 个拷贝，称为高拷贝数质粒。需要指出，一种质粒属于松弛型还是严紧型并不是绝对的，往往与宿主细胞的状况有关。同一种质粒在不同宿主细胞中可能具有不同的复制型。通过利用天然质粒的特点、性质，在基因工程中加以改造，保留所需成分，去除非必要成分，这种质粒可作为 DNA 克隆的载体（vector），在环境微生物学研究中应用非常广泛。

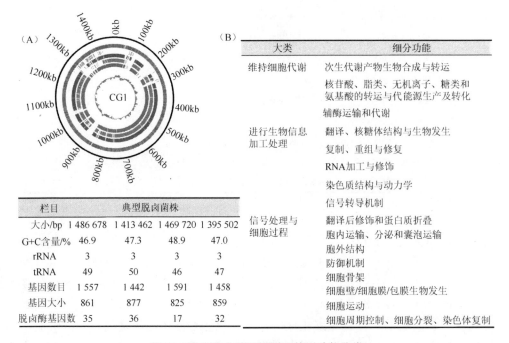

栏目	典型脱卤菌株			
大小/bp	1 486 678	1 413 462	1 469 720	1 395 502
G+C含量/%	46.9	47.3	48.9	47.0
rRNA	3	3	3	3
tRNA	49	50	46	47
基因数目	1 557	1 442	1 591	1 458
基因大小	861	877	825	859
脱卤酶基因数	35	36	17	32

大类	细分功能
维持细胞代谢	次生代谢产物生物合成与转运
	核苷酸、脂类、无机离子、糖类和氨基酸的转运与代谢源生产及转化
	辅酶运输和代谢
进行生物信息加工处理	翻译、核糖体结构与生物发生
	复制、重组与修复
	RNA加工与修饰
	染色质结构与动力学
	信号转导机制
信号处理与细胞过程	翻译后修饰和蛋白质折叠
	胞内运输、分泌和囊泡运输
	胞外结构
	防御机制
	细胞骨架
	细胞壁/细胞膜/包膜生物发生
	细胞运动
	细胞周期控制、细胞分裂、染色体复制

图 2.9　微生物全基因组图及基因功能分类

（A）卤代有机污染物生物修复典型脱卤菌 *Dehalococcoides mccartyi* CG1 与其他 *Dehalococcoides* 菌株的全基因组数据对比；（B）染色体基因功能分类

2.3　RNA

2.3.1　RNA 分子组成与结构

　　RNA 分子作为中心法则中遗传信息从 DNA 到氨基酸序列的中间体，结构类似于 DNA，也是由核苷酸单体形成的大分子（图 2.10）。

　　RNA 序列是单链无分支核酸分子，由 3′, 5′-磷酸二酯键将单个核糖核苷酸连接起来。与 DNA 相比，RNA 结构主要有以下几个特征：①戊糖为核糖，而非脱氧核糖；②4 种碱基组分中有尿嘧啶（U），没有胸腺嘧啶（T）；③除了某些病毒，均以单链形式存在，没有 DNA 大分子中的互补碱基等比关系，但会通过 A-U 及 C-G 等碱基配对及自身回折形成局部双链和双螺旋结构（图 2.11）。这样形成的局部双螺旋区域，称为臂或茎，不能配对的碱基则形成单链的环状突起。据统计，有 40%～70%的核苷酸参与了双螺旋结构的形成，所以 RNA 分子可以形成多环多臂的高级结构。

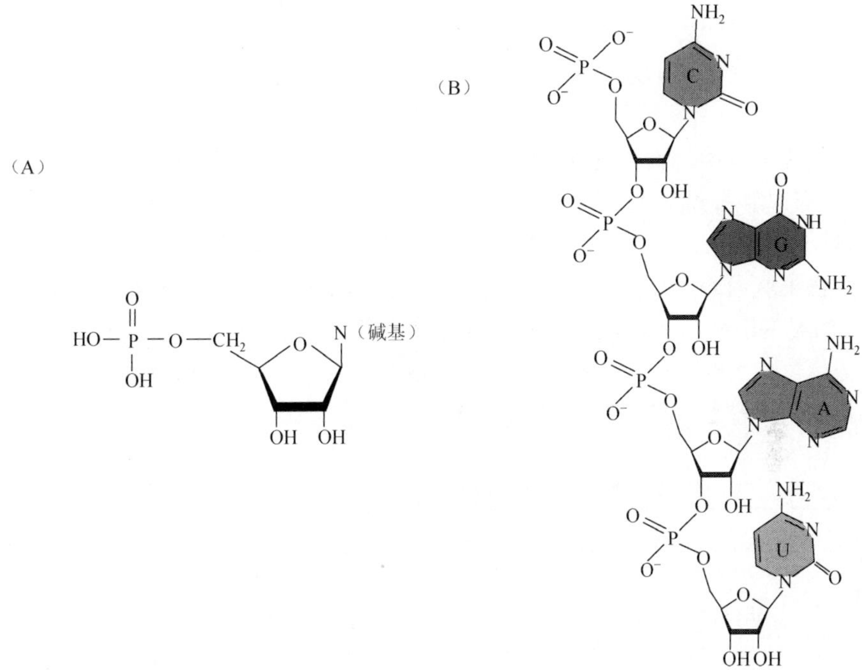

（B）

（A）

图 2.10　RNA 分子组成

（A）核糖核苷酸；（B）RNA 分子序列

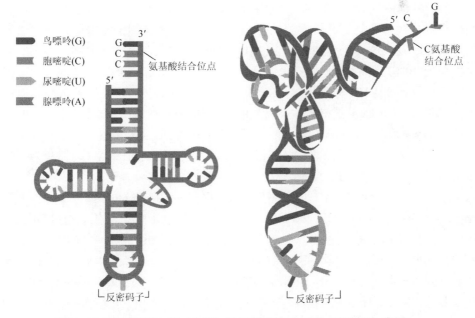

图 2.11　RNA 分子二级（左图）及三级结构（右图）（以 tRNA 为例）

2.3.2 RNA 分类与功能

微生物细胞中的众多 RNA 分子依据结构与功能主要分为 rRNA、mRNA、tRNA 以及其他非编码 RNA（表 2.2）。核糖体 RNA（ribosomal RNA，rRNA）是核糖体（ribosome）重要结构和催化组分，通过与活性蛋白结合形成完整核糖体，在微生物细胞内负责氨基酸序列的合成。信使 RNA（messenger RNA，mRNA）含有 DNA 的遗传信息，以与 DNA 部分碱基序列互补的单链 RNA 形式包含这些遗传信息。转运 RNA（transfer RNA，tRNA）的主要功能是将来自 mRNA 的编码信息传递给氨基酸（蛋白质的结构组分）。

表 2.2　微生物主要 RNA 种类和功能

RNA	功能
核糖体 RNA（rRNA）	核糖体组分
信使 RNA（mRNA）	蛋白质合成模板
转运 RNA（tRNA）	氨基酸转运
反义 RNA（asRNA）	调节 mRNA 翻译过程
小 RNA（sRNA）	基因表达调控

（1）核糖体 RNA（rRNA）　　核糖体 RNA 在微生物细胞内大量存在，用于细胞中组成酶蛋白的氨基酸序列的合成。在原核生物（细菌及古菌）中，核糖体分为 50S 及 30S 两个亚基（图 2.12）。核糖体中的蛋白质能够占到微生物细胞总蛋白的 10%，其中核糖体 RNA 占到了细胞总 RNA 的 80%。核糖体 RNA 由 5S、16S 和 23S rRNA 构成（S 指 Swidberg，用于衡量离心场中颗粒沉降速度的重量单位）。16S rRNA 是核糖体小亚基的组成部分，其性质保守、稳定。16S rRNA 对应的 DNA 片段（16S rDNA）在一定程度上体现了微生物的进化、发育关系。因此，在微生物的系统发育及进化研究中，通常选用 16S rDNA（习惯写为 16S rRNA）作为检测对象进行微生物分类、群落结构分析等。

细菌及古菌 16S rRNA 基因全序列由保守区（conserved region）及 9 个高变区（hypervariable region）组成 [图 2.13（A）]，并且这 9 个高变区的进化速率不同。因此，在利用 16S rRNA 基因高变区序列进行细菌及古细菌分类、鉴定时，能够达到的精度也各不相同。例如，利用 16S rRNA 基因全序列能够在"种"（species）水平对不同原核生物进行区分，而单个高变区序列则很难达到"属"（genus）水平的精度要求。在实际环境微生物群落分析中，由于现有测序技术在序列读长方面的限制，通常会利用只涵盖 1～3 个高变区的 16S rRNA 基因特异引物对群落 DNA （community gDNA）进行 PCR 扩增 [图 2.13（B）]，获得该微生物群落的 16S rRNA 基因片段混合物并进行测序分析，以此进行复杂微生物群落结构分析。

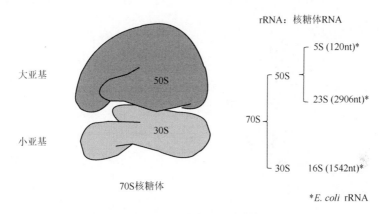

图 2.12   细菌及古菌细胞内的核糖体组成

（2）**信使 RNA（mRNA）**   信使 RNA 是一大类将基因信息从 DNA 传递给核糖体并合成氨基酸序列的 RNA 大分子，在结构上分为编码区（coding regions）及非编码区（untranslated region，UTR）。与单顺反子的真核生物 mRNA 不同，原核生物 mRNA 是多顺反子（poly cistron），即一个 mRNA 分子含有几个基因序列，可编码几种不同蛋白质（图 2.14）。原核生物 mRNA 各编码序列之间有间隔序列，其中部分序列与核糖体的识别和结合有关，称为核糖体结合位点（ribosome binding site，RBS）。并且，原核生物 mRNA 中没有修饰碱基，5'端没有帽子结构，3'端没有多聚核苷酸尾巴（polyadenylate tail）。

在原核生物中，与相对稳定的 rRNA 及 tRNA 不同，mRNA 半衰期很短，一般在转录后数秒至数小时内就被降解。因此，原核微生物细胞内 mRNA 占总 RNA 比例较低（5%左右）。但不同 mRNA 半衰期不同，通常越稳定的 mRNA，编码的蛋白质越多。原核生物主要利用多种核糖核酸酶（ribonuclease）降解 mRNA，包括 3'端核酸外切酶（exonuclease）及 5'端核酸外切酶。这种快速降解的 mRNA 一般有助于原核生物迅速适应周围生存环境的变化。

（3）**转运 RNA（tRNA）**   转运 RNA 的主要生物学功能是通过转运活化氨基酸并识别 mRNA 分子上密码子为 mRNA 上的编码核苷酸序列段翻译成氨基酸序列提供结合体。tRNA 的生理功能不仅仅是转运氨基酸，它在起始蛋白质合成及 DNA 反转录合成等过程中均起到重要作用。tRNA 种类很多，分子长度为 50～95nt。在原核微生物细胞中，tRNA 可以占到总 RNA 量的 10%左右，以自由状态或与氨基酸结合成氨酰-tRNA（aminoacyl-tRNA）形式存在。

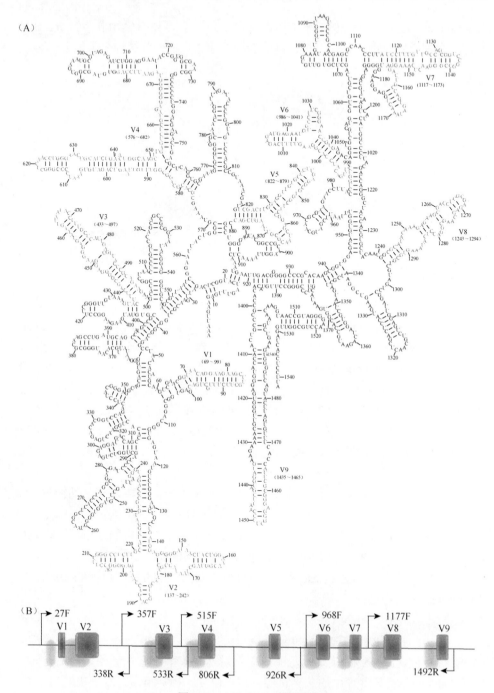

图 2.13　16S rRNA 基因序列

（A）大肠杆菌 16S rRNA 序列二级结构示意图；（B）对细菌及古菌 16S rRNA 基因全序列（约 1500nt）进行 PCR
扩增时引物选择及其与高变区对应关系示意图

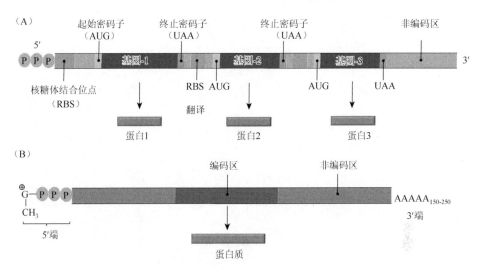

图 2.14 原核及真核生物 mRNA 结构示意图

（A）原核生物 mRNA；（B）真核生物 mRNA

参与蛋白质合成的 tRNA 一级结构各不相同，但它们的二级结构都呈三叶草形（图 2.11）。这种含有 4 个双链（茎）和 4 个单链（环）三叶草结构的主要特征是：氨基酸受体臂、二氢尿嘧啶环（DHU 环）、反密码子环、额外环和 T ψ C 环。5′端和 3′端碱基通过形成 7 个 Waston-Crick 碱基配对将两端结合在一起，形成氨基酸受体臂，氨基酸通过与 3′端的核糖连接形成氨酰-tRNA 分子。tRNA 分子的 3′端通常为 CCA 序列。tRNA 在二级结构的基础上进一步折叠成为倒"L"形的三级结构。微生物细胞内有几十种 tRNA。对于组成蛋白质的 20 种氨基酸来说，每一种氨基酸至少有一种 tRNA 负责转运。在书写时，将所运氨基酸写在 tRNA 右上角以示区别。例如，$tRNA^{Cys}$ 及 $tRNA^{Ser}$ 分别表示半胱氨酸及丝氨酸的转运 tRNA 分子。

2.4 蛋 白 质

2.4.1 蛋白质组成

氨基酸（amino acid）是组成蛋白质的基本单元，主要由碳、氢、氧、氮元素构成。在微生物细胞中，形成蛋白质的氨基酸序列由 21 种常见氨基酸组成（表 2.3），其中，半胱氨酸（Cysteine，Cys）及甲硫氨酸（Methionine，Met）含有硫元素，硒代半胱氨酸（Selenocysteine，Sec）含有硒元素（图 2.15）。并且蛋白质元素分析发现，活性蛋白的元素组成除了上述几种之外，还有钴、铁、铜、镍、锌和钼等元素（作为活性酶蛋白的辅助因子）。

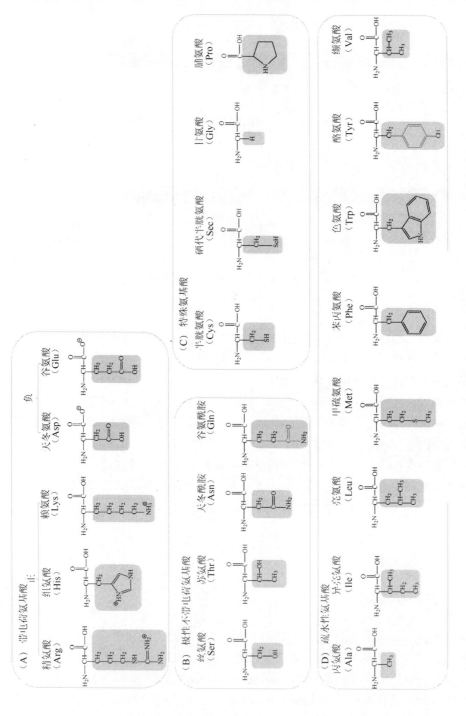

图 2.15　21 种常见氨基酸结构

表 2.3　21 种常见氨基酸元素含量

元素	含量范围/%	平均/%
C	21~65	45
H	1~4	7
O	2~48	14
N	8~32	29
S	0~26	2
Se	0~47	3

氨基酸单体含有羧基（—COOH）及氨基（—NH₂）两个功能基团[图 2.16（A）]。在中性条件下（pH 7），羧基及氨基分别以带负电的"—COO⁻"及带正电的"—NH₃⁺"形式存在，称为兼性离子（zwitterion）。形成蛋白质的氨基酸序列是由氨基酸单体的氨基端（N-terminus）和羟基端（C-terminus）以首尾相连的方式进行聚合，通过脱除一个水分子形成共价酰胺键[或称肽键（peptide bond）][图 2.16（B）]。肽键是蛋白质特有的共价键，多个氨基酸通过肽键构成肽链（或称氨基酸序列）。

氨基酸的化学性质主要由侧链 R 基的化学性质决定。根据侧链 R 基化学特性，可将 21 种常见氨基酸分为图 2.15 所示的四大类。例如，侧链 R 基上的羧基具有酸性，氨基具有碱性。半胱氨酸含有一个巯基（—SH），该基团能够与其他氨基酸序列上的巯基形成二硫键（R—S—S—R），进而连接两条氨基酸链。

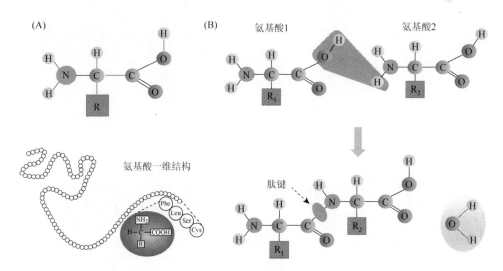

图 2.16　氨基酸分子

（A）氨基酸单体结构；（B）氨基酸序列肽键的形成

2.4.2 蛋白质结构与功能

蛋白质功能主要由蛋白质大分子结构决定，反之亦然。具有特定功能的一类蛋白质经常表现为具有结构相关性。

（1）**蛋白质结构** 肽链或氨基酸序列是氨基酸的线性聚合物，属于蛋白质的一级结构（primary structure）[图 2.17（A）]。肽链通过共价键连接，主要为肽键，此外还有一些较常见的是两个半胱氨酸巯基之间形成的二硫键。在蛋白质一级结构的基础上，肽链主链骨架会借助弱作用力（主要为氢键）形成 α 螺旋（α-helix）、β 折叠（β-sheet）、β 转角（β-turn）、无规则卷曲等二级结构（secondary structure）[图 2.17（B）]。其中，α 螺旋是一种常见的二级结构，线性多肽链通过螺旋缠绕形成扭曲结构，不同氨基酸的氢原子和氮原子相互靠近形成氢键，这种氢键的大量形成赋予了 α 螺旋内在稳定性。β 折叠是另一种常见的二级结构，不同氨基酸自身前后折叠，这种折叠使氢原子暴露在外并形成氢键。由于自身二级结构的特点，β 折叠产生较为坚硬的多肽，而 α 螺旋更加有弹性。因此，如果酶活性依赖于其弹性，则有可能酶含有较高比例的 α 螺旋。反之，用于构建细胞骨架的结构蛋白则有可能含有许多 β 折叠。

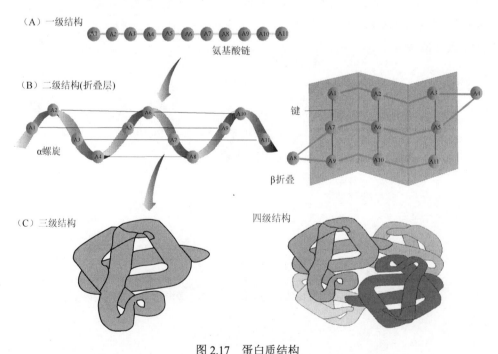

图 2.17　蛋白质结构

（A）蛋白质一级结构——肽链；（B）蛋白质的二级结构；（C）蛋白质的高级结构

形成蛋白质的多肽链在上述一级、二级结构基础上进一步通过弱作用力（或称非共价键或次级键），形成结构紧凑、有序的三维空间结构，称为蛋白质的三级结构（tertiary structure）。蛋白质的四级结构则是由两个或两个以上相同或不同的多肽亚基按照一定的排布方式聚合形成的高级结构（quaternary structure）[图2.17（C）]。形成上述蛋白质高级结构的弱作用力主要包括键能各不相同的氢键、疏水作用、范德瓦耳斯力和离子键（表2.4）。此外，二硫键（键能为210kJ/mol）在稳定一些蛋白质的构象方面也起着重要作用（图2.18）。

表 2.4 蛋白质高级结构中几种次级键的键能

键	键能/（kJ/mol）
氢键	13～30
范德瓦耳斯力	4～8
疏水作用	12～20
离子键	12～30

（2）蛋白质功能 微生物细胞中合成的氨基酸序列不仅需要通过上述各种弱作用力促成的蛋白折叠（protein folding）形成高级结构，还需要进一步与一些金属离子或其他辅酶（coenzyme）结合才能形成功能完善的催化酶或结构蛋白等具有功能活性的蛋白质。金属离子作为微量元素是一些蛋白质形成活性的必需成分，有些作为蛋白质的辅助因子（cofactor）构成金属酶类，还有些作为酶的激活剂成为金属激活酶类。常见的微量金属辅助因子主要为铁（Fe）、铜（Cu）、锌（Zn）、钴（Co）、锰（Mn）、镍（Ni）等。另一类常见辅助因子为有机辅助因子，包括维生素（vitamins）、黄素（flavin）及血红素（heme）等。

组成蛋白质的氨基酸序列具有大量的排列方式，为形成众多不同功能的蛋白质提供了基础条件。在微生物细胞中，每一种微生物细胞活性都依赖单个或多个蛋白质实现，因此，蛋白质是生物功能的主要载体。归纳起来蛋白质的生物学功能主要有：①催化，蛋白质的一个最重要的生物功能是作为微生物细胞内新陈代谢所涉及反应过程的催化剂（称为酶），生物体内的各种化学反应几乎都是在相应酶的参与下进行的；②调节，这类蛋白质可以调节其他蛋白质的生理功能，也可以参与基因表达的调控，可以激活或抑制遗传信息转录为mRNA；③转运，在微生物细胞膜上存在大量的转运蛋白，一方面通过渗透性屏障转运养分及代谢物，另一方面参与部分胞外/膜间酶的运输（如Sec及Tat转运系统）；④结构成分与运动，微生物细胞中的类结晶层（S-layer）及菌毛（pili）和鞭毛（flagellum）都主要由蛋白质构成，对于维持微生物细胞结构及运动起着重要作用。

（A）

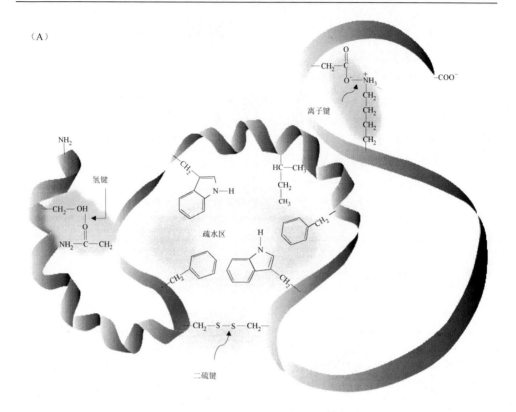

（B）

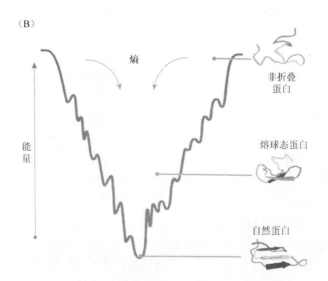

图 2.18　蛋白质高级结构的形成

（A）形成蛋白质高级结构的弱作用力；（B）蛋白质在形成高级结构过程中熵值的变化示意图

2.4.3 蛋白质变性与复性

具有催化功能的蛋白酶通常需要一定的盐溶液、温度等环境条件维持活性。在这些环境条件发生改变或外加破坏作用后，蛋白质容易发生变性失去催化活性或结构功能。蛋白质变性（denaturation）是指受物理或化学因素影响，蛋白质的二级及三级折叠结构由于弱作用力的改变而遭到破坏并导致蛋白质功能的丧失。能使蛋白质变性的化学方法包括加强酸、强碱、重金属盐、尿素、乙醇、丙酮等；能使蛋白质变性的物理方法有加热（高温）、紫外线及 X 射线照射、超声波、剧烈振荡或搅拌等。上述变性过程的机制各不相同，如加热（高温）主要破坏氢键和疏水作用，加乙醇破坏氢键，加酸、碱、重金属主要破坏离子键。蛋白质变性分为可逆变性（牛奶低温加热）和非可逆变性（煎鸡蛋）。蛋白质发生可逆变性后，除去外加变性因素，蛋白质恢复其天然构象和生物活性的现象称为蛋白质复性（renaturation）。

2.5 分子生物学中心法则

分子生物学中心法则（central dogma）是指遗传信息从 DNA 传递给 RNA［转录（transcription）］，再从 RNA 传递给蛋白质［翻译（translation）］的过程，以及遗传信息从 DNA 传递给 DNA 的复制（replication）过程（图 2.19）。这是所有生

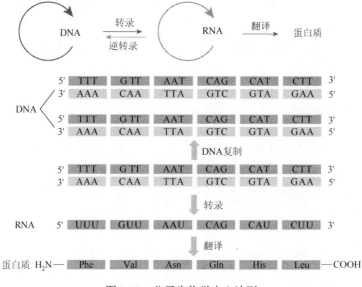

图 2.19 分子生物学中心法则

物细胞中进行遗传及代谢所遵循的基本法则。某些病毒的RNA自我复制或以RNA为模板逆转录成DNA的过程是对该中心法则的补充。

2.5.1　中心法则

基因（gene）作为遗传信息的功能单位是所有微生物基因组（genome）的基本组成单位。在所有原核微生物细胞中，基因信息以DNA中碱基对（G与C及A与T）序列形式存在。DNA中的信息转移给核糖核酸（RNA），或者作为信息的中间体（mRNA），或者在一些情况下作为微生物细胞机器的更活跃部分（如rRNA）直接参与微生物的遗传或代谢活动。其中，mRNA中信息可以通过核糖体翻译进一步转移给蛋白质肽链。因为DNA、RNA、蛋白质这三类分子在它们序列中都含有遗传信息，所以常称它们为信息大分子。遗传信息在这三类大分子间的传递分为以下3个阶段。

1）复制：DNA复制过程是通过解旋DNA分子的双螺旋（double helix）结构，然后以每条链作为模板在其上合成新的互补链，形成两个序列相同的双螺旋分子。

2）转录：DNA参与蛋白质合成，主要通过中间体RNA。遗传信息传送给RNA称为转录（transcription）。一些RNA病毒能以RNA为模板合成DNA，该过程与DNA到RNA的遗传信息流相反，故称为逆转录过程（reverse transcription）。

3）翻译：在mRNA中通过特定的碱基序列决定多肽链中氨基酸的序列。基因的碱基序列和多肽链的氨基酸序列之间有直接线性对应关系。mRNA中的每3个碱基形成一个碱基三联体［或称为密码子（codon）］，编码一个氨基酸。遗传密码（genetic code）通过蛋白质合成系统翻译成蛋白质肽链。这种蛋白质合成系统是由核糖体（ribosome）（由蛋白质及rRNA构成）、转运RNA（tRNA）和一系列酶组成。

2.5.2　DNA复制

DNA是原核微生物遗传的主要物质基础。生物信息流动从DNA复制（DNA replication）开始，是微生物细胞分裂所必需的。原核微生物的遗传信息通过DNA复制等过程从亲代传递到子代。DNA复制过程必须在高保真环境中进行，使得微生物子细胞在遗传上完全等同于母细胞。这个过程涉及专一性酶和酶促过程。

DNA双链以碱基对互补的形式构成双螺旋结构。在DNA复制过程中，首先，碱基间的氢键断裂使DNA双链解旋、分开；然后，单链作为模板合成其互补链，各形成一个双链DNA分子。DNA复制位点称为复制叉（replication fork），沿DNA复制方向移动（图2.20）。新合成的两个子代DNA分子与原来的亲代DNA分子碱基序列完全一样，并且，新合成的两个双螺旋 DNA 各由一个子代链和一个亲本链构成。这种复制方式称为半保留复制，被拷贝的 DNA 分子称为模板，DNA复制过程中每一个亲本链都是合成新链的模板。

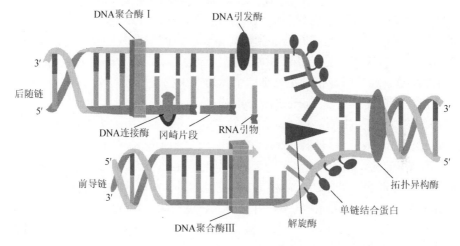

图 2.20　DNA 复制示意图

在复制过程中，DNA 链中的每一个新核苷酸的前体都是核苷三磷酸，通过去除 5′端的 2 个末端磷酸，剩下的磷酸以共价键结合到生长链的脱氧核糖 3′端羟基上，形成 DNA 序列（图 2.21）。因此，DNA 复制总是从 5′磷酸端向 3′羟基端进行。

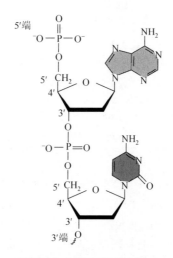

图 2.21　3′端通过加入脱氧核苷酸使 DNA 链延长

催化 DNA 链延伸的蛋白酶称为 DNA 聚合酶（DNA polymerase）。以大肠杆菌（*E. coli*）为例，细胞内含有功能各不相同的数种 DNA 聚合酶（如 DNA 聚合酶 I、DNA 聚合酶 II、DNA 聚合酶 III）。DNA 聚合酶 I、DNA 聚合酶 II 参与细胞内损伤 DNA 的修复，并在 DNA 链半保留复制中起辅助作用；DNA 聚合酶 III 是一个多亚基蛋白酶，是合成 DNA 新链的主要复制酶。DNA 聚合酶的一个共同特征是它们只能催化脱氧核苷酸加到已有核苷酸链的游离 3′羟基上，而不能起始 DNA 链的合成。所以，它们需要引物来提供 3′羟基端，然后在其上加入核苷酸来延伸 DNA 链。通常在原核微生物细胞中，这个引物是一段短 RNA 链。

当双螺旋在复制原点（origin of replication，oriC）打开时，RNA 聚合酶首先起作用，产生一段 RNA 引物。这种起 RNA 聚合作用的蛋白酶称为引发酶（primase），它合成一小段延伸 RNA（小于 15 个核苷酸）。在 RNA 引物生长的末端是 3′羟基，DNA 聚合酶能将第一个脱氧核糖核苷酸加到 3′羟基上。需要注意的是，引物一旦形成，分子的延伸将是 DNA 而不是 RNA。因此，新合成的分子有一个如图 2.20 所示的结构，其中，引物将最终被去除。复制原点是由约 300 个碱基组成的特殊序列，能被特异的起始蛋白所识别。表 2.5 列出了 DNA 复制过程中参与的主要蛋白酶。

表 2.5　原核生物细胞中参与 DNA 复制的主要蛋白酶（以 *E. coli* 为例）

蛋白酶	编码基因	蛋白酶功能
原点结合蛋白（replication initiator protein）	*dnaA*	结合在复制叉的复制原点（oriC），促使复合体解套
拓扑异构酶（topoisomerase）	*topA*	解开 DNA 双螺旋结构
DNA 解旋酶（helicase）	*dnaB*	在复制叉中解开 DNA 双链
引发酶（primase）	*dnaG*	在 DNA 上引入新链
DNA 聚合酶 I（polymerase I）	*polA*	切除 RNA 引物，填充 DNA 上缺口
DNA 聚合酶 III（polymerase III）	*polC*；*dnaE/ON/X*；*holA-E*	主要起核苷酸聚合作用
单链结合蛋白（single-stranded-binding protein）	*ssb*	防止打开的螺旋退火
DNA 连接酶（ligase）	*ligA*、*ligB*	连接 DNA 切口

以大肠杆菌（*E. coli*）为例，DNA 复制过程主要分为以下几个步骤。

1）复制起始（initiation）：由于绝大多数原核微生物染色体为环形 DNA，DNA 复制是以复制原点（oriC）为起始位置，形成复制体（replication complex）进行双向复制。因此，一个染色体上有两个复制叉，以相反方向复制。在环形染色体 DNA 中，双向复制会形成独特 θ 结构（theta structure）（图 2.22）。

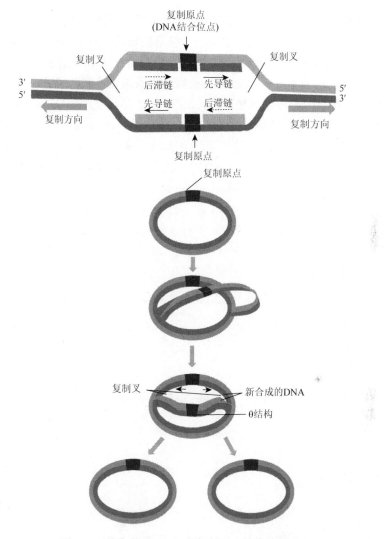

图 2.22 染色体 DNA 双向复制及 θ 结构的形成

2）DNA 复制延伸（elongation）：当 DNA 复制在复制叉进行时，DNA 的卷曲螺旋就发生变化，通过一个拓扑异构酶（topoisomerase）来改变。在复制叉上，双螺旋 DNA 解旋，通过解旋酶的作用暴露出一小段单链区，解旋酶是依赖于 ATP 的酶，通过水解 ATP 沿螺旋移动使复制叉前进。形成的单链区与单链结合蛋白（single-stranded-binding proteins）结合在一起，它能稳定单链 DNA，并防止链内氢键的形成和螺旋化。两条复制链之间存在重要区别。事实上，DNA 的复制总是从 5′磷酸向 3′羟基方向进行（总是在生长链的 3′羟基上加一个新的核苷酸）。DNA 链生长方向从 5′磷酸到 3′羟基的称为先导链（leading strand），先导链的 DNA 合成是连续的，在复制原点进行一条链复制直到终点，因为在复制叉上总有游离的 3′ 羟基，所以新的核苷酸能够加到 3′ 羟基上。但是在相反的链"后滞链"（lagging strand）上，DNA 的合成是不连续的（因为在复制叉上没有 3′ 羟基，新的核苷酸不能结合上去）。因此，在后滞链上，一小段 RNA 引物必须先由引发酶合成以提供游离 3′ 羟基。RNA 引物合成以后 DNA 聚合酶Ⅲ取代引发酶。DNA 聚合酶Ⅲ是包括聚合酶核心复合体本身在内的 9 个蛋白质的复合体（表 2.5）。DNA 聚合酶Ⅲ加入脱氧核苷三磷酸一直到达先前合成的 DNA。在这点上，DNA 聚合酶Ⅲ停下来，下一个 DNA 聚合酶Ⅰ参与反应。DNA 聚合酶Ⅰ具有一种以上的酶活性，除了 5′→3′ 合成 DNA 外，还有核酸外切酶活性，以去除先前的 RNA 引物［图 2.23（A）］。当 RNA 引物去除后用 DNA 来取代，DNA 聚合酶Ⅰ被释放。最后通过 DNA 连接酶（DNA ligase）形成磷酸键。DNA 连接酶能够封闭 DNA 中有 5′ 磷酸和 3′ 羟基的切口。

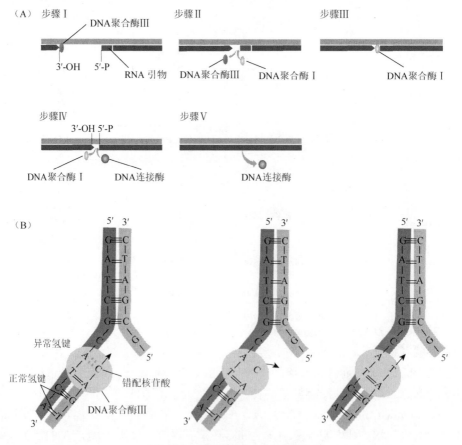

图 2.23　DNA 复制延伸与校正

（A）DNA 复制过程；（B）DNA 聚合酶外切酶活性校正

3）DNA 复制的校正（DNA proofreading）与终止（termination）：DNA 复制过程中的错误会导致 DNA 序列的变化或称为突变（mutation）。通常，这种突变的概率非常低，在 $10^{-11}\sim10^{-8}$。这种高精度的 DNA 复制主要依赖 DNA 聚合酶的碱基互补配对合成及合成后校正的双重作用：一方面，DNA 聚合酶会根据碱基配对原则 A 与 T、G 与 C 插入互补的碱基，严格利用模板链进行 DNA 延伸；另一方面，DNA 聚合酶在 DNA 链合成后会进一步进行校正 [图 2.23（B）]。最后，在环状 DNA 复制完成后。两个环状分子被连在一起，形成链条结构，该结构通过拓扑异构酶断开连接，形成两个环状染色体 DNA。

从上述原核微生物染色体 DNA 复制过程可以看出，典型细菌（如 *E. coli*）的染色体基因组大小 4.6Mb，一个完整的染色体 DNA 双向复制过程大约需要 40min（以 DNA 聚合酶Ⅲ每秒加入 1000 个核苷酸到生长的 DNA 链上的速率计算）。而 *E. coli* 的世代时间（generation time）在 20min 左右。这就意味着，染色体 DNA 在完成一个完整的复制之前，新的染色体 DNA 复制过程就已经开始了。只有通过这种方式，原核微生物才能实现世代增殖时间比染色体复制时间短。

上述 DNA 复制过程与机理已经广泛应用到环境微生物研究与技术开发中，典型应用为聚合酶链反应（polymerase chain reaction，PCR）技术的开发与应用。PCR 的反应过程主要由 DNA 变性（denaturation）、退火（annealing）、延伸（extension/elongation）3 个步骤构成一个周期，通过多次循环该周期，实现目标 DNA 片段的大幅扩增。其中，"变性" 就是通过加热的方法实现微生物细胞中拓扑异构酶与 DNA 解旋酶共同作用实现的 DNA 双链打开的目的；"退火" 是通过调节反应体系温度至合适温度值实现人工合成引物（代替微生物细胞体内 DNA 合成时所需的引物 RNA）与目标 DNA 实现互补结合后，为后续的 DNA 聚合酶插入新的核苷酸提供 3′羟基；PCR 反应过程在盐溶液体系中进行，主要目的是模拟细胞质环境来稳定 DNA 聚合酶的催化活性。

2.5.3 DNA 转录与 RNA 逆转录

转录是以 DNA 为模板，在 RNA 聚合酶的参与下，以 NTP（ATP、CTP、GDP 和 UTP）为原料合成 RNA 序列的过程（图 2.24）。RNA 作为将 DNA 遗传信息传递给蛋白质的核心中间体，其化学合成过程类似于 DNA 复制：在 RNA 序列延伸过程中，核糖核苷三磷酸加到 RNA 序列末端核苷酸的核糖 3′羟基上，并伴随两个高能磷酸键的打开。因此，RNA 的合成及链延长方向也是从 5′端到 3′端。与 DNA 链合成（图 2.20）的不同之处在于，RNA 聚合酶不需要引物就能够合成新的 RNA 链。

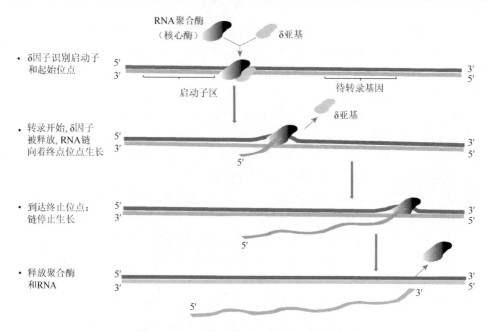

- δ因子识别启动子和起始位点
- 转录开始,δ因子被释放,RNA链向着终点位点生长
- 到达终止位点:链停止生长
- 释放聚合酶和RNA

图 2.24　原核微生物细胞内 DNA 转录过程

（1）**RNA 聚合酶**　在原核微生物细胞中，RNA 聚合酶由多个亚基组成。例如，大肠杆菌 RNA 聚合酶由 4 个不同亚基（β、β′、α、δ）及两个 Zn 原子组成，相对分子质量为 465 000。其中，缺少 δ 亚基的 RNA 聚合酶称为核心酶，只能使已开始合成的 RNA 链延长，不具有起始合成 RNA 的能力，而必须加上 δ 亚基后才能表现出全 RNA 聚合酶的活性。因此，δ 亚基为 RNA 合成的起始亚基，在转录开始后即被释放。

（2）**转录启动子（promoter）**　启动子是 DNA 序列上被 RNA 聚合酶识别并结合形成起始转录复合物的特定区域，它还包括转录调控蛋白酶因子的结合位点。启动子本身不被转录，是控制转录的起始序列，决定着基因的表达强度。启动子和 RNA 聚合酶的亲和力影响着转录的起始效率。原核微生物的启动子分为核心启动子和启动子上游部位两类：核心启动子能被 RNA 聚合酶直接识别并结合；启动子上游部位需要辅助因子协助才能与 RNA 聚合酶结合，因此对应的 DNA 序列包括 RNA 聚合酶结合位点和辅助因子结合位点。

（3）**转录终止子（terminator）**　对于氨基酸序列合成的保真度来说，转录的终止与转录的起始同等重要。RNA 合成的终止在 DNA 的特定碱基序列上发生。原核微生物的转录终止子有两种：不依赖 ρ 因子（rho factor）的终止子与依赖 ρ 因子的终止子。不依赖于 ρ 因子的终止子在结构上通常有如下特征：DNA 上的终止序列含有反向重复序列，并且中心部分有非重复序列。在转录时，RNA

通过链内重复序列的碱基配对形成茎-环结构（图 2.25），并且当这种 RNA 茎-环结构的后排序列为一串尿嘧啶（U）时，形成有效的转录终止子。这种利用序列内部结构特征的终止子，称为内在终止子。另一类终止子需要一类称为 ρ 的蛋白质参与，ρ 蛋白不与 RNA 聚合酶或 DNA 结合，而与 RNA 序列紧密结合并沿着 RNA 序列向着 RNA 聚合酶-DNA 复合体方向移动。RNA 聚合酶一旦停止在依赖于 ρ 的终止位点，ρ 就会引起 RNA 及聚合酶脱离 DNA，终止转录过程。类似于 ρ 蛋白，其他参与转录终止的蛋白质也是一类 RNA 结合蛋白。

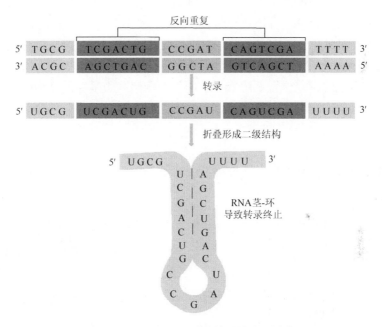

图 2.25　不依赖 ρ 因子的转录终止子结构

因此，具体的转录过程可以分为起始、延伸和终止 3 个阶段（图 2.24）：转录起始阶段 RNA 聚合酶在 δ 亚基引导下结合到启动子上，然后 DNA 双链局部解开，形成的解链区称为转录泡，该解链区为 RNA 聚合酶结合部位。在转录的起始阶段酶的催化中心按照模板链的碱基选择与之结合的底物核苷酸，形成磷酸二酯键并脱下焦磷酸，合成 RNA 链的最初 2~9 个核苷酸。随后 δ 亚基脱离核心酶，完成转录的起始阶段。在延伸阶段，随着核心酶沿 DNA 分子向前移动，解链区也跟着移动，新生 RNA 链得以延长。终止阶段是 RNA 聚合酶在终止子帮助下识别转录终止信号，停止 RNA 合成，酶与 RNA 链离开模板，DNA 恢复双螺旋结构。转录的目的是实现一段 DNA 的活性表达，因为转录过程并不像 DNA 复制那样涉及拷贝完整的基因组，通常只是涉及 DNA 一个或多个基因。这种体系可以使细胞根据所需蛋白质的不同，以不同的频率转录出不同的基因。逆转录（reverse transcription）是在逆转录酶的作用下，以 RNA 为模板合成 DNA。逆转录过程的发现，是对中心法则的进一步完善。

2.5.4　蛋白质合成

蛋白质的微生物合成是将 DNA 序列上携带的遗传信息通过 mRNA 翻译成蛋白质一级结构中氨基酸序列的过程，包括氨基酸活化、翻译的起始、肽链的延伸及终止和翻译后的折叠及分泌 5 个阶段。在原核微生物中，由于 mRNA 存在时间短暂，翻译过程在新转录 mRNA 形成过程中已经同步开始。翻译过程在核糖体中进行，以 mRNA 为模板，由 tRNA 将活化的氨基酸根据密码子和反密码子的识别转运至肽链合成的指定位置。翻译合成的蛋白质序列必须经过修饰、折叠并分泌至膜外或转运至细胞内特定位置才具有生物学活性。

2.5.4.1　遗传密码子

在翻译过程中，遗传密码子（表 2.6）是联系核酸的碱基序列和蛋白质的氨基

表 2.6　遗传密码子

		U		C		A		G	
U	UUU	苯丙氨酸（Phe）	UCU	丝氨酸（Ser）	UAU	酪氨酸（Thr）	UGU	半胱氨酸（Cys）	U
	UUC		UCC		UAC		UGC		C
	UUA	亮氨酸（Leu）	UCA		UAA	终止	UGA	终止	A
	UUG		UCG		UAG		UGG	色氨酸（Trp）	G
C	CUU	亮氨酸（Leu）	CCU	脯氨酸（Pro）	CAU	组氨酸（His）	CGU	精氨酸（Arg）	U
	CUC		CCC		CAC		CGC		C
	CUA		CCA		CAA	谷氨酰胺（Gln）	CGA		A
	CUG		CCG		CAG		CGG		G
A	AUU	异亮氨酸（Ile）	ACU	苏氨酸（Thr）	AAU	天冬酰胺（Asn）	AGU	丝氨酸（Ser）	U
	AUC		ACC		AAC		AGC		C
	AUA		ACA		AAA	赖氨酸（Lys）	AGA	精氨酸（Arg）	A
	AUG	蛋氨酸（Met）	ACG		AAG		AGG		G
G	GUU	缬氨酸（Val）	GCU	丙氨酸（Ala）	GAU	天冬氨酸（Asp）	GGU	甘氨酸（Gly）	U
	GUC		GCC		GAC		GGC		C
	GUA		GCA		GAA	谷氨酸（Glu）	GGA		A
	GUG		GCG		GAG		GGG		G

酸序列的途径。并且，mRNA 链上核苷酸三联体与蛋白质链上的氨基酸具有对应关系，即 mRNA 序列上三个连续的核苷酸编码一种氨基酸，所以密码子也叫三联体密码子。研究发现共有 64 个密码子，这些密码子在所有生物体内是通用的，其中 61 个密码子编码氨基酸，其余 3 个用作翻译的终止信号（表 2.6）。

2.5.4.2　蛋白质合成过程

蛋白质合成过程与 DNA 或 RNA 序列合成过程类似，包括起始、延伸及终止三个主要步骤，此外还需在翻译起始前进行氨基酸活化和氨基酸序列合成后的修饰与转运。参与翻译过程的大分子除了 mRNA、tRNA 及核糖体之外，还有其他称为起始、延伸和终止因子的蛋白质。高能化合物鸟苷三磷酸（GTP）为合成过程提供能量（图 2.26）。

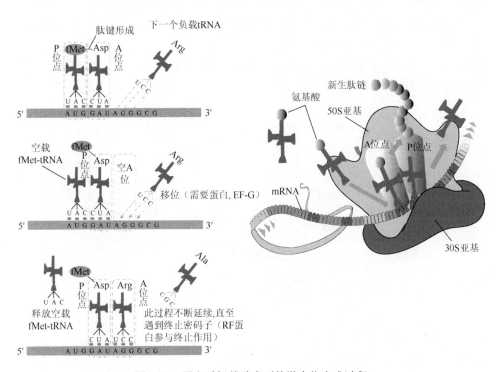

图 2.26　蛋白质氨基酸序列的微生物合成过程

（1）**氨基酸活化**　用于蛋白质合成的每一个氨基酸通过消耗 ATP 实现与特定 tRNA 的共价连接，参与该过程的酶是氨酰-tRNA 合成酶（aminoacyl tRNA synthetase）。多肽合成的准确性由 tRNA 携带正确的氨基酸过程决定，因此氨基酸的活化过程可以保证蛋白质合成的精确性。

（2）**翻译的起始** 在原核微生物细胞中，翻译的起始过程是核糖体大小亚基、tRNA 和 mRNA 在起始因子（initiation factor，IF）的协助下形成起始复合物的过程（图 2.27）。此步骤需要鸟苷三磷酸（GTP）。该起始过程首先是核糖体 30S 小亚基附着于 mRNA 起始信号部位。原核微生物细胞中每一个 mRNA 都具有其核糖体结合位点，位于起始密码子 AUG 上游（5′）约 10 个核苷酸处的一个短序列片段，称为 SD 序列。这段序列正好与 30S 小亚基中的 16S rRNA 序列 3′端的富嘧啶序列互补，因此 SD 序列也叫作核糖体结合序列，这种互补就意味着核糖体能选择 mRNA 上 AUG 的正确位置来起始肽链的合成，该结合反应由起始因子 3（IF3）介导，另外 IF1 促进 IF3 与小亚基的结合，形成 IF3-30S 亚基-mRNA 三元复合物。在 IF2 作用下，甲酰蛋氨酰-tRNA（fMet-tRNA）通过密码子与反密码子配对与 mRNA 分子中的 AUG 相结合，同时 IF3 从三元复合物中脱落，形成 30S 前起始复合物，即 IF2-30S-mRNA-fMet-tRNA 复合物，此步骤需要 GTP 和 Mg^{2+} 参与。50S 亚基与上述 30S 前起始复合物结合，同时 IF2 脱落，形成有生物学活性的 70S 起始复合物，即 30S-mRNA-50S-fMet-tRNA 复合物。此时 fMet-tRNA 占据着 50S 亚基的肽酰位。而 A 位则空着有待于对应 mRNA 中第二个密码的相应氨酰-tRNA 进入，从而进入延长阶段。

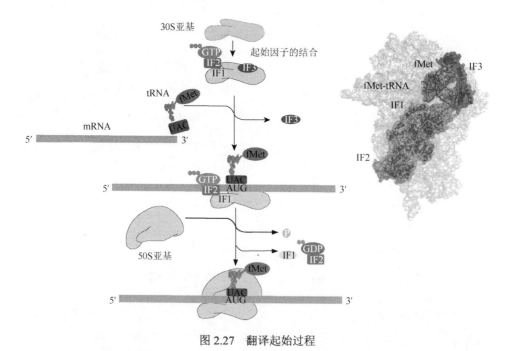

图 2.27　翻译起始过程

（3）**肽链的延伸** mRNA 最初与 30S 亚单位结合而穿过核糖体。核糖体上还存在着与 tRNA 相互作用的其他位点。有两个位点主要位于 50S 亚单位上，称为 P 位点和 A 位点。A 位点是接受位点，新的氨酰-tRNA 首先通过 EF-Ta 延伸因子（EF）蛋白的帮助结合到 A 位点。P 位点是肽位点，在肽位点上由氨酰-tRNA 控制肽链生长。在肽键形成的过程中，随着新肽键的形成肽链移动到 A 位点的氨酰-tRNA 上。随着肽链的延伸，当氨酰-tRNA 定位于 A 位点后，在肽酰转移酶催化下，A 位点的氨酰-tRNA 上的氨基酸的氨基对 P 位点的肽酰-tRNA 进行亲核攻击，使其活化，从相应的 tRNA 上解离下来，转移到 A 位点的氨酰-tRNA 氨基酸的氨基上形成肽键，在 A 位上形成肽酰-tRNA，携带着肽酰-tRNA 必须从 A 位点向 P 位点移动，促进下一个氨酰-tRNA 加入空白 A 位点。每次移位都需要一个称为 EF-G 的专一性 EF 蛋白和 1 个 GTP 分子。在每一个移位步骤中，核糖体向前移动 3 个核苷酸，在核糖体的 A 位点露出 1 个新的密码子。移位过程使空载 tRNA 移动到第 3 个位点，称 E 位点。EF-G 对 GTP 具有很强的亲和力，它催化的移位过程需要 GTP 水解提供能量。最后 GDP 和 EF-G 以及 tRNA 是从核糖体上释放出来的。移位步骤的准确度是蛋白质合成精准度的关键。核糖体必须在每一步移位时准确移动 1 个密码子。在此过程中，感官上是 mRNA 通过核糖体复合物在移动，实际上是核糖体在沿着 mRNA 移动。当几个核糖体同时翻译一个 mRNA 时，形成称为多聚核糖体的复合体（图 2.28）。多聚核糖体提高了 mRNA 的翻译速度和效率。因为每个核糖体行使功能都不依赖于周围的核糖体，所以每一个核糖体在多聚核糖体中都能够合成一个完整的多肽链。

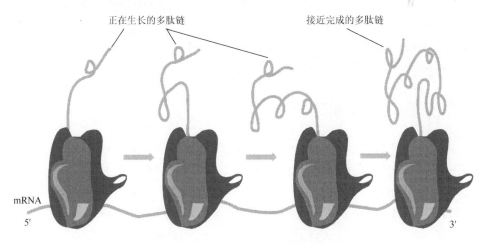

图 2.28 肽链的延伸与多聚核糖体复合体

（4）**翻译的终止** 当 mRNA 的终止密码子（UAA、UAG 或 UGA）出现在 A 位点时，没有相应的氨酰-tRNA 能与之结合，这时终止释放因子（release factor）

就会结合上去。终止释放因子与终止密码子结合，不仅阻止了氨酰-tRNA 进入 A 位点，同时改变了肽酰转移酶的活性，使得该酶能够将肽酰-tRNA 水解为肽链和空载的 tRNA。在翻译过程结束时，释放出的核糖体再次分离成 30S 和 50S 亚基。

（5）蛋白多肽链的折叠与分泌　蛋白质生物活性的产生必须经过相关折叠并与辅助因子结合。蛋白质翻译过程中多肽链能够自发进行折叠，此外还有部分多肽链需要在其他分子伴侣（molecular chaperone）的帮助下才能进行适当的折叠或组装。分子伴侣不是蛋白复合体的组成部分，仅在折叠过程中提供帮助且能够防止蛋白质进行不适当的聚集。

微生物细胞内产生的蛋白多肽链会被分配到细胞不同部位发挥功能，包括细胞质及细胞膜（在革兰氏阴性细胞的周质空间），甚至在细胞外起作用。细胞膜上或膜外的蛋白质必须从核糖体合成位点进入或穿过细胞质膜。这些蛋白质在合成时具有一个外加的位于多肽分子起始处的氨基酸序列，称为信号序列（signal sequence，如 tat 及 sec 信号序列）。信号序列具有相当大的可变性，但在起始处具有如下典型特征：起始氨基酸为带正电荷的氨基酸残基，中心具有疏水的残基区，然后是极性区域。信号序列能影响细胞分泌系统，使特定的蛋白质输出，同时防止蛋白质完全折叠，以避免干扰分泌过程。因为信号序列位于蛋白质的起始处，因而蛋白质在被完全合成之前，蛋白质分泌的前期步骤就已经开始了。其中，信号识别颗粒（signal recognition particle，SRP）在识别需转运蛋白质的过程中起到关键作用。SRP 存在于所有细胞中，在细菌中 SRP 含有一个蛋白质和一个小的 RNA 分子（4.5S RNA），为蛋白质-RNA 复合体（ribonucleoprotein, or protein-RNA complex）。SRP 能识别含有信号序列的蛋白质，并将其传递给特异的膜蛋白复合体，通过转运分子通道，分泌到周质空间或环境中。在运输过程中，信号序列通过蛋白酶被除掉，属于蛋白质翻译后的修饰过程。

2.5.5　分子生物中心法则与环境应用

环境微生物群落结构与功能的认识需要从 DNA、RNA、蛋白质等不同层次进行分析，最终获得该群落中关键功能种群、目标种群代谢活性、种群间互作关系及其环境响应等信息。在 DNA 水平，通过了解特定环境中微生物种群的基因组 DNA 信息，可以获知其潜在的代谢功能及调控信息。但某一种群特定功能基因对应的功能或互作关系并不一定会出现，而需要从其 RNA 转录、蛋白质表达水平与变化等信息来综合判断。在环境微生物学研究中，通常需要结合 DNA、RNA 及蛋白质序列分析，来最终确定特定环境微生物样品中的种群功能及互作关系等。

参 考 文 献

哈特尔 D L，鲁沃洛 M. 2015. 遗传学：基因和基因组分析. 8 版. 杨明，译. 北京：科学出版社.

朱玉贤，李毅. 2002. 现代分子生物学. 北京：高等教育出版社.

Weaver R F. 2016. 分子生物学. 5 版. 郑用琏，马纪，李玉花，等，译. 北京：科学出版社.

Liu W T，Jansson J K. 2010. Environmental Molecular Microbiology. Norfolk：Caister Academic Press.

Singleton P，Sainsbury D. 2001. Dictionary of Microbiology and Molecular Biology. 3rd ed. Chichester：JohnWiley &
    Sons.

3　原核微生物细胞结构与分子组成

原核微生物分为细菌（bacteria）和古菌（archaea）两大类。其中细菌更为常见，进化程度更高。而古菌（又称古生菌或古细菌）是一类较为特殊的原核微生物，很多生活在极端环境中。较为常见的古菌有产甲烷古菌及嗜热古菌等，并且其细胞结构及代谢等特征与细菌及真核生物存在明显差异，但又具有一定相似性。例如，古菌与细菌类似，没有细胞核；古菌也具有真核生物的一些特征，包括甲硫氨酸起始蛋白质合成、核糖体对氯霉素抗性、相似 RNA 聚合酶及 DNA 具有内含子并结合组蛋白等。此外，古菌还具有既不同于细菌也不同于真核生物的一些特征，包括细胞膜中脂类不可皂化、细胞壁不含肽聚糖（部分以蛋白质为主，有的含杂多糖或类肽聚糖，但都不含胞壁酸、D 型氨基酸和二氨基庚二酸）。最初，除古菌以外的所有原核微生物称为"真细菌"（eubacteria），包括细菌、放线菌（actinomyces）及蓝细菌（cyanobacteria）。现在，放线菌及蓝细菌也被归为细菌。根据形态，细菌大致可分为球菌、杆菌与螺旋菌（图 3.1）。

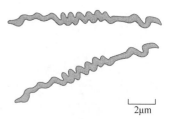

球状细胞，如脱卤拟球菌　　　杆状细胞，如大肠杆菌　　　螺旋形细胞，如梅毒密螺旋体
（*Dehalococcoides mccartyi*）　　（*Escherichia coli*）　　　（*Treponema pallidum*）

图 3.1　细菌形状与大小

除球菌、杆菌和螺旋菌外，还有一些特殊形态的细菌，如丝状菌、球衣细菌等。细菌培养过程中，培养时间、温度、pH、营养物等因素会对细菌形态造成很大影响。一般在细菌幼龄阶段及生长条件适宜时，细菌形态正常。当培养条件不适宜或培养时间过长时，菌体会出现异常形态，但在合适条件下又可恢复至正常形态。因此，根据细菌形态进行分类具有不确定性，且不易于观察。微生物学研究中通常结合细胞结构、代谢特征及遗传信息进行微生物分类。下面介绍一种在细菌学中广泛使用的鉴别染色法——革兰氏染色法（图 3.2）。

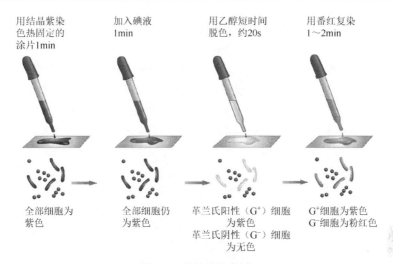

用结晶紫染 色热固定的 涂片1min	加入碘液 1min	用乙醇短时间 脱色，约20s	用番红复染 1～2min

| 全部细胞为 紫色 | 全部细胞仍 为紫色 | 革兰氏阳性（G⁺）细胞 为紫色 革兰氏阴性（G⁻）细胞 为无色 | G⁺细胞为紫色 G⁻细胞为粉红色 |

图 3.2 革兰氏染色法

革兰氏染色法（Gram staining）在 1884 年由丹麦细菌学家 Hans Christian Gram 创立，最初是用来区别肺炎球菌与克雷伯肺炎菌。革兰氏染色法属于复染法，一般包括初染、媒染、脱色、复染四个步骤。首先将细菌进行涂片固定，用结晶紫对细菌进行初染，水洗后用碘液媒染，再水洗后用乙醇进行脱色，最后用番红复染，水洗干燥后镜检。根据染色结果的不同，可将细菌分为两大类，即不被乙醇脱色而保留紫色者，为革兰氏阳性（G⁺）菌；被乙醇脱色复染成红色者，为革兰氏阴性（G⁻）菌。该染色法之所以能将细菌分为 G⁺菌和 G⁻菌，主要由这两类菌的细胞壁结构及成分差异所决定。

如图 3.3 和表 3.1 所示，革兰氏阳性菌细胞壁较厚、化学组成简单，一般由

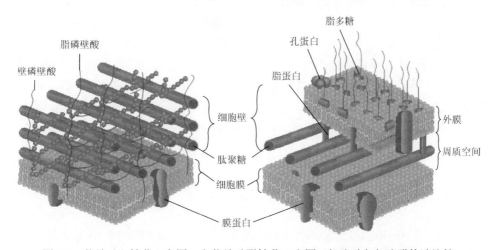

图 3.3 革兰氏阳性菌（左图）和革兰氏阴性菌（右图）细胞壁与细胞膜构造比较

90%肽聚糖（peptidoglycan）及 10%磷壁酸（teichoic acid）组成。磷壁酸分两类，一类与肽聚糖分子进行共价结合，称壁磷壁酸；另一类是跨越肽聚糖层与细胞质膜相连，称为膜磷壁酸或脂磷壁酸。细胞壁与细胞质膜之间的空间称为周质（periplasm）。而革兰氏阴性菌细胞壁较薄、化学组成较复杂，可分为外膜及薄肽聚糖层两层。外膜由磷脂、脂蛋白和脂多糖组成，其主要成分为脂多糖（lipopolysaccharide，LPS）。LPS 由核心多糖、O-特异支链和脂质 A 组成，同时它也是病原菌内毒素的主要成分。

表 3.1　革兰氏阳性菌和革兰氏阴性菌细胞壁对比

项目	G⁺	G⁻
细胞壁厚度/nm	20～80	肽聚糖层：2～3 外膜层：8
肽聚糖结构	多层，75%亚单位交联，网格紧密坚固	单层，30%亚单位交联，网格较疏松
肽聚糖成分	占细胞壁干重 40%～90%	肽聚糖层，5%～10%
磷壁酸	多数有	无
脂多糖	无	肽聚糖层：无 外膜层：11%～22%
脂蛋白	无	肽聚糖层：有或无 外膜层：有
对青霉素、溶菌酶	敏感	不敏感
常见菌种	芽孢杆菌属（*Bacillus*）	大肠杆菌（*E. coli*）

革兰氏染色过程中，经过初染和媒染，细胞内形成一种不溶性的结晶紫-碘复合物，这种复合物可以溶于乙醇从革兰氏阴性菌中抽提出来，但不能从革兰氏阳性菌中抽提出来。这是因为革兰氏阳性菌有着由几层肽聚糖形成的厚细胞壁，经乙醇处理后脱水，导致壁上小孔关闭，从而阻止了不溶性结晶紫-碘复合物从细胞中逸出。相反，乙醇很容易通过富含脂质的革兰氏阴性菌的细胞壁，将结晶紫-碘复合物从细胞中抽提出来。革兰氏阳性菌与阴性菌不仅在细胞壁结构与成分上存在显著差异，在形态、生理生化等方面也存在明显差别，从而对环境微生物学研究与应用产生了巨大影响。

3.1　细胞质膜

细胞质膜（cytoplasmic membrane）（图 3.4）为包围细胞的约 8nm 厚薄层结构，紧贴细胞壁，是将细胞内部（细胞质）同细胞外在环境分开的关键屏障。细胞质膜一旦破裂，细胞完整性将受到破坏，并致使细胞凋亡。同时，细胞质膜具有高度选择透过性，可以通过不同机制将分子输入或排出细胞。

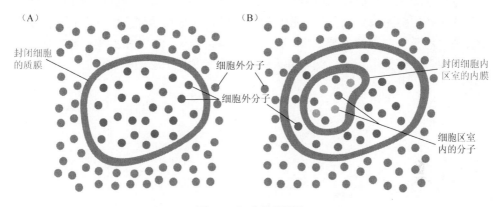

图 3.4　细胞结构比较

（A）原核微生物细胞质膜；（B）真核生物细胞质膜及细胞内细胞器膜

3.1.1　细胞质膜组成

生物膜主要由磷脂双分子层（phospholipid bilayer）构成，在磷脂双分子层上有大量蛋白质和脂类，少量多糖及微量核酸、金属离子和水。就磷脂单个分子而言，磷脂含有疏水区域（脂肪酸）和亲水区域（磷酸甘油）两部分，能以不同化学形式存在。该化学形式由甘油骨架中的具体基团决定（图 3.5）。

当磷脂在水溶液中聚集时，自然形成双分子层结构：脂肪酸朝向双分子层内部，形成疏水环境，亲水部分则暴露在双分子层外部水环境中。生物膜的双分子层结构是磷脂分子在水环境中最稳定的一种排列方式（图 3.6）。并且，磷脂双分子层通过进一步降低自由能形成稳定的封闭区室，从而形成完整的细胞质膜结构。极性物质不能透过该双分子层的疏水区域，导致细胞质膜的不可透过性，从而阻止细胞质组分外流。细胞质膜整个结构的稳定性主要依靠氢键和疏水作用，此外，阳离子（如 Mg^{2+}、Ca^{2+}）也与磷脂的负电荷结合，从而有助于细胞质膜结构的稳定。

3.1.1.1　膜蛋白

蛋白质是组成微生物细胞质膜的重要成分，占细胞质膜干重的 50%～60%。根据蛋白质与细胞膜结合状态，可分为以下几类：嵌入蛋白（integral protein），即嵌入或贯穿于磷脂双分子层的蛋白质；周边蛋白（peripheral protein），位于细胞膜外或细胞质内的蛋白质；脂锚定蛋白（lipid-anchored protein），附着于双层膜内脂肪酸的蛋白质。从功能上看，膜蛋白主要可分为两类：运输蛋白（转运蛋白）和酶蛋白（图 3.7）。而运输蛋白又分为载体蛋白和通道蛋白两类（图 3.8），运输蛋白决定物质的跨膜运输，这些蛋白质的活性，只有在活体细胞或细胞质体中才能显现。这类蛋白质的种类很多，涉及许多溶质和离子的跨膜运输。酶蛋白的种类也有很多，包括用于合成细胞壁、荚膜和磷脂双分子层的酶类，以及一些水解酶等。

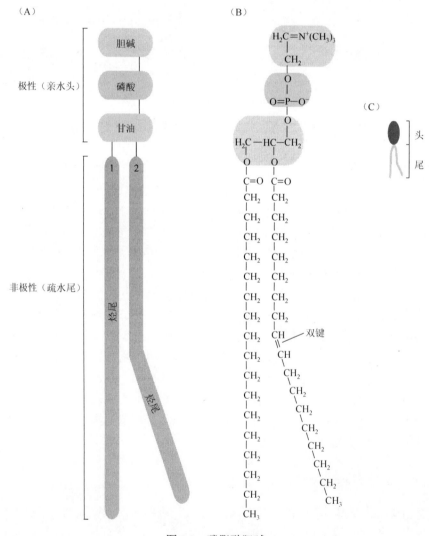

图 3.5　磷脂酰胆碱

（A）示意图；（B）结构式；（C）符号

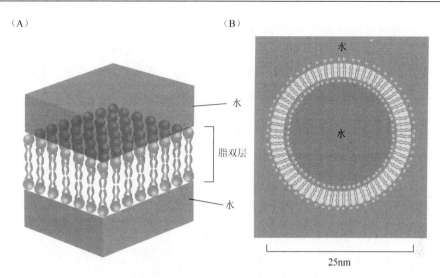

图 3.6 磷脂双分子层形成与特征

（A）磷脂在水中形成磷脂双分子层；（B）纯磷脂形成封闭球形脂质体

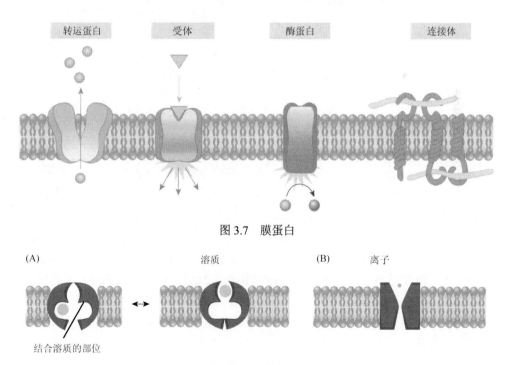

图 3.7 膜蛋白

图 3.8 运输蛋白

（A）载体蛋白；（B）通道蛋白

除了上述原核及真核生物共有膜蛋白外，原核生物细胞质膜上还有呼吸酶类和电子传递链中的各种电子载体,以及大量 ATP 酶。其中,研究比较多的是 H^+-ATP 酶和嗜盐菌紫膜中的细菌视紫红质(图 3.9),前者兼有 ATP 水解和 ATP 合成的双重作用,具体为水解或合成功能,取决于细胞的生理状态;后者是光驱动的质子泵,它与 H^+-ATP 酶配合,进行光合磷酸化。

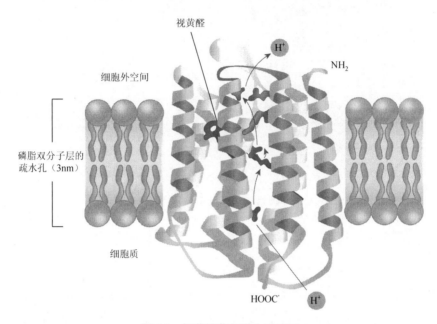

图 3.9 细菌视紫红质为质子泵

3.1.1.2 古菌细胞质膜

古菌细胞质膜总体结构与细菌及真核生物一致,即疏水内部与亲水表面。但古菌细胞质膜的脂质组成比较特殊。通常细菌与真核生物的脂质由酯键(ester linkage)连接脂肪酸和甘油分子,而古菌脂质主要由醚键(ether linkage)形成的甘油二醚(glycerol diether)及二甘油四醚(glycerol tetraether)组成(图 3.10)。四醚分子中每个甘油分子的植烷(由四个相连的异戊二烯组成)侧链由共价键结合。相对于普通磷脂双分子层结构,脂单分子层可抵抗剥离,因此这种膜结构广泛存在于超嗜热古菌中,赋予它们高温环境生存能力。有许多其他特性可用于区分细菌与古菌,但膜脂质化学组成是确定每一个系统进化种群的主要特征之一。

3.1.2 细胞质膜结构

图例中展示的细胞质膜是静止的。实际上,细胞质膜可以流动(图 3.11)。磷脂和蛋白质分子在膜上的移动有很大的自由性，膜具有近似于轻度油那样的黏性。因此，整合膜蛋白跨越了可流动的、有序的磷脂双分子层，而整个细胞质膜的结构稳定性主要依靠磷脂分子的疏水作用。此外，阳离子（如 Mg^{2+}、Ca^{2+}等）也能与磷脂负电荷结合，从而有助于膜结构的稳定。下一小节将介绍和讨论这种流动镶嵌结构是如何赋予细胞质膜功能的。

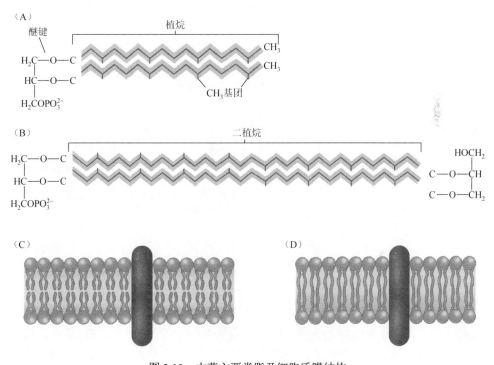

图 3.10 古菌主要类脂及细胞质膜结构

（A）甘油二醚；（B）二甘油四醚；（C）脂双分子层；（D）脂单分子层

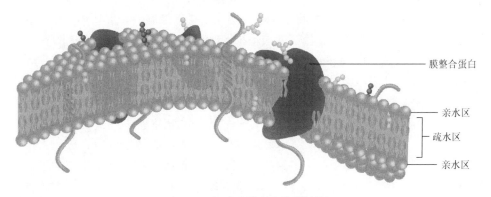

图 3.11 细胞质膜流动镶嵌结构

3.1.3　细胞质膜功能

细胞质膜不仅是分隔细胞内部与外界环境的屏障，还在细胞功能上起着重要作用（图3.12）：①渗透性屏障，阻止细胞质组分进出细胞质膜，完成营养物的吸收和各种物质的分泌；②蛋白质附着点，细胞质膜上存在许多参与细胞代谢过程的蛋白酶及控制物质进出细胞的跨膜运输蛋白，细胞质膜为这些蛋白质提供了附着位点；③能量池，细胞质膜上存在着丰富的质子（H⁺）电荷，是能量的一种形式，称为质子动力（proton motive force，PMF），负责驱动细胞中许多耗能过程，包括分子运输及ATP合成。具体细胞质膜和物质运输之间联系介绍如下。

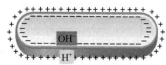

渗透性屏障——阻止渗漏，具有运输营养物质进出细胞的功能　　蛋白质附着点——参与运输、生物能学和趋化性的许多蛋白质的位点　　能量池——质子动力和产能位点

图 3.12　细胞质膜主要功能

3.1.3.1　小分子跨膜运输

微生物从外界摄取营养物质的方式随微生物类群和营养物质种类而异，其中绝大多数属于渗透吸收型。在微生物对营养物质的吸收过程中，细胞壁对于营养物质的运送作用不大，细胞质膜由于具有高度选择透过性，因而在营养物质吸收和代谢废物排出上起着重要作用。细胞质膜形成了一个疏水屏障，大多数亲水分子不能自由透过这层屏障。因此，微生物细胞必须存在一些机制使得营养物质可以从环境中运输进入细胞，并将产生的代谢废物排出细胞。一般认为，细胞质膜以4种方式控制营养物质的运送，即被动扩散（simple diffusion）、促进扩散（passive transport）、主动运输（active transport）（图3.13）和基团转位（基团转移，group translocation），其中以主动运输最为重要。

（1）被动扩散　被动扩散（passive diffusion）也称简单扩散（simple diffusion），是由于细胞质膜内外物质浓度差而产生的物理扩散作用［图3.14（A）］。扩散是非特异性的，顺着浓度梯度，其速度取决于被扩散物质的浓度差、分子大小、溶解性、极性、pH、离子强度和温度等因素。该扩散作用使细胞内外的被扩散物质浓度差不断减少，直到二者相等，达到动态平衡。但实际上由于细胞内物质在代谢过程中不断消耗而减少，从而推动被动扩散持续进行。被动扩散不需要细胞质膜上载体蛋白的参与，也不需要能量，因此它不能逆浓度梯度运输物质，运输速度也较低，并且能够进行被动扩散的物质种类十分有限。常见的以该方式进入细胞的物质主要有水、溶于水的气体分子和小的极性分子（如尿素、甘油、乙醇、O_2 和 CO_2 等）[图 3.14（B）]。

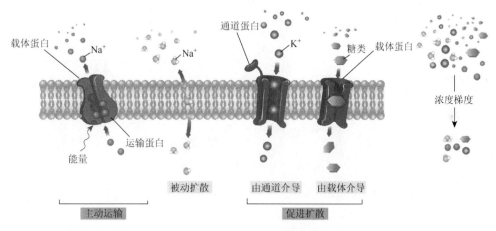

图 3.13 典型小分子跨膜运输方式

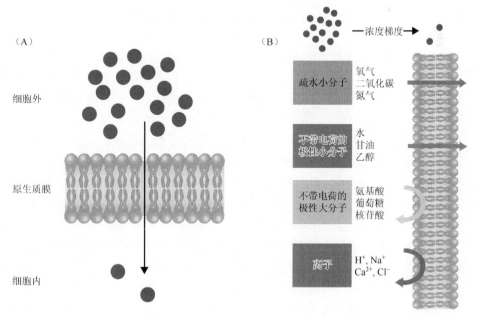

图 3.14 被动扩散

（A）被动扩散模型；（B）被动扩散透过细胞质膜的物质

（**2**）**促进扩散**　促进扩散（facilitated diffusion 或 passive transport）也称协助扩散（图 3.15）。与被动扩散相同的是，促进扩散依靠营养物质在膜内外浓度差驱动。但与被动扩散不同，促进扩散是营养物质通过细胞质膜上透性酶（permease）或称为载体蛋白的可逆性结合，实现跨膜扩散的。因为有载体蛋白参与该扩散过程，其扩散效率高于被动扩散，所以称为促进扩散。

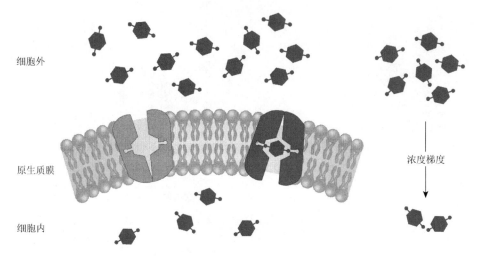

图 3.15　协助扩散模型及载体蛋白构象改变

参与促进扩散过程的透性酶多为诱导酶，只有在特定条件诱导下才能合成。透性酶的活性受环境 pH 和温度影响。透性酶主导的促进扩散依靠营养物质在膜内外的浓度差推动，不消耗能量，同样也不改变最终达到内外浓度相等的动态平衡状态。与被动扩散相比，促进扩散具有以下特征：①特异性结合，即具体的某一透性酶只能与特定的营养物质或其结构相近的分子结合实现促进扩散；②提高物质转运速度，提前达到动态平衡；③具有饱和效应，营养物质浓度过高时，与之结合的透性酶数量有限，则会出现饱和（图 3.16）。因为促进扩散是由营养物质在细胞内外的浓度差驱动的，所以该过程可逆，如果细胞内可促进扩散物质浓度高于胞外，这些物质则会被促进扩散机制运出细胞。

（**3**）**主动运输**　协助扩散依据浓度梯度运送营养物质，但当环境中营养物质浓度低于胞内浓度时，它就无法发挥作用。此时，微生物可以通过主动运输（active transport）和基团转移这两种机制完成运输过程。主动运输是一个耗能并通过细胞质膜上载体蛋白吸收营养物质的过程，所涉及的载体蛋白对运输物质也具有特异性。微生物细胞中，主动运输是物质运输的主要方式，也是微生物在自然界贫瘠环境中得以生存的重要原因之一。与促进扩散相同，在主动运输过程中，载体蛋白与被动运输养料的亲和性在细胞内外必须发生改变，即在细胞的细胞膜外，载体蛋白与被运输物质的亲和性高，而在细胞膜内表面，载体蛋白与被运输物质的亲和性低。在这一运输机制中，微生物通过调节载体蛋白构象实现亲和性改变。运输过程中的驱动能量来源有两种：一种是质子动力（proton motive force，PMF），另一种是 ATP。因此，叠氮钠或碘乙酸等物质可以通过阻止细胞代谢产能过程来抑制主动运输过程。

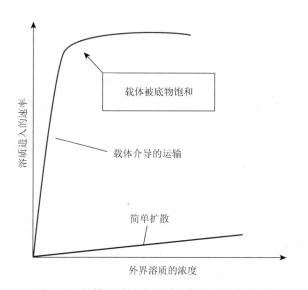

图 3.16　扩散运输速率与被扩散物质浓度关系

1）化学渗透压驱动运输。质子动力型的主动运输也称为化学渗透压驱动运输（chemiosmotic-driven transport）。微生物呼吸过程中，电子供体（如环境中的有机污染物）提供的电子经呼吸链传递给电子受体（有氧呼吸的电子受体为氧气，无氧呼吸的电子受体为硝酸盐、硫酸盐等氧化态物质）的过程中，会有 H^+ 被排出膜外。单位电子传递排出的 H^+ 数量主要取决于电子电势，一般电势较低的单位电子（高能电子）传递会将更多的 H^+ 排出膜外。而由于 H^+ 被排出膜外产生的膜内外电位差和质子浓度差，二者构成了质子动力（图 3.17）。载体蛋白通过与 H^+ 结合，利用质子动力将特异性结合的目标物质运输到胞内，完成主动运输过程。

大肠杆菌中约有40%的物质是通过化学渗透驱动运输方式进入细胞的。它们有两种基本方式：同向运输（symport）和逆向运输（antiport）（图 3.18）。当载体蛋白结合的目标运输物与 H^+ 同方向被运送到细胞内的过程，称为同向运输。进行同向运输的载体蛋白除了 H^+ 结合位点外，还有一个与目标运输物结合的位点，在

H⁺进入细胞的同时，也运入了该目标运输物。在大肠杆菌中乳糖、脯氨酸和丙氨酸等就是通过这种方式向膜内运输的。逆向运输就是通过一个共同的载体蛋白将两个具有相似电荷的物质同时进行反向运输。例如，大肠杆菌中 Na⁺/H⁺（NhaA 和 NhaB）交换运输蛋白在碱性生长条件下，对于产生钠离子动力和维持细胞内中性 pH 方面发挥着重要作用。

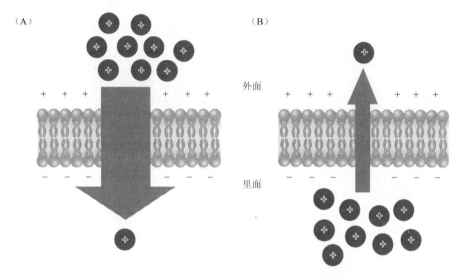

图 3.17　浓度梯度和跨膜电位压造成的电化学梯度

（A）跨膜电压与溶质浓度梯度同向时的电化学梯度；（B）跨膜电压与溶质浓度梯度反向时的电化学梯度

逆向运输也可通过 H⁺ 与 Na⁺的反向传递（在 H⁺进入细胞时将 Na⁺排出），通过消耗质子动力产生 Na⁺电位差，然后再由 Na⁺与营养物质一道做同向运输而进入细胞。在大肠杆菌中，谷氨酰胺通过和 Na⁺同向运输进入膜内。极端嗜盐古菌也是通过 Na⁺同向运输吸收亮氨酸和谷氨酸。在这一运输机制中，代谢过程产生的能量不是直接消耗在营养物质的运输上，而是用于建立膜内外离子浓度梯度，再由该离子梯度驱动营养物质的运输。

2）ATP 动力型主动运输。主动运输中能量来源的另一种方式为 ATP 动力型主动运输（ATP-driven active transport），典型例子为钠钾泵（或称为 Na⁺-K⁺-ATP酶）（图 3.19）。钠钾泵能在细胞质膜上以很高效率向胞外排出 Na⁺，同时向胞内吸入 K⁺，其作用过程主要分为 3 步：①ATP 酶构型Ⅰ（E1）在细胞质膜内侧与 3 个 Na⁺结合，同时激发 ATP 磷酸化；②磷酸化的 ATP 酶（E2）发生构型变化，将 Na⁺排出细胞质膜外，并同时与膜外 2 个 K⁺结合；③K⁺激发 E2 脱磷酸化而恢复成原来的 E1 构型，同时将 K⁺运输进入细胞质膜内。与钠钾泵相似，几乎所有的 P 型 ATP 酶将一种离子排出细胞的同时耦联一种其他离子运输进入细胞内。ATP 型离子泵可以转运的元素包括 K、Mg、Ca、Cd（抗性）和 As（抗性）。因此，重金属污染土壤或污水微生物研究通常涉及 ATP 型离子泵。

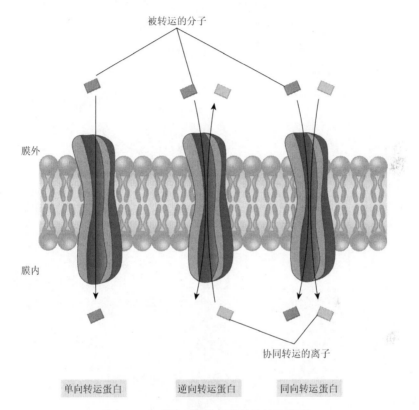

图 3.18　跨膜转运蛋白的结构和转运类型

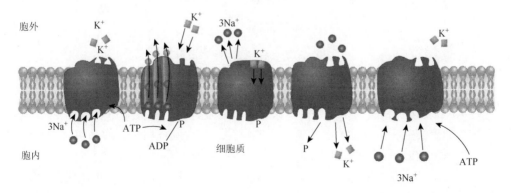

图 3.19　钠钾泵及其作用机制

　　除上述两种形式外，主动运输还有一种结合蛋白的运输系统，存在于细菌、古菌和真核生物中，这个系统称为 ATP-结合盒式转运蛋白（ATP-binding cassette transporter），简称 ABC 转运蛋白（ABC transporter）（图 3.20）。ABC 转运蛋白运输系统通常由位于周质空间的底物结合蛋白（周质结合蛋白）、跨膜转运蛋白及 ATP 水解蛋白（激酶）3 部分构成。其中，周质结合蛋白具有高底物亲和性。这些蛋白质能够在周质中移动并结合极低浓度的底物。例如，小于 1μmol/L 的底物浓度能够很容易地被周质结合蛋白结合并转运。转运所需的能量主要由 ATP 或其他高能磷酸化合物（如乙酰磷酸等）提供。

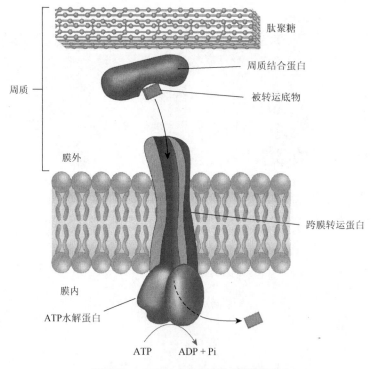

图 3.20　ATP-结合盒式转运蛋白机制

　　目前，研究人员已经从原核生物中鉴定出 200 多种 ABC 转运蛋白运输系统。这些 ABC 转运蛋白属于一个蛋白质家族，参与各种有机物（如糖和氨基酸）、无机物（如硫酸盐和磷酸盐）及痕量元素的运输。在大肠杆菌中大约有 40%的物质是通过 ABC 转运蛋白机制进行运输的，包括各种糖（阿拉伯糖、麦芽糖、半乳糖及核糖）和氨基酸（谷氨酸、组氨酸及亮氨酸）。利用相似机制，多重抗药性 ABC 转运蛋白（multidrug-resistance ABC transporter）可以将抗生素泵出细胞从而产生多重抗药性。

（4）**基团转移** 基团转移又称基团转位（group translocation），是被转运物质在跨膜过程中发生化学变化的运输过程。基团转位系统研究最为详尽的例子是大肠杆菌细胞中葡萄糖、甘露糖、果糖等物质的跨膜运输。这些物质在运输过程中先被磷酸转移酶系统（phosphotransferase system）磷酸化。该磷酸转移酶系统由多种蛋白质构成，其中酶Ⅰ、HPr酶、酶Ⅱₐ、酶Ⅱᵦ及酶Ⅱ𝚌这5种是转运任意糖类所必需的（图3.21）。HPr、酶Ⅰ（用于磷酸化HPr）和酶Ⅱₐ为细胞质蛋白，而酶Ⅱᵦ位于细胞质膜内表面，酶Ⅱ𝚌是整合膜蛋白。HPr和酶Ⅰ是磷酸转移酶系统中非特异性组分，参与各种糖的吸收，而酶Ⅱₐ、酶Ⅱᵦ及酶Ⅱ𝚌具有特异性。在转运糖类以前，磷酸转移酶系统中的蛋白质在磷酸化和去磷酸化之间不断变化，直至跨膜蛋白酶Ⅱ𝚌接受磷酸基团并在转运过程中对被转运糖完成磷酸化为止。磷酸转移酶系统所需能量主要来源于富含能量的磷酸烯醇丙酮酸（phosohoenolpyruvate，PEP）。以葡萄糖底物为例，该分子在基团转移过程中被转化为6-磷酸葡萄糖。该转化过程是葡萄糖在微生物细胞中代谢的第一步，为葡萄糖进入后续代谢过程做准备。

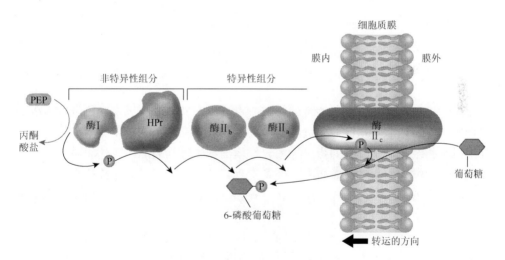

图3.21 磷酸转移酶系统的机制

值得注意的是，环境微生物在吸收某种营养物质时，通常会有多种运输系统参与该过程。例如，大肠杆菌在吸收半乳糖时，至少有5种运输系统起作用；在吸收谷氨酸和亮氨酸时，各有3种运输系统起作用；在吸收钾时，有2种以上运输系统参与。当几个运输系统用于吸收同一营养物质时，其系统在能量来源、营养物质亲和性及其调控机理上都存在差异。也正是运输系统的多样性，提高了微生物在复杂环境中的生存能力。

3.1.3.2　大分子跨膜运输

大分子营养物质如多糖、脂肪、蛋白质及核酸等，一般不能直接透过微生物细胞质膜，需要先经过水解酶或其他分解过程转化为小分子物质，才能进一步运输到细胞内。但在特定条件下，环境微生物可以直接将核酸等大分子吸收到体内（图 3.22）。

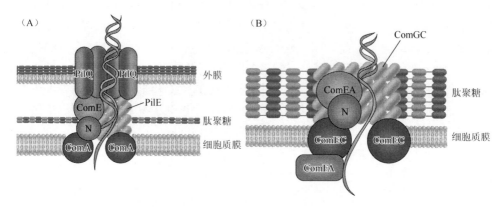

图 3.22　两种不同的核酸吸收系统

（A）淋病奈瑟球菌的 DNA 吸收系统；（B）枯草芽孢杆菌的 DNA 吸收系统

微生物细胞在吸收营养物质的同时，也可以向外分泌有机物、无机盐等小分子物质。并且，微生物鞭毛、荚膜等重要结构位于细胞膜外，需要特殊的运输或分泌机制将组成这些结构的蛋白等大分子运出细胞进行装配；此外，微生物还可以分泌蛋白酶、淀粉酶、脂肪酶、外毒素等其他蛋白质。对于原核和真核微生物来说，它们各采用不同的蛋白质分泌机制。下面我们将重点介绍原核微生物中蛋白质分泌的两种不同途径。

革兰氏阳性菌和革兰氏阴性菌向细胞质膜外分泌蛋白质所面临的难度不同。对于革兰氏阳性菌来说，蛋白质只需透过细胞质膜即可，过膜后蛋白质或通过多孔肽聚糖层进入外部环境或结合到肽聚糖层。相比较而言，革兰氏阴性菌蛋白质分泌要困难很多。蛋白质首先要通过细胞质膜这层屏障，进入周质空间的蛋白质要抵御周质空间中蛋白酶的分解作用，还要进一步跨越细胞壁及外膜。但无论是革兰氏阳性菌还是革兰氏阴性菌，蛋白质分泌主要通过 Sec（secretion-dependent）或 Tat（twin-arginine translocation）两种途径。其中，折叠蛋白只能通过 Tat 通道转运到周质空间。这两种蛋白质分泌过程都是耗能的，能量主要由质子动力及高能化合物（如 ATP 和 GTP）提供：Sec 系统需要水解 ATP 和质子动力，Tat 通道主要依赖质子动力。

（1）**Sec 途径** Sec 途径（图 3.23）是一种通用分泌途径，广泛存在于原核及真核生物细胞中。Sec 途径可以将分泌蛋白以非折叠构象运出细胞质膜或整合到质膜上。通过这个系统进行跨膜转运的蛋白，称为前蛋白（preprotein 或 presecretory protein）。前蛋白在氨基端（N 端）具有信号肽，可被 Sec 系统特异性识别。前蛋白信号肽序列合成后，一种称为分子伴侣（molecular chaperones）的特异蛋白（如 SecB）与之结合，延迟前蛋白的折叠并帮助该蛋白以适合转运的构象到达 Sec 系统。

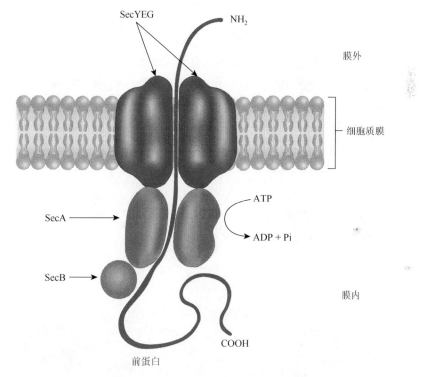

图 3.23　大肠杆菌 Sec 蛋白转运系统

大肠杆菌细胞蛋白转运过程中最常用的分子伴侣是 SecB 和信号识别粒子（signal recognition particle，SRP）。SecB 存在于革兰氏阴性菌中，主要用于分泌蛋白。而 SRP 存在于所有原核生物中，主要参与膜蛋白转位。研究表明膜蛋白转位在核糖体完全合成蛋白质之前就已经开始。SecY、SecE 和 SecG 构成一个膜蛋白复合体，形成细胞质膜上被转运蛋白的运输通道。SecY 既可纵向转送，实现蛋白质跨膜，也能横向将待转运插入质膜。SecA 可以识别并结合 SecYEG 和 SecB-前蛋白复合物，水解 ATP 为膜上转运蛋白（不包括伴侣蛋白）提供能量。当脱离分子伴侣蛋白的被转运蛋白从细胞质膜运出后，它的信号肽就会被信号肽酶（signal peptidase）切掉，然后进行正确的蛋白质折叠。有一些被转运蛋白是细胞质膜整合蛋白，这些蛋白质虽然通过相同转位系统进行运输但具有不同信号肽，并且该信号肽更具疏水性，便于 SRP 识别并通过 FtsY-SecYEG 埋藏或锚定在细胞质膜上。

（2）**Tat 途径**　未折叠蛋白质通过 Sec 途径进行运输，而微生物细胞内的折叠蛋白则由 Tat 途径进行跨膜运输（图 3.24）。不同微生物种群，Tat 途径运输的蛋白量也不同。在大肠杆菌中，通过 Tat 途径进行运输的蛋白质约占分泌蛋白的6%，而在革兰氏阳性菌天蓝色链霉菌中约有 20%。大肠杆菌 Tat 运输系统由三个整合膜蛋白 TatA、TatB 和 TatC 组成，但有些细菌的 Tat 运输系统由 TatA 和 TatC 组成，不含 TatB。其中，TatC 序列保守性最高，而 TatA 和 TatB 序列和结构比较相近。Tat 途径底物蛋白具有不同于 Sec 途径底物蛋白的信号肽，最典型的就是信号肽中含有两个相邻精氨酸（R）残基（Ser/Thr-Arg-Arg-X-Phe-Leu-Lys，X 为任何极性氨基酸）。该信号肽的疏水性弱于 Sec 蛋白。大肠杆菌中通过 Tat 途径运输的底物蛋白大多是含有辅酶因子的氧化还原蛋白，这些蛋白质主要涉及无氧呼吸过程。少数底物蛋白虽不具有 Tat 信号肽，但可以通过与含有 Tat 信号肽的蛋白质形成多聚体，从而借助其 Tat 途径进行运输。

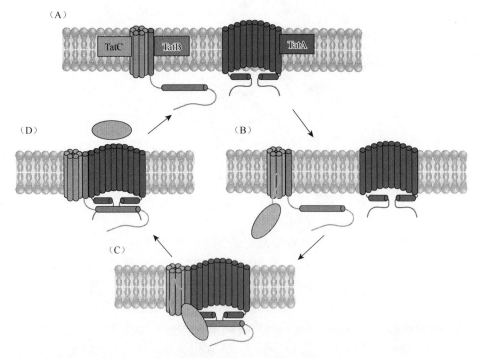

图 3.24　Tat 蛋白转运模式示意图

（A）蛋白转运前 Tat 系统；（B）目标蛋白前体信号肽被 TatB 与 TatC 识别；（C）形成 TatABC 蛋白复合物并转运目标蛋白前体；（D）完成转运过程并移除信号肽

目前在革兰氏阴性菌中共发现了 6 种蛋白质分泌系统（图 3.25）。由于革兰氏阴性菌在细胞质膜外还有一层外壁层需要跨越，底物蛋白在革兰氏阴性菌中首先通过 Sec 或 Tat 途径跨膜后，再通过 II 型或 V 型途径运出外壁层。而 I 型、III 型和 IV 型途径与 Sec 系统转位的蛋白质不发生联系，因而被称为不依赖于 Sec 系统（Sec-independent）的蛋白质分泌途径。IV 系统有时与 Sec 途径相连，也可单独转运蛋白。

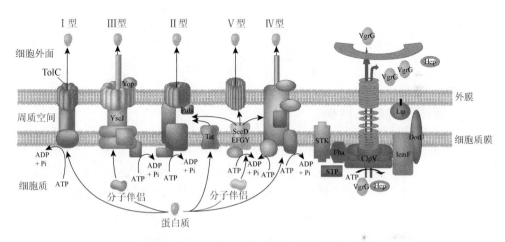

图 3.25　革兰氏阴性菌蛋白质分泌途径

3.1.3.3　环境污染物的跨膜运输

在实际污染环境中，细胞膜性质很大程度影响着污染物的吸收。受膜上孔道直径的限制，小分子污染物相对于大分子污染物更容易以自由扩散的方式跨膜进入细胞内部，实现降解。例如，有机苯分子较小（相对分子质量为 78），且为非极性分子，所以有机苯的主要跨膜方式是自由扩散。膜的主要成分是脂类，故脂溶性污染物，如烯烃、环烃及石蜡等污染物比水溶性污染物更容易进行自由扩散穿膜。此外，细胞膜中既有脂相又有水相，物质在跨膜过程中既要透过脂相也要透过水相，因此能通过这两相的物质更容易进行自由扩散，如乙醇既溶于脂又溶于水，因而易于自由跨膜。

污染物的跨膜行为与其解离状态有关。例如，非解离态污染物的脂溶性高于解离态污染物，故非解离态污染物易透过细胞膜脂质区。并且，污染物的解离与 pH 有关：pH 降低，弱酸性污染物的解离度降低；pH 升高，弱碱性污染物的解离度也升高。环境 pH 将影响不同电离状态污染物的跨膜行为。所以，许多弱酸、弱碱及其盐类物质以非离子型和离子型同时存在于细胞内液和外液中，并且离子部分不易借助自由扩散通过，非离子部分的跨膜则相对容易。例如，在 pH = 1 的介质中，苯甲酸完全不电离，最易透过细胞膜；在 pH＝4 时，则有 50%的苯甲酸电离，跨膜率也降至 50%以下；苯甲酸在 pH＝7 时完全电离，则完全不能透过细胞膜。在污泥厌氧消化等工程反应器系统中，环境 pH 对乙酸盐的跨膜影响与其对苯甲酸（盐）的影响类似，并且这些弱酸性有机物自由跨膜时，会影响微生物质子动力及其 ATP 合成过程，从而造成微生物活性乃至整个反应器系统效率的抑制。此外，细胞质膜上的转运蛋白或载体蛋白数量有限，导致结构与性质相似污染物的跨膜运输过程彼此竞争，如果某一污染物与一种微生物细胞生理所需物质相似，其竞争结果可能是细胞吸收该污染物的量增多，而吸收其对应的生理所需物质的量会减少。

3.2　细　胞　壁

3.2.1　细胞壁组成与结构

微生物细胞含有较高浓度溶质，并因此形成大的膨胀压，如 *E. coli* 的膨胀压约为两个大气压，与汽车轮胎内压大致相同。微生物细胞壁（cell wall）除了抵抗这种膨胀压之外，还具有维持细胞形状和硬度的功能。本章起始部分讲述了革兰氏阴性菌和革兰氏阳性菌两类细菌，并介绍了细胞壁的大概组成情况。这一小节主要介绍原核生物细胞壁的多糖组分。这些多糖主要是指细菌细胞壁的肽聚糖及组成古菌细胞壁的多糖。

3.2.1.1　肽聚糖

细菌细胞壁中用于支撑细胞壁的坚硬层状结构主要由肽聚糖（peptidoglycan）组成。这种多糖由两种糖的衍生物，*N*-乙酰葡萄糖胺（*N*-acetylglucosamine）和 *N*-乙酰胞壁酸（*N*-acetylmuramic acid），以及少量特殊氨基酸（D/L-丙氨酸、D 谷氨酸及赖氨酸等）联结而形成四肽聚糖（glycan tetrapeptide）的重复结构（图 3.26）。

从结构来看，由 *N*-乙酰葡萄糖胺（*N*-acetylglucosamine）和 *N*-乙酰胞壁酸（*N*-acetylmuramic acid）组成的肽聚糖一个接一个连接形成片状结构，并进一步通过氨基酸形成四肽交联结构将各片状结构交联起来（图 3.27）。最终，肽聚糖链中糖分子间的糖苷键和氨基酸交联结构一起为整个细胞壁坚固的肽聚糖结构提供了刚性，并且交联联结越完全，肽聚糖结构刚性越强。在革兰氏阴性菌中，细胞壁的 90%由肽聚糖组成，各层状结构由二氨基庚二酸的氨基通过肽键与末端 D-丙氨酸的羧基进行交联。在革兰氏阳性菌中，肽聚糖仅占细胞壁的 10%，且交联主要借助于肽桥（peptide interbridge），交联氨基酸的具体种类和数量在微生物种群中各不相同。但无论是革兰氏阴性菌还是阳性菌，细胞形状主要取决于肽聚糖链的长度及交联方式和范围。

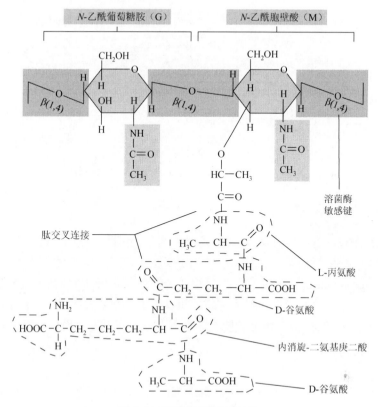

图 3.26 肽聚糖组成及结构

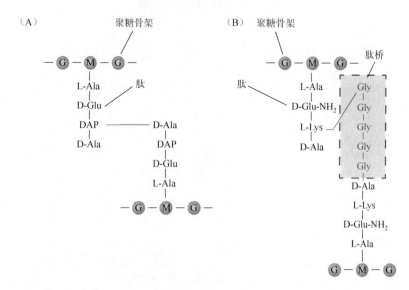

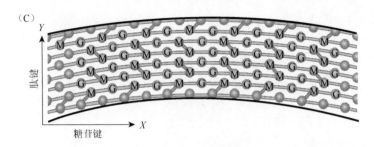

图 3.27　肽聚糖交联结构

（A）大肠杆菌（G⁻）；（B）金黄色葡萄球菌（G⁺）；（C）肽聚糖一般结构

3.2.1.2　古菌细胞壁

　　古菌细胞壁含有类肽聚糖的多糖,这种物质称为假肽聚糖（pseudopeptidoglycan）（图 3.28）。假肽聚糖骨架主要由 N-乙酰葡萄糖胺和 N-乙酰塔罗糖胺糖醛酸（N-acetyltalosaminuronic acid）交替重复组成。后者代替了细菌细胞壁肽聚糖中的 N-乙酰胞壁酸。并且假肽聚糖骨架两种糖之间以 β-1,3-糖苷键连接,取代了肽聚糖的 β-1,4-糖苷键。也有很多古菌细胞壁缺少肽聚糖和假肽聚糖,而由多糖及糖蛋白等

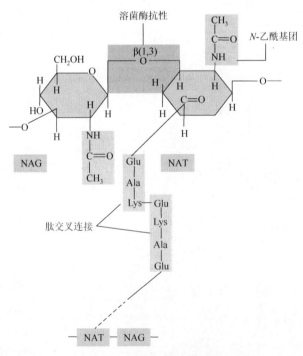

图 3.28　古菌细胞壁假肽聚糖

图中 NAG 为 N-乙酰葡萄糖胺；NAT 为 N-乙酰塔罗糖胺糖醛酸

组成。例如，产甲烷厌氧生物反应器中常见的甲烷八叠球菌属（*Methanosarcina*）古菌含有很厚的多糖细胞壁，主要由葡萄糖、氨基酸、半乳糖胺和乙酸组成。极端嗜盐古生菌如盐球菌属（*Halococcus*）含有类似于甲烷八叠球菌属的细胞壁，但含有硫酸盐（SO_4^{2-}）残基。

古菌细胞壁结构主要为六角对称的类结晶表面层（S-layer 或 S 层）。到目前为止，几乎所有古菌细胞壁中都发现了 S 层，包括产甲烷菌和极端嗜热菌。古菌细胞壁功能与细菌类似，可抵御细胞渗透裂解，并维持细胞形状。此外，由于古菌细胞壁缺少肽聚糖，所以所有古菌对溶菌酶和青霉素具有天然的抗性。该特征可用于从环境样品中富集并分离古菌菌株。

3.2.2　细胞壁功能

微生物细胞壁主要用于维持细胞形状、控制细胞生长、增加细胞机械强度，承受细胞质体由于吸水产生的膨胀压。细菌细胞壁中的肽聚糖可被某些物质特异性破坏，如溶菌酶（lysozyme）。这种蛋白酶通过剪切肽聚糖中 N-乙酰葡萄糖胺和 N-乙酰胞壁酸的 β-1,4-糖苷键，破坏细胞壁结构，导致水分子进入细胞并使其膨胀而最终破裂，这个过程称为细胞裂解（cell lysis）。溶菌酶主要在动物分泌物（包括泪水、唾液和其他体液）中发现，用于抵御细菌感染。细胞壁是大多数原核微生物的必需结构。但存在一些无细胞壁的原核生物，包括能引起某些传染性疾病的支原体（mycoplasma）和天然缺少细胞壁结构的古生菌热源体属（*Thermoplasma*）。这些原核生物是自由生活的原生质体，没有细胞壁也能存活。独特的外膜结构是其主要原因之一，如某些支原体的细胞膜中含有固醇，它增强了膜的刚性和韧性。

除了上述功能以外，细胞壁还会参与细胞的物质运输与信息传递。细胞壁可以让离子、多糖等小分子和低分子质量的蛋白质通过，而将大分子或微生物细胞等阻挡在细胞外面。因此，细胞壁会参与物质运输、调节水分（次生壁、表面蜡质等）等生理活动，而影响这些生理活动的细胞壁孔隙结构又会受到微生物细胞生理年龄和代谢活动强弱的影响。此外，细胞壁也是化学信号［群体感应因子（quorum sensing molecules）］、物理信号（温度、压力等）传递的介质与通路。因此，微生物细胞壁结构在环境污染控制领域发挥着重要作用。以重金属污染为例，微生物对重金属可以进行稳定和转化，从而改变重金属环境化学行为并降低其生态毒性，达到修复目的。该过程主要通过微生物细胞对重金属的吸附和转化实现。

细胞壁因含有肽聚糖、磷壁酸、脂多糖、脂蛋白和磷脂等使整个细菌表面呈现阴离子特性，这些聚合物上的羧基或磷酰基等阴离子作用，增加了微生物对金属离子的吸附作用。并且，细胞壁上大分子具有一定的生物活性，可将重金属螯合在细胞表面，也因此微生物可以通过这种螯合作用阻止重金属离子进入细胞内部。而对于那些微生物细胞生物化学反应过程需要的金属则可以通过细胞壁运输通道进入细胞内的特定位点。

3.3　细胞内结构

细胞质（cytoplasm）是细胞质膜包围的半透明、胶体状物质的总称。原核微生物的细胞质是不流动的。在细胞质内，有核区、质粒等细胞结构。

3.3.1　核区

原核微生物细胞核区携带了绝大多数遗传信息，是细胞生长发育与遗传变异的控制中心。核区位于细胞质内，无核膜和核仁结构，没有固定形态，结构简单，这是原核生物与真核生物的主要区别之一。正因为原核微生物的核区比真核微生物细胞核（nucleus）原始，故称为原核或拟核（nucleoid）。原核微生物细胞核区与真核生物细胞核功能相似，所有核区又称为染色质体或染色体（chromosome）。原核微生物只有一个染色体，主要含有脱氧核糖核酸（DNA）、少量 RNA 和蛋白质，但没有真核生物细胞所含有的组蛋白（结构蛋白）。细菌染色体由双螺旋 DNA 的大分子链构成，一般呈环状结构，总长度为 0.25～3mm。例如，*E. coli* 的 DNA 长约 1mm，约有 5×10^6bp，大约有 5×10^3 个基因（每个基因大约 1000bp），分子质量达到 3×10^9Da。通常情况下，一个原核微生物细胞只有一个核区。细胞活跃生长时，一个细胞内往往有 2～4 个核区，这是因为 DNA 的复制先于细胞分裂。细胞生长缓慢时，则可见 1 或 2 个核区。

3.3.2　质粒

除染色体 DNA 外，部分原核微生物细胞内还存在一种能自我复制的小环状 DNA 分子（图 3.29），称为质粒（plasmid）。质粒较染色体小，为 1×10^3～200×10^3bp。每个微生物细胞内可有一个或多个质粒，但质粒不是微生物细胞生存所必需的，可在菌体内自行消失或人工干预去除。质粒基因可在质粒间发生重组，也可以与染色体基因重组。因此，遗传工程研究中可以将质粒作为基因片段的运载工具，构建新菌株。并且，质粒基因所编译的功能酶可以使原核微生物具有某些特殊功能或性状，如抗药性、有机污染物降解活性等。在环境工程中，很多有机污染物降解和重金属修复研究中都应用了质粒。

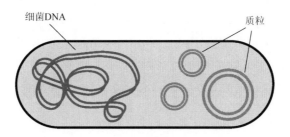

图 3.29 原核微生物细胞内质粒

3.3.3 内含体

很多原核微生物细胞质中存在颗粒状内含物（inclusion body），起着能量和结构建造材料储藏的作用，如聚 β-羟基丁酸、聚磷、硫滴等。在不同原核微生物细胞中它们的性质是不一样的。当营养物质（如有机碳）过剩时，微生物便将其聚合成各种储藏颗粒；当营养缺乏时，这些储藏颗粒又被当作营养物质被分解利用。大多数细胞内含物不被细胞膜所包裹，极少数内含物有膜，且很薄（厚 2～3nm）。这层薄膜由脂类组成，将内含物与细胞质分开。

3.3.3.1 碳储藏多聚体

环境中营养底物周期变化时，一类适应于饥饱交替变化过程（feast-famine cycles）的原核微生物细胞中会存在碳储藏多聚体——聚 β-羟基丁酸（poly-β-hydroxybutyrate，PHB）（图 3.30）。它是一种由 β-羟基丁酸单体以酯键连接形成

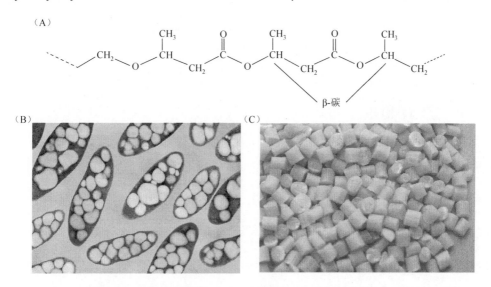

图 3.30 PHB 化学结构（A）、电镜图（B）及材料产品（C）

的类似于脂类的聚合体。这些 PHB 进一步聚集起来形成颗粒。不同 PHB 多聚体中，单体个数变化很大。因此，PHB 也通常被统称为聚 β-羟基链烷酸（poly-β-hydroxyalkanoate，PHA），用来描述这类碳储藏多聚体。PHB 在微生物细胞中作为一种营养和能量储存物质参与细胞代谢，它的合成与降解是以可逆方式进行的。当细胞处于限制氧及碳氮比高的培养条件下时，利用有机物合成并累积 PHB；当细胞转换到"饥饿"条件时，PHB 开始进行降解，维持细胞代谢所需的能量和碳源。原核微生物可以通过上述物质-能量转化反应，增强细胞对"饥饿"的抵抗能力。自 1926 年法国 Lemoigne 首次从巨大芽孢杆菌（*Bacillus megatherium*）细胞中提取得到 PHB 后，人们发现 PHB 广泛存在于不同微生物类群的细胞中。

　　目前，微生物细胞中 PHB 合成、降解途径已基本清晰。用作 PHB 生物合成的碳源有糖类、氨基酸、挥发性有机酸（VFAs）、甲醇、乙醇、烷烃等。这类碳源通过各种代谢途径转化为乙酰乙酰辅酶 A（acetoacetyl-CoA），进而合成 PHB（图 3.31）。当碳源缺乏时，微生物细胞内所积聚的 PHB 又被分解为乙酰乙酰辅酶 A，供作能

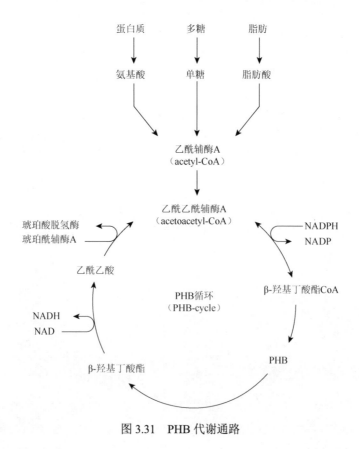

图 3.31　PHB 代谢通路

源和碳源利用。基于该原理，PHB 工业发酵生产工艺一般采用双阶段培养法：第一阶段，调节培养条件让微生物增殖，提高生物量；第二阶段，将微生物转入富碳少氮的培养基中，促使 PHB 合成。发酵完成后分离出细胞，进行细胞预处理，用有机溶剂提取并获得白色结晶状 PHB。获得的 PHB 产品具有密度大、透氧性低、抗紫外线辐射、可生物降解及生物相容性高等优点。因此，PHB 在生物医药及环境保护领域都有广泛应用。

3.3.3.2 内生孢子

部分细菌细胞内可以形成内生孢子（endospore，前缀"endo"的意思是"内部"，内生孢子或称为芽孢），如典型的芽孢杆菌属（*Bacillus*）和梭菌属（*Clostridium*）等。这些内生孢子是分化了的细胞，具有高度抗热且很难被化学物质或辐射破坏结构的特性。微生物通过形成内生孢子（图 3.32）进入休眠期，增强种群在极端温度、干旱与营养物质匮乏等不利环境条件下的生存能力，同时也帮助种群通过风、水流及动物消化道等途径进行传播。

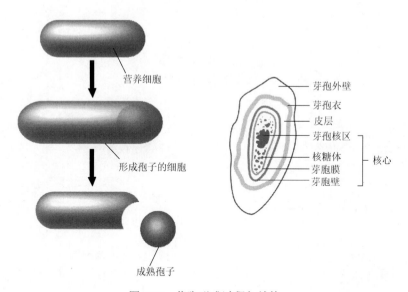

图 3.32 芽孢形成过程与结构

成熟的内生孢子具有多层结构（图 3.32），由外向内依次为芽孢外壁、芽孢衣、皮层与核心。芽孢外壁的主要成分为脂蛋白，通透性较差；芽孢衣结构致密，主要含低通透性并疏水的角蛋白，酶、化学物质和多价阳离子难以渗透进入；皮层很厚，约占内生孢子总体积的 50%，主要成分为芽孢肽聚糖与钙-吡啶二羧酸（DPA-Ca），这些成分使内生孢子具有极强的抗热性；核心由芽孢壁、芽孢膜、芽孢质和核区四部分构成，含水量极低。成熟内生孢子的核心与形成它的微生物细胞有很大不同。除了高含量的钙-吡啶二羧酸能降低核心含水量外，芽孢形成过程中，核心进一步脱水，成为凝胶状（成熟内生孢子核心的含水率只有细胞质含水率的10%～25%），这会进一步提高内生孢子的抗热性。由于上述结构特征，高抗热细菌的内生孢子可在高达150℃时生存。因此，实验室常用的121℃高温灭菌并不能有效杀灭这类细菌的内生孢子。

细菌芽孢形成不是出现在细胞分裂的对数期，而是出现在必需养料耗尽时的细胞生长停止期。当一种关键养料（如碳源或氮源）耗尽后，细胞停止生长，开始形成芽孢。芽孢形成（sporulation）涉及细胞分化的一系列复杂过程（图3.33）。该过程中，细胞发生了许多结构和遗传学上的定向改变。以枯草芽孢杆菌（*Bacillus subtilis*）为例，整个芽孢形成过程需要经历8h，有200多个基因参与该过程。这些基因主要与芽孢形成所需的大量蛋白的表达与表达调控相关。这些基因编码的蛋白酶催化一系列反应，使细胞从湿润的代谢营养细胞转向相对干燥的代谢不活泼而有极端抗性的内生孢子。

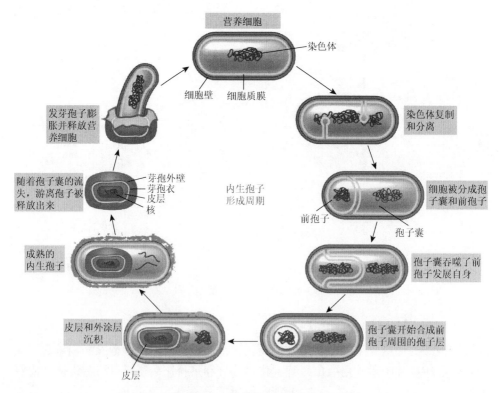

图3.33 内生孢子形成阶段

内生孢子形成以后，能够长期保持休眠状态。在适宜条件下，内生孢子可以经历激活、萌发、生长这三个阶段迅速转化为营养细胞。该转化过程中，内生孢子先吸水膨胀，然后失去折光性和抗性，接着呼吸和代谢活性增强，并分解内含物和形成新的细胞壁，最后通过破裂的孢子囊而伸出，恢复营养生长。从系统发育关系来看，形成芽孢的能力与革兰氏阳性菌的亲缘关系相关。尽管如此，可形成芽孢的细菌包括厌氧菌、好氧菌、光能营养菌及化能营养菌等，在生理学上存在很大差异，而且实际引发芽孢形成的因素也各不相同。例如，芽孢杆菌属和梭菌属主要是由营养饥饿引发孢子形成。有趣的是，古菌中没有发现芽孢的存在。这说明形成孢子的能力是在数亿年前主要原核生物形成后的某个时期进化而来的。

3.3.4 细胞其他组成部分

3.3.4.1 鞭毛

许多原核微生物细胞是可以运动的，这种功能主要依赖于鞭毛（flagellum）的旋转运动（图 3.34）。鞭毛为细长螺旋状菌器（长约 20nm），分为周生鞭毛（peritrichous flagellum）、极生鞭毛（polar flagellum）和丛生鞭毛（lipotrichous flagellum）3 种不同排列方式，可作为细菌分类的一个特征。

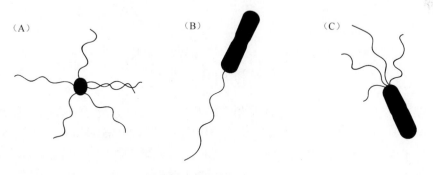

图 3.34　细菌鞭毛排列方式

（A）周生鞭毛；（B）极生鞭毛；（C）丛生鞭毛

鞭毛主要由鞭毛丝和鞭毛基部组成（图 3.35）。其中，鞭毛丝由一种序列高度保守的蛋白亚单位组成，称为鞭毛蛋白（flagellin）。鞭毛基部在结构上与鞭毛丝不同，固定在细胞质膜和细胞壁上，负责鞭毛的运动。基部主要由一个小的中心杆穿过一系列环状结构组成。在革兰氏阴性菌中，环状结构由外向内依次由 L 环（固定在脂多糖层）、P 环（固定在细胞壁肽聚糖层）、MS 环（固定在细胞质膜）

及 C 环（位于细胞质）组成。最后一组蛋白位于 MS 及 C 环之间，称为 Fli 蛋白，其功能是作为运动开关通过应答细胞内的信号来控制鞭毛的旋转方向。鞭毛基部的较宽区域称为钩（hook），其功能是将鞭毛丝与鞭毛的运动部分连接起来。

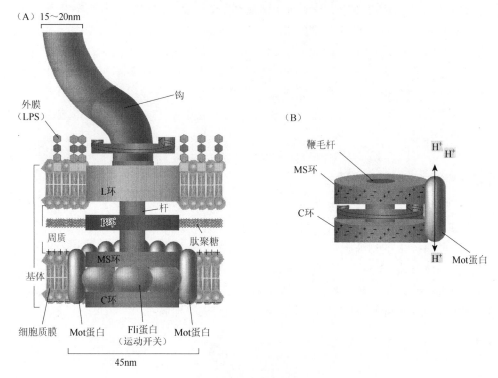

图 3.35　革兰氏阴性菌中鞭毛结构
（A）鞭毛基部；（B）鞭毛基体定子

　　鞭毛基部是一个极小的转动马达，分为转子（rotor）和定子（stator）两部分。转子由 C 环、MS 环和 P 环组成，这些结构构成了基体（basal body），定子由周围 MS 环和 C 环的 Mot 蛋白组成，作用是产生转力矩。鞭毛的旋转运动由基体引发，鞭毛旋转所需的能量来自质子动力。质子通过穿过 Mot 复合体做穿膜运动，并以此驱动鞭毛运动。据统计，鞭毛每一次旋转大约需要转移 1000 个质子。鞭毛并不是以恒定速率旋转，而是随着质子动力的强度来提高或降低旋转速度。鞭毛旋转可使细菌以高达每秒 60 个细胞长度的速度在液体介质中运动。在污染环境中，鞭毛运动可以使微生物获得趋化性，实现降解菌株与污染物紧密接触，提高污染物的生物可利用性和降解性，这在有机污染物降解及重金属污染修复等领域发挥着重要作用。

　　细菌鞭毛不仅有运动功能，而且具有电子传递和基因转移功能。20 世纪初，英国植物学家 Potter 在培养厌氧微生物时发现其可以产生电压和电流，开辟了微生物燃料电池研究领域。在这个微生物系统中，存在产电微生物的胞外电子传递过程。而这种胞外电子传递过程按照传递形式，分为直接电子传递和间接电子传递两类。其中，细菌鞭毛在直接种间电子传递（direct interspecies electron transfer，DIET）中起着重要作用，典型菌包括 *Shewanella* 及 *Geobacter*。这种具有 DIET 功能的导电菌毛（e-pili）是细胞间长距离电子传输的管道（图 3.36）。

（A）　　　　　　　　　　　（B）

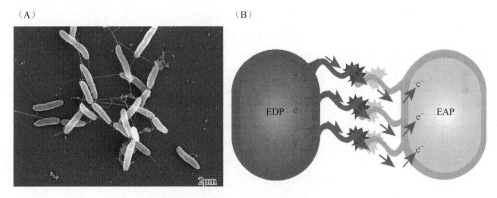

图 3.36　鞭毛电子传递作用示意图

（A）菌间鞭毛连接；（B）菌间鞭毛电子传递示意

　　鞭毛还可以参与遗传物质的传递过程。原核微生物水平基因转移（horizontal gene transfer，HGT）或侧向基因转移（lateral gene transfer，LGT），是不同细胞间所进行的遗传物质交流。水平基因转移主要相对于垂直基因转移（亲代传递给子代）而提出的。它打破了亲缘关系的界限，使基因信息的流动变得更为复杂，在环境微生物中普遍存在，并具有重要的应用价值。这种水平基因转移除了可以通过质粒和病毒来完成，还可以通过微生物鞭毛进行"直接"转移。例如，大肠杆菌和枯草芽孢杆菌可通过其内在调节机制建立自然感受态，能够在自然环境中"直接"摄取外源 DNA，这是大自然环境中水平基因转移的重要途径。原核微生物通过这种机制可以获得抗药性或降解某种污染物的能力，帮助提高其生存竞争力。

3.3.4.2　荚膜

　　原核微生物在一定培养条件下，能够向细胞壁表面分泌一层透明、黏液状或胶质状物质所形成的多糖层（图 3.37），称为荚膜（capsule）或黏液层

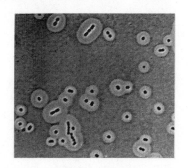

图 3.37　细菌荚膜

（slime layer）。荚膜的具体组成因微生物种群而异。荚膜具有许多功能：可作为胞外碳源和能源性储藏物质；具有荚膜的原核微生物很难被病毒或捕食者识别并消灭；荚膜多糖层结合有大量的水，可抵御干燥环境。在环境工程领域，细菌借助荚膜或黏液层自然地结合到固体表面，形成生物膜（biofilm）并提高生物量，最终实现污染物去除效果的提高。

参 考 文 献

Ellison C K，Dalia T N，Ceballos A V，et al. 2018. Retraction of DNA-bound type Ⅳ competence pili initiates DNA uptake during natural transformation in *Vibrio cholerae*. Nature Microbiology，3：773-780.

Liu F，Rotaru A，Shrestha P M，et al. 2015. Magnetite compensates for the lack of a pilin-associated c-type cytochrome in extracellular electron exchange. Environmental Microbiology，17（3）：648-655.

Lovley D R. 2017. Electrically conductive pili: biological function and potential applications in electronics. Current Opinion in Electrochemistry，4，190-198.

Summers Z M，Fogarty H E，Leang C，et al. 2010. Direct exchange of electrons within aggregates of an evolved syntrophic coculture of anaerobic bacteria. Science，330（6009）：1413-1415.

Ueki T，Nevin K P，Rotaru A，et al. 2018. *Geobacter* strains expressing poorly conductive pili reveal constraints on direct interspecies electron transfer mechanisms. MBio，9（4）：e01273-e01278.

4 原核微生物进化、系统发育与分类

生物在不断进行着进化（evolution）和分化（speciation）。目前地球上所存在的生物多样性是近 40 亿年的进化结果（图 4.1）。系统学的目的和功能则是依据进化规律和亲缘关系，对生物进行有序分类。因此，生物系统学是我们认识生物的基础和了解地球生物演化史的根本，同时也是利用生物资源的依据。相应地，原核生物系统学是研究原核生物物种类群之间亲缘关系和进化过程的一门学科。

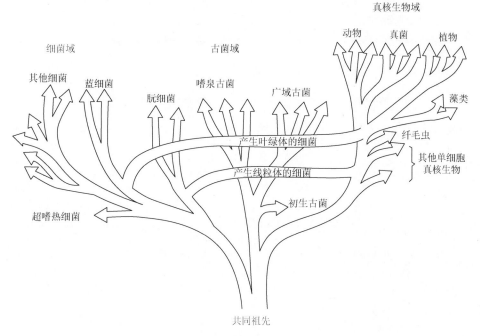

图 4.1 地球生物演化过程及三域划分

4.1 遗 传 变 异

带有遗传信息的 DNA 序列在微生物进化过程中，需要在变异和保守两种特性之间保持平衡：一方面，DNA 序列突变率太高会影响细胞功能的执行；另一方面，DNA 序列如果具有绝对保守性，将失去驱动进化所需的基因变异特性，那么新的物种将不会出现。因此，进化发生在生物体从祖先细胞那里继承的 DNA 序列中，没有一种基因或基因组是全新的。也就是说，现有生命系统中的多样性都来源于已有生物基础上的变异。

遗传性变异形式包括从基因内部单个突变到整个基因组序列的大量重复、缺失、重排和增加（图 4.2）。这些遗传性变异对生物进化起着决定性的作用。对于一个特定基因来说，突变（gene mutation）和重组（genetic recombination 或 genetic reshuffling）是基因序列变化甚至是产生新基因的分子基础。基因突变是指细胞内基因序列通过单个或几个碱基对变化、基因片段插入或缺失发生可遗传性的改变，而基因重组是两个不同个体细胞基因产生新的遗传性的基因组合。突变往往带来很小的遗传变化，但基因重组会让个体细胞的遗传性状出现明显变化。

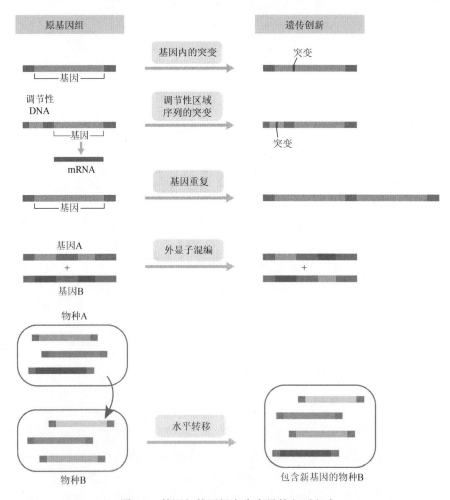

图 4.2　基因与基因组产生变异的主要方式

4.1.1　基因突变

基因突变分为自发突变和诱发突变两种。其中，自发突变（spontaneous mutation）是由于暴露于自然射线（如宇宙射线）等环境导致的 DNA 分子结构改变形成的。大多数自发突变发生在 DNA 复制过程，并导致碱基的错误配对。

（**1**）**碱基对置换**　涉及一个碱基的突变称为点突变（point mutation），它可以由 DNA 碱基置换（base-pair substitution）引起，带来的表型变化取决于该点突变在基因片段中的位置及其所编码的氨基酸（图 4.3）。

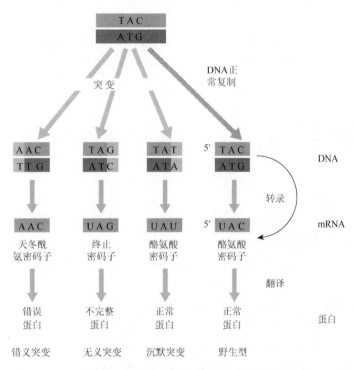

图 4.3　碱基置换在编码蛋白基因中可能产生的作用

遗传密码具有简并性（degeneracy），即编码同一氨基酸的三联体遗传密码子可以有多个。并且，两个碱基位大多是相同的，只有一个碱基位不同。以酪氨酸密码子 UAC 及 UAU 为例，如果第三位碱基从 C 突变为 U，并不影响所编码的氨基酸序列。这种突变称为沉默突变（silent mutation）。如果第三位碱基从 C 突变为 G，导致形成一个无义（终止）密码子（nonsense codon）并过早结束翻译过程，合成一个不完整的多肽，这种突变称为无义突变（nonsense mutation）。如果第一位碱基从 U 突变为 A，使多肽中变异位点编译的氨基酸从酪氨酸变为天冬氨酸，这种突变称为错义突变（missense mutation）。其中，无义及错义突变会改变甚至失去所编译蛋白质的活性。

（2）**移码突变**　遗传密码翻译从起始密码子 AUG（AUG 既是起始密码子也是蛋氨酸密码子）开始，每 3 个碱基（密码子）为一组连续地读下去，如果缺失或插入一个碱基对便会导致可读框（open reading frame，ORF）的移动，这种突变称为移码突变（frameshift mutation）或插入/缺失突变。这种突变会导致严重后果，因为单个碱基的插入或缺失就能改变多肽的氨基酸序列（图 4.4）。这种少数碱基的插入或缺失一般源于 DNA 复制错误。

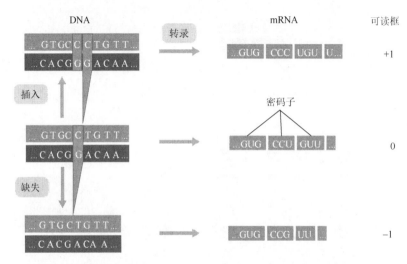

图 4.4　碱基插入或缺失突变导致的 mRNA 可读框移动

　　大片段 DNA 插入或缺失可能涉及成百上千个碱基对，这种改变会导致基因功能的丧失。这种大片段 DNA 插入或缺失，主要来自错误的基因重组，所以不能通过进一步的突变回复，而需要通过基因重组的方式回复。许多插入突变是由插入序列（insertion sequence）引起的，这是一类特殊的 DNA 片段，长度一般为 700~1400bp，是一种转座因子（transposable element）。这种转座因子可以进行诱发突变，而且可以对特异位点进行定点突变（site-directed mutagenesis）。这一特征成为开发环境微生物技术的重要手段。

　　（3）**诱变与突变修复系统**　各种类型突变发生的频率存在很大差异。有些突变极少发生，而有些突变则很频繁。例如，DNA 分子在复制过程中，一对碱基发生复制错误的概率为 10^{-11}~10^{-7}（图 4.5）。因此，一个长达 1000bp 的典型基因在每个世代发生突变的概率为 10^{-8}~10^{-4}。所以，在 10^{8} 个/mL 的细菌培养物中，1mL

培养物中就会有很多不同的突变型，以至于从环境中分离出的微生物菌株在保藏时，它的遗传稳定性是一个很大问题。值得一提的是，与所有微生物细胞的遗传物质都是 DNA 不同，一些病毒具有 RNA 基因组，这些基因也能突变。有意思的是，RNA 基因组的突变率约比 DNA 基因组的突变率高 1000 倍。一些 RNA 聚合酶具有和 DNA 聚合酶一样的校对活性，因此限制了聚合酶发生错误的概率。细胞中存在多种修复系统，使发生变化的 DNA 在成为突变型之前得到纠正，但细胞中并无相应的 RNA 修复机制，因此 RNA 基因组具有极高的突变率。RNA 病毒极高的突变率会带来严重后果。例如，致病的 RNA 病毒能够很快突变，使得病毒种群不断改变和进化。众所周知的人类免疫缺陷病毒（HIV），就是一种 RNA 病毒，它能够不断产生突变型，这种遗传信息的快速改变使病毒控制成为挑战性难题。

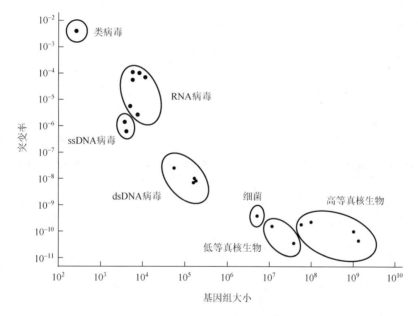

图 4.5　不同物种碱基突变率

在一些微生物分子遗传研究中，为了进一步加快突变过程，通过物理化学和分子生物方法引入了诱发突变（induce mutation）机制。相关试剂称为诱变剂（mutagen），主要包括化学诱变剂和辐射（表 4.1）。化学诱变剂分为碱基类似物（nucleotide base analog）、碱基化学修饰剂及嵌入染料几类。其中，碱基类似物结构与 DNA 中嘌呤或嘧啶碱基类似（图 4.6），并因此引起 DNA 复制过程中的错配。当一个碱基类似物插入 DNA 分子取代正常核苷酸后，复制过程在正常进行，但插入位点的复制错误频率比较高，并最终导致 DNA 新链中加进错误的碱基而引入突变。随微生物细胞分裂，这条错误的核苷酸链再次复制时，便出现了突变个体。

表 4.1　化学诱变剂和辐射及其作用方式

诱变剂	作用方式	结果
碱基类似物		
5-溴尿嘧啶	代替 T 结合 DNA，偶尔与 G 配对	AT→GC，偶尔 GC→AT
2-氨基嘌呤	代替 A 结合 DNA 与 C 配对	AT→GC
与 DNA 发生反应		
亚硝酸	使 A/C 脱氨基	AT→GC 和 GC→AT
羟胺	与 C 反应	GC→AT
烷化剂类		
单功能（如甲基磺酸乙酯）	使 G 甲基化，与 T 错误配对	GC→AT
双功能（如氮芥子气、丝裂霉素、亚硝基胍）	引起 DNA 链交联，错误区域被 DNA 酶切除	点突变及缺失
嵌入染料		
吖啶类、溴化乙锭	插入两个碱基对之间	微量插入或缺失
辐射		
紫外线	形成嘧啶二聚体	修复后导致错误或缺失
电离辐射（如 X 射线）	自由基打断 DNA 链	修复后导致错误或缺失

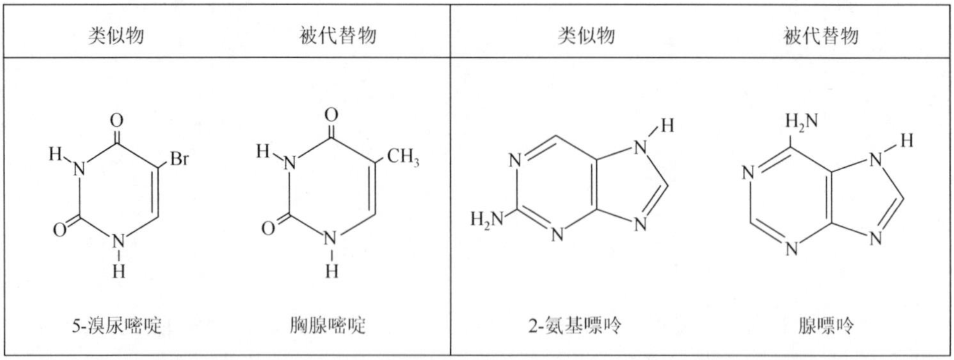

图 4.6　核苷酸碱基类似物

碱基化学修饰剂可对 DNA 碱基进行化学修饰，导致出现错配或其他改变。例如，亚硝基胍类烷化剂（alkylating agent）是一种强诱变剂，可与核酸中的氨基、羧基和羟基反应，代之以烷基，最终导致碱基对的置换（图 4.7）。该诱变剂比碱基类似物的诱变频率高，甚至可以改变不发生复制的 DNA。吖啶类是另一类扁平分子化合物，其为嵌入染料（intercalating agent），可插入 2 个 DNA 碱基对之间，促使它们分开。含吖啶的 DNA 复制时，非正常构型便会出现少数碱基的插入或缺失，所以吖啶类诱变剂会引起移码突变（frameshift mutation）。在分子生物实验室中常用的 DNA 染色剂溴化乙锭（ethidium bromide）就是一种嵌入染料。

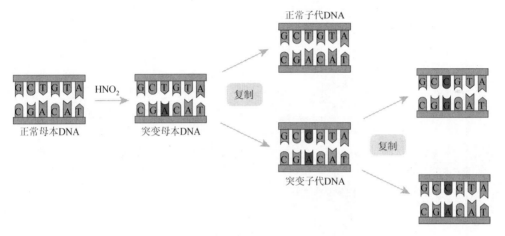

图 4.7　亚硝酸作为诱变剂的诱变过程

辐射是一类高效诱变剂，可分为非电离辐射（nonionizing）和电离辐射（ionizing）。DNA 及 RNA 序列中嘌呤与嘧啶碱基能吸收紫外辐射（UV）。因此，DNA 和 RNA 在 260nm 有一个明显的吸收峰。紫外辐射作为典型的非电离辐射，之所以能够杀死微生物细胞，是因为它能作用于 DNA。对于紫外辐射作用机制有多种解释，其中之一为紫外辐射能使 DNA 分子形成嘧啶二聚体（pyrimidine dimer），也就是同一条 DNA 链上两个相邻的嘧啶（胞嘧啶或胸腺嘧啶）共价连接，DNA 复制到这一位置时，聚合酶读错序列的概率会大增。电离辐射是一种比紫外辐射更强的辐射形式，包括 X 射线、宇宙射线及 γ 射线等短波辐射。这些射线能引起水分子等物质的电解离，形成化学自由基（如羟基自由基）并作用于 DNA 大分子。由于电离辐射的高穿透性和危险性，微生物学研究与应用中通常采用紫外辐射作为微生物诱变剂。

突变是指遗传物质发生了可遗传的变化。如果 DNA 在复制过程中发生了错误，而在细胞分裂前得到校正，则不会出现突变型。如果一个 DNA 分子含有嘧啶二聚体，它不会复制出 2 个均含有二聚体的 DNA 分子。这时候，如果 DNA 损伤得不到修复，DNA 复制受阻并导致微生物细胞凋亡。因此，微生物细胞需要 DNA 修复系统：一方面，它必须扫描基因组以检查复制过程中的错误及 DNA 损伤；另一方面，它必须可以对损伤进行修复并恢复原始 DNA 序列。各修复系统采用的修复方式不同，包括错配修复（mismatch repair system）、剪切修复（excision repair system）及双断裂修复（double-strand break repair）等方式（图 4.8）。大多

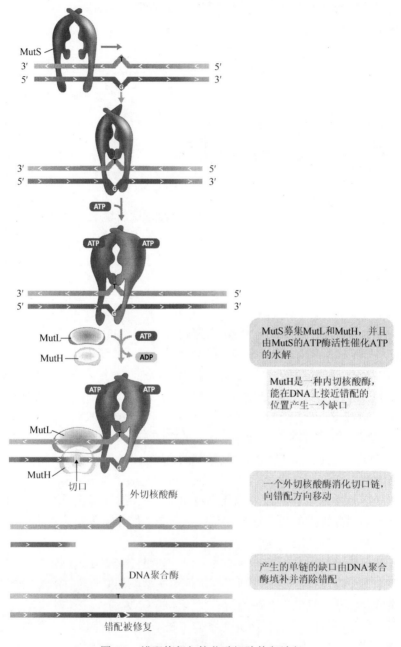

图 4.8 错配修复与核苷酸切除修复途径

数修复系统需要模板确保正确无误的修复，属于无错修复（error-free）。而有些修复系统在修复过程中容易出现错误（error-prone），如 SOS 调节系统（SOS regulatory system）。

4.1.2 基因重组

（1）**同源重组** 同源重组（homologous recombination）是两段同源 DNA 序列间的遗传交换，出现在病毒、原核与部分真核微生物中。其中，同源 DNA 是指相同或相近的 DNA 序列。细菌细胞内参与同源重组的蛋白质是由 *recA* 基因编码的 RecA 蛋白，这种蛋白在 SOS 修复系统中发挥着重要作用。并且，RecA 蛋白是几乎所有同源重组途径的必需蛋白，已经在包括古菌在内的所有原核微生物中检测到，并在酵母菌和其他真核微生物中发现类似蛋白。

同源重组的分子机制如图 4.9 所示。重组时，首先是一条 DNA 链上出现由 DNA 内切酶产生的缺口，然后具有解旋酶活性的蛋白将出现缺口的链与另一条链分开。在某些情况下，一类特殊的酶，如大肠杆菌 RecBCD 酶既有内切酶活性，又有解旋酶活性。单链结合蛋白结合于 DNA 单链上，然后 RecA 蛋白也结合在单链 DNA 片段上，这一复合物很容易与邻近 DNA 双螺旋中的互补序列退火，同时离开原来的配对链。此过程常称为链侵入（strand invasion），并导致很长片段的 DNA 分子配对。配对之后，同源 DNA 分子发生交换，形成重组中间体。这一中间体含有扩展的杂合双螺旋（heteroduplex）区域，其中每条链来自不同染色体，此过程需 DNA 聚合酶和连接酶的参与。最终连在一起的分子在核酸酶和连接酶的作用下分离，形成两个重组 DNA 分子。

原核生物发生同源重组，供体染色体的同源 DNA 片段需要通过转化、转导或接合这 3 种方式之一转移到受体细胞。只有供体 DNA 片段转移进入受体细胞后，才能发生后续的同源重组。在原核生物细胞中，因为转移的仅为染色体的一个片段并且不能独立复制，如不发生重组，此片段就会丢失。因此，对于原核生物而言，转移是得到重组生物的第一步。在实现同源重组之后，需要对重组后的菌株进行检测。而检测过程通常依据菌株缺少重组子具备的一些选择性标记或特征进行（图 4.10）。例如，受体可以在一种特殊的培养基中生长，通过利用这一条件可筛选含重组子的菌株。其中，选择性标记包括药物抗性、营养缺陷型等。

（2）**遗传交换机制** 原核微生物可以通过以下方式进行遗传物质交换（图4.11）：①转化（transformation）。DNA 从一个细胞释放出来并被另一个细胞吸收。②转导（transduction）。供体 DNA 通过病毒进行转移。③接合（conjugation）。转移过程涉及细胞与细胞的接触，并进行遗传物质的单向转移。

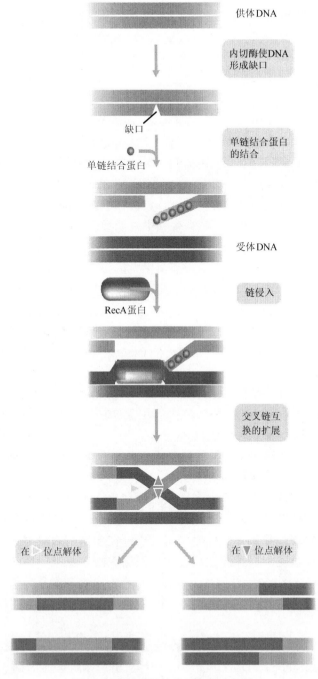

图 4.9　同源重组的分子机制示意图

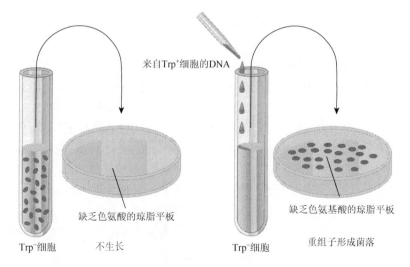

图4.10 利用选择性培养基检测重组子

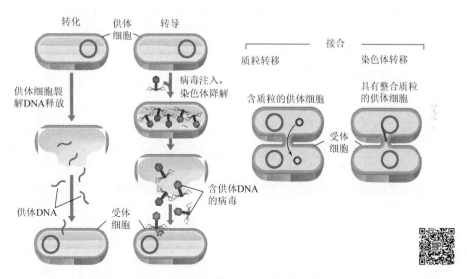

图4.11 DNA从供体细胞转移至受体细胞的过程

DNA转化是指游离态DNA结合到受体细胞中，并带来遗传性状改变的过程。许多原核微生物可以自然转化，包括部分革兰氏阳性菌、革兰氏阴性菌及古菌。原核微生物细胞温和裂解后，DNA大分子会从细胞中涌出。这种长链DNA大分子极易断裂。例如，枯草芽孢杆菌4.2Mb的染色体DNA分子长1700μm，即使使用温和裂解方法进行DNA提取，其DNA大分子依然会断裂成很多约10kb的DNA片段。单个基因长度约为1000bp，因此纯化后的单个DNA片段大约有10个基因，这是典型的可转化分子的大小。但在一次转化过程中，受体细胞只能结合一个或少数几个片段，获得供体细胞全基因组中极少部分的 DNA。其中，可接受 DNA 分子并被转化的细胞称为感受态细胞（competent cell）。在大多数天然可转化的细菌中，感受态是可以调节的，并有特殊的蛋白质在吸收和加工 DNA 过程中起着作用（图 4.12）。转化 DNA 依赖 DNA 结合蛋白吸附到细胞表面。吸附后，有的 DNA 双链片段被摄取，有的一条链被核酸酶降解而另一条链被摄取，这取决于感受态细胞的种类。吸收进入细胞的 DNA 仍保持与感受态特异蛋白结合的状态，可以防止核酸酶的作用，直到到达染色体时由 RecA 蛋白接替。随后的重组过程将 DNA 整合到感受态细胞基因组，并在杂合双链 DNA 复制时，形成一个亲本型和一个重组型 DNA 分子。随着细胞分裂，后者成为转化子细胞（transformant cell，也就是掺入或导入外源 DNA 后获得的新微生物细胞），并在遗传中发生改变，从而与亲本基因型不同。这种过程仅限于小片段线性 DNA 分子。因此，很多能自然转化的细菌一般不能转化环状的质粒 DNA。已知自然的感受态细胞并能高效自发转化的细菌只包括不动杆菌属、固氮菌属、芽胞杆菌属及链球菌属等有限的几类。大多数原核微生物细胞在自然状态下不能转化，如大肠杆菌和其他很多革兰氏阴性菌。但这类细胞在高浓度钙离子或低温条件下处理几分钟，就可以转化。例如，用这种方法处理的大肠杆菌可以吸收双链 DNA，并作为遗传工程中一种常用工具应用在生物技术领域。

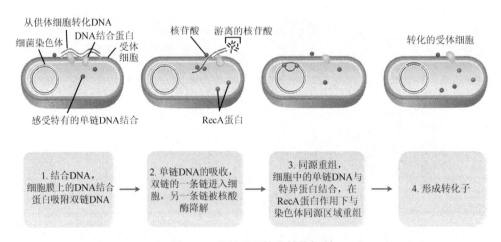

图 4.12　革兰氏阳性菌转化机制

　　DNA 转导是以细菌病毒（噬菌体）为媒介将一个细胞 DNA 转移到另一个细胞，包括普遍性转导和特异性转导两种（图 4.13）。普遍性转导可以将供体细胞中染色体上任何基因转移到受体细胞。当细菌细胞被噬菌体感染时，负责包装病毒 DNA 的酶偶尔误将宿主 DNA 包装进噬菌体头部,这个病毒粒子称为转导颗粒(transducing

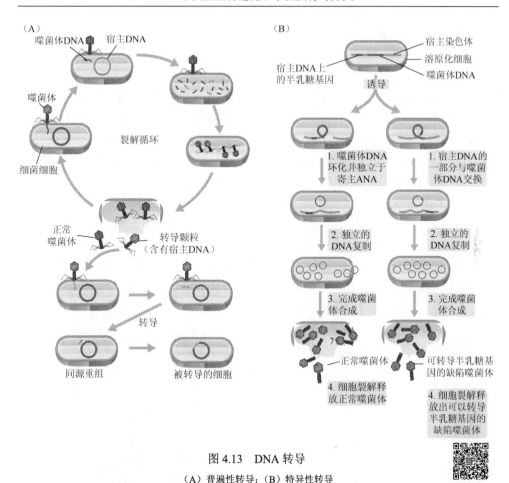

图 4.13　DNA 转导

（A）普遍性转导；（B）特异性转导

particle）。当细胞裂解时，这些颗粒随正常的病毒颗粒一同释放出来，因此裂解液是含有正常病毒和转导病毒的混合物。转导颗粒中不含病毒 DNA，不能像正常病毒一样感染和裂解细胞，称为缺陷型。用上述裂解液去感染受体细胞，多数细胞带有正常病毒，而少数细胞得到的是由转导颗粒包装的前一宿主细菌的 DNA 片段。尽管这一 DNA 片段不能自我复制，但可以与新宿主的 DNA 重组。能形成转导颗粒的噬菌体既可以是温和型噬菌体也可以是烈性噬菌体，最重要的是其具有错误包装机制，这一机制能够接受宿主 DNA，而且在宿主 DNA 被完全降解前就包装好。由普遍性转导引起的 DNA 从一个细菌细胞转移到另一个细菌细胞的概率很低。而特异性转导却可以达到较高概率，而且允许细菌染色体上的特异区域被选择性转导。以大肠杆菌温和噬菌体 λ 带来的半乳糖转化功能基因特异性转导为例，细胞被 λ 噬菌体溶原后，噬菌体基因组整合到宿主 DNA 特异位点，与编码转化半乳糖功能的一组基因相邻。噬菌体 DNA 插入宿主 DNA 后，其复制受到宿主染色体的控制。被诱导后，噬菌体基因组与邻近的细菌基因一起切离，并通过整合的逆过程，脱离宿主 DNA，完成转导过程。

质粒（plasmid）是独立于染色体，能自我复制的一类遗传因子。质粒与病毒不同，它不具有胞外形态，而是以游离、闭合环状双链 DNA（也有少数质粒为线型）形式存在于细胞中。细菌接合（bacterial conjugation）是指细胞与细胞接触时质粒转移的过程，这一功能是由质粒自身所编码的。接合是复制过程，最终使得两个微生物细胞具有同一质粒拷贝。细胞接触时能够转移的质粒称为可接合质粒，但并非所有质粒都是可接合的。决定接合转移能力的是质粒上一组称为 *tra*（transfer）区的基因。*tra* 区基因所编码的蛋白质，部分在 DNA 转移与复制过程中起作用，但大多数基因编译蛋白负责合成细胞接合配对中重要作用的表面结构——性毛（sex pilus）。只有供体细胞具有性毛。不同的可接合质粒，其 *tra* 区域稍有差异，性毛也不完全相同（图 4.14）。对于接合过程中的 DNA 转移，DNA 合成是必需的。在某些噬菌体中 DNA 合成采用滚环复制（rolling circle replication）

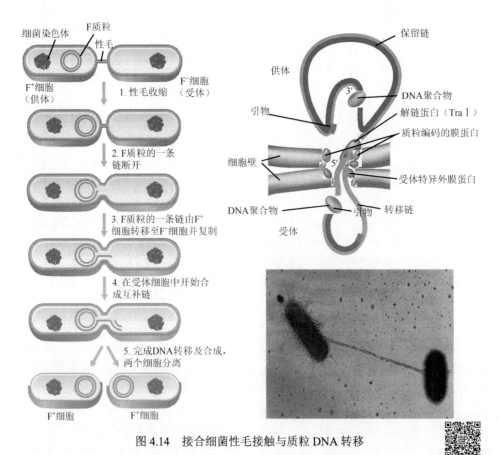

图 4.14 接合细菌性毛接触与质粒 DNA 转移

机制。接合过程由细胞与细胞接触引发，同时质粒环形 DNA 分子的一条链形成切口，这条链便可转移进入受体细胞。这个过程需要切口酶 Tra Ⅰ 来启动。Tra Ⅰ 由 F 质粒的 *tra* 操纵子编码，并具有解旋酶活性，因此被转移的 DNA 链能够被解开。在转移的同时供体细胞通过滚环合成新的 DNA 分子替代转移的一条链，并且在受体细胞中互补 DNA 链也很快形成。因此在转移过程结束时，供体和受体中均有完整的质粒。

4.1.3 基因转座

微生物染色体上基因位置和排序并不一定是固定的，某些基因可以移动。基因从基因组的一个位置移到另一个位置的过程称为转座（transposition）。转座在微生物进化与遗传过程中发挥着重要作用。但转座是稀有事件，每一世代发生基因转座的频率为 $10^{-7} \sim 10^{-5}$。因此，大多数基因是相对稳定的。此外，并非所有的基因都可以转座，基因转座的发生与特殊遗传因子有关，这种遗传因子称为转座因子（transposable element）。

（1）转座因子 细菌的转座因子主要包括插入序列（insertion sequence，IS）和转座子（transposon）两类，具有的共同特征包括：首先，它们都带有编码转座时必需的转座酶（transposase）基因；其次，它们 DNA 尾部都有较短的末端反向重复序列（此处的"尾部"，是指转座因子与它所插入的任何 DNA 分子的连接处）。这些重复序列长度为 20～1000bp，并且末端重复序列都具有特异的碱基数目（图 4.15）。

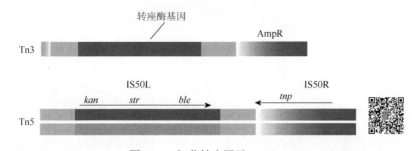

图 4.15 细菌转座因子

以 Tn3、Tn5 转座子为例。*tnp* 为转座酶编码基因；*kan*、*str* 及 *ble* 分别代表三种抗生素抗性基因

插入序列是最简单的转座因子类型，只包含与转座相关的基因，并且其 DNA 片段较短（约 1000bp），可整合到基因组特异位点。插入序列（IS）不仅出现在染色体和质粒 DNA 上，在某些噬菌体 DNA 中也有。现已鉴定出几百种不同的 IS，

并按照鉴定顺序命名为 IS1、IS2、IS3 等。IS 分散在染色体上，每一菌株 IS 出现频率和数目是不同的。例如，一株大肠杆菌具有 5 个拷贝的 IS2 和 5 个拷贝的 IS3。一些古菌染色体也有大量插入序列，说明转座是所有原核微生物的一种特征。转座子比插入序列大，并带有其他基因。部分这些与转座无关的基因可以赋予宿主一些特性，包括抗药性和有助于筛选宿主的其他特性。此外，还有可接合转座子，可以通过接合在细菌细胞间移动。这些转座子的持有基因不仅允许它们在一个细菌的基因组内移动，还可以从一个细胞移到另一个细胞。

（2）转座机制 目前已研究清楚的转座机制包括保守型转座（conservative transposition）和复制型转座（replicative transposition）（图 4.16）。保守型转座是转座序列从一个位点切离下来并插入另一个位点，因此这类转座子数目总保持在一个。复制型转座则相反，转座过程通过复制产生一个新的拷贝并插入另一个位点。因此，经过一次复制型转座，原转座因子仍留在原位点，而新拷贝转座因子则出现在新的位点。两种转座过程的起始阶段，转座子的两个单链末端（反向重复序列）分别被切开，靶 DNA 序列上两个单链也被交错切开。转座子通过单链尾部连接到靶序列上。在保守型转座中，供体位点被切除，靶序列上的单链空缺部分再修复合

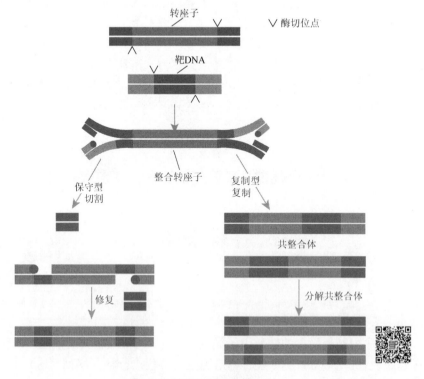

图 4.16 转座机制示意图

成。此过程使转座子两端的靶序列形成同向重复。在复制型转座中，复制修复发生在转座因子仍然与原供体及靶位点相连状态，形成的这一复合结构称为共整合体（cointegrate）。最后共整合体分离解体，使原来的转座子释放出来，而在靶序列处又增加了转座子的新拷贝。转座实际上是一个重组过程，但并不是发生在两个同源序列之间，也不利用一般重组系统（如 RecA 蛋白）。但转座中的重组过程会涉及特异碱基序列，因此称为位点特异性重组（site-specific recombination）。

（3）**转座与微生物进化**　转座因子两端的重复序列与转座酶是基因转座必需条件。转座酶在转座过程中主要负责识别、切割和连接 DNA 分子（图 4.17）。当转座因子插入靶 DNA 时，靶位点上的短序列会发生复制（如图 4.17 中 ABCD 短序列）。随后转座酶切断靶 DNA，转座子连到所产生的两个单链末端，再通过对单链空缺部分的修复合成，导致靶序列的复制。如果复制的 DNA 具有重复的某完整基因或一组基因，那么该微生物细胞将包含这些特殊基因的多个拷贝。这种基因重复（gene-duplication）现象被认为是微生物进化的动力。这是因为突变在基因的一个拷贝中发生并不影响基因的另一拷贝。突变基因编译蛋白质的功能可以被未突变基因产物所"掩盖"。然而，一个拷贝中有利的突变可产生比正常基因编译蛋白质更优特征从而使该微生物细胞获益。这样，一个基因拷贝可"模拟"进化，而该基因的另一拷贝则提供必要的保守功能备份，最终促进微生物的进化过程。

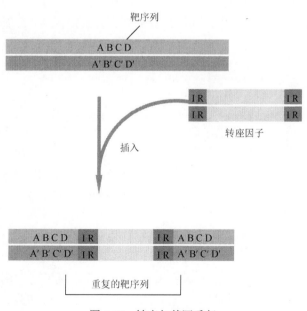

图 4.17　转座与基因重复

4.2　微生物进化与系统发育

进化塑造了地球上的所有生命。在原始地球环境中，地球外部圈层主要分为岩石圈、水圈、大气圈，这时候地球由缺氧的大气层所包围，火山喷发剧烈且频繁，岩浆活动无处不在，地表遭受陨石等小天体的密集撞击及宇宙射线的强烈辐射。正由于上述条件的存在，生命形成的早期化学进化过程（从无机物逐渐演变为原始生命有机体的过程）在不断进行。化学进化过程包括：无机小分子形成有机小分子，有机小分子聚合为生物大分子等关键演化阶段。其中，地球生命化学进化最初始过程——无机小分子形成有机小分子，已被模拟实验所证实。1953 年在美国芝加哥大学，Stanley Miller 与 Harold Urey 完成了著名的米勒-尤里实验。在此实验中，米勒将水（H_2O）、甲烷（CH_4）、氨（NH_3）、氢气（H_2）与一氧化碳（CO）密封于两个无菌烧瓶中，并通过玻璃管连接形成回路。通过加热其中一个烧瓶中的海水形成蒸汽，并将另一个烧瓶中的电极通电产生电火花来模拟闪电。实验进行一周后，发现有 10%～15%的碳以有机小分子形式存在，包括形成细胞大分子所需的氨基酸、糖类、脂质等。该实验被视为关于生命起源最著名的经典实验之一，后续模拟实验研究进一步证实了 RNA 作为生命起源关键大分子所需的嘧啶和嘌呤分子合成。化学进化形成的地球最早期生命为单细胞的原核微生物，包括细菌、古菌等。它们细胞内部不存在由膜质包裹的核部和其他细胞器。原核微生物染色体分散在细胞质中，通过二分分裂进行繁殖。从单细胞原核微生物进化到复杂的多细胞生命经历了漫长、无数的演化历程。

4.2.1　微生物进化

微生物不断遗传变异和进化形成了微生物的多样性，具体体现在细胞大小、细胞形态（morphology）、代谢型（生理，physiology）、运动性、系统发育关系（phylogeny）等。进化（evolution）是随着时间推移，遗传物质改变导致一个新种或变种产生的过程。相应地，系统发育学（phylogeny）则主要研究各种生命形式间的进化关系。

（1）**进化计时器**　某些保守性持家基因（house-keeping gene）或其编码蛋白是衡量进化程度的进化计时器（evolutionary chronometer）。换言之，核苷酸序列或者功能相似（同源）蛋白氨基酸序列的差异体现了它们的进化距离。但为了用分子序列来衡量进化距离，选择正确的分子来进行序列分析尤为重要。也就是说，一个好的进化计时器（molecular chronometer）必须符合一定的标准，这包括：①必须普遍存在于所研究的群体中，这有利于比较；②必须具有功能的同源性；③应具有序列保守区，以便对分析序列进行排位；④分子序列能体现所研究生物群体的进化关系。许多基因和酶蛋白氨基酸序列被认定为进化计时器，包括编码核糖体 RNA（ribosomal RNA，rRNA）、ATP 酶等关键功能酶的编码基因序列。所有这些分子对微生物细胞原始的核心功能至关重要，并很好地体现了系统发育信息。因此，它们的基因序列变化能让我们深入了解进化过程。以 rRNA 为例，美国微生物学家 Carl Woese 首先以 rRNA 分子作为工具构建系统进化树。此后，rRNA 基因序列成为应用最为广泛的进化计时器（图 4.18）。

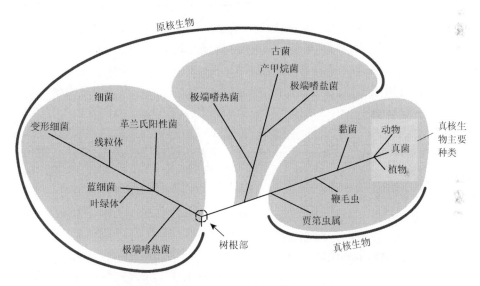

图 4.18　基于 rRNA 基因序列的生命进化树

（2）rRNA 进化计时器　rRNA 之所以成为极好的进化计时器，主要是因为 rRNA 相对较大（16S 及 18S rRNA 基因序列长度分别为约 1600bp 及 1800bp）、功能稳定、分布广泛，并包含保守性核苷酸序列。以 rRNA 基因序列构建进化树就是对不同微生物种群的 rRNA 基因序列进行测定，然后利用计算机对测序获得的序列进行比对分析。两种群间 rRNA 序列相差越大，说明它们之间的进化关系就越远，最后用系统发育树的方式展现进化关系的远近（图 4.19）。通过比较 rRNA 序列将所有生物细胞分为三个不同的进化谱系或域（domain），即细菌域（Bacteria）、古菌域（Archaea）和真核生物域（Eukarya）。其中属于细菌域及古菌域的微生物为原核生物，而真核生物域由真核生物组成。人们认为这些谱系是由一个共同祖先或是地球上的相同早期生物群体分化而来的。

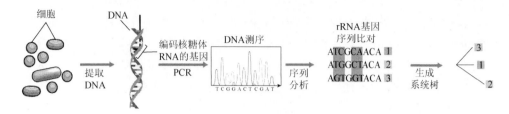

图 4.19　rRNA 基因测序与系统发育树构建

4.2.2　系统发育

基于具有进化计时器功能基因序列的分析，可以获得生命树（tree of life）。生命树不仅说明所有原核生物在进化关系上非常接近，它还揭示了另外一个重要事实：古菌域比细菌域更接近于真核生物域，因此共同祖先的分化开始就朝着两个截然不同的方向发展，即细菌和第二个主要分支。最终，第二个分支进一步分化为古菌域和真核生物域。生命树从某种意义上可以说是生命的路线地图。它展示了所有细胞生物的进化历史，并清楚解释了生命三个域的系统发育关系。生命树的根代表了进化时间的一个点，地球上所有的现存生命在此时拥有一个共同祖先，即原始祖先（universal ancestor）。全基因组测序确认三个域的基因组序列各不相同，但部分基因是细菌、古生菌及真核生物所共有的。根据原始祖先的概念，这些看似矛盾的发现是怎样协调的呢？一种假设解释了这种现象：在生命起源的早期，所有域发生分支之前，水平基因转移广泛存在。在这个时期，核心的功能基因（如指导转录和翻译酶蛋白编码基因）来自一个共同的祖先细胞，并在这些原始的生物群体中转移。该假设很好地解释了为什么所有细胞（不管属于哪一个域）共享许多核心功能基因。但如何解释从全基因组测序中观察到的遗传差异呢？进一步假设：随着时间和进化的推移，出现了水平基因转移的障碍，也许来自生活环境的选择（因此产生了生殖隔离）或者是由于结构或酶的障碍（如限制性内切酶），在某些方面阻碍了基因的自由交换。结果，最初遗传混杂的群体慢慢演化成最初的进化谱系。随着每个谱系的继续进化，一些特定的生物特征在每一个群体内固定下来。现在，经过 38 亿年的微生物进化，我们看到了细胞进化的主要结果：细胞生命的三个域一方面共享某些特征，另一方面也展示了它们自己不同的进化历史。

现存的所有生物体和进化树上描述的生物均不是原始的生物。所有现存的生命形式都是现代生物，它们很成功地适应了各自的小生境。但某些特定生物体在表型上确实和原始生物相似，超嗜热原核生物（最适生长温度高于 80℃）就是一个很好的例子。产液菌属（*Aquifex*）和甲烷火菌属（*Methanopyrus*）分支上的生物分别与细菌和古菌域的根部相近，它们都能在非常高的温度下生存，与它们亲缘关系近的生物生活在相当热的早期地球上。虽然生命树深层分支生物属于现代生物，但它们获得的表型较少，更接近于原始生物，如变形杆菌（细菌）和极端嗜盐菌（古菌）。

（1）细菌、古菌与真核生物 从系统发育角度来看，目前为止已经发现至少52门（phylum）的细菌。其中，只有30门的细菌在实验室获得了纯培养菌株。这些已经在实验室获得纯培养菌株的细菌门，可以全面掌握它们的形态、结构、生理和基因组等信息。但越来越多的新细菌门不断从宏基因组学分析中发现，目前这些细菌门主要有形态和基因组信息。真核生物细胞器起源于细菌，就如普通系统发育树（图4.20）所示，线粒体起源于变形菌门，而叶绿体来源于蓝细菌门。

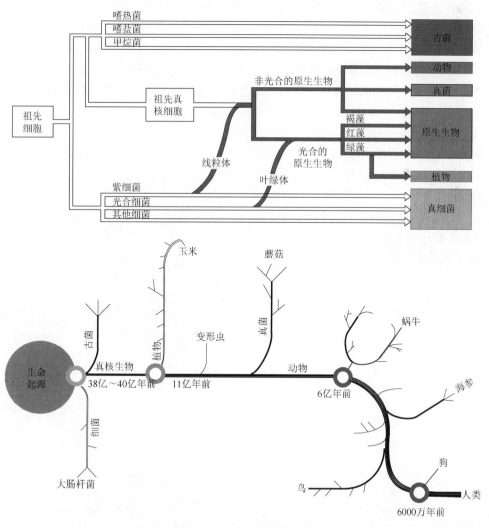

图4.20 地球生物演化过程

相对细菌来说，古菌的系统发育要保守很多。以前古菌主要分为 4 门：泉古生菌门（Crenarchaeota）、广古生菌门（Euryarchaeota）、古生古生菌门（Korarchaeota）和纳米古生菌门（Nanoarchaeota）。随着近些年宏基因组学/微生物组学分析技术的广泛应用，越来越多新的古菌被发现。目前古菌可分为 Euryarchaeota、DPANN及 Proteoarchaeota 三个亚界（subkingdom）。其中，DPANN 亚界由 Nanoarchaeota及新近发现的 Woesearchaeota、Pacearchaeota 及 Nanohaloarchaeota 等组成。Proteoarchaeota 亚界主要分为新近发现的 TACK（包括 Crenarchaeota 及 Korarchaeota）及 Asgardarchaeota 两个超级古菌门。TACK 与 Asgardarchaeota 这两个超级古菌门是目前已知所有古菌门中与真核生物的起源最相关的。

与细菌及古菌不同，真核生物各个种的系统发育树主要基于 18S rRNA 基因测序对比（与 16S rRNA 相似，其实是 18S rDNA，科学界习惯称为 18S rRNA）。18S rRNA 基因主要编码真核细胞核糖体的 18S 小体，是 16S rRNA 基因的功能对应物。早期真核生物和现在微孢子虫（microsporidia）、双滴虫（diplomonads）相似：尽管这些生物含有一个膜封闭的细胞核，但没有线粒体，可以形成稳定的内共生体。大部分真核生物系统发育进化出多细胞生物，到达顶点的是结构复杂的大型真核生物——植物和动物。通过比较化石记录与真核系统发育树，发现真核生物快速进化的开始可追溯到 15 亿年前。当时地球大气中氧气已经积累到了一个显著水平。这种有氧环境的出现和随后形成的臭氧层很有可能引发真核生物的迅速多样化。

（2）生物域特征　尽管原始域（细菌、古菌和真核生物）的界定主要基于 rRNA 基因序列的比较（遗传学标准），但是每个域也能被一些特定表型特征所描述（表 4.2）。

表 4.2　细菌、古菌及真核生物主要特征

特征	细菌	古菌	真核生物
形态学和遗传学特征			
原核细胞结构	是	是	否
环状 DNA 形式存在	是	是	否
存在组蛋白	否	是	是
细胞核	无	无	有
细胞壁	存在	不存在	不存在
膜脂	酯键	醚键	酯键
核糖体大小	70S	70S	80S

续表

特征	细菌	古菌	真核生物
tRNA 起始物	甲酰甲硫氨酸	甲硫氨酸	甲硫氨酸
基因内含子	无	无	有
操纵子	有	有	无
mRNA 加帽和 poly A 加尾	否	否	是
质粒	有	有	少有
核糖体对白喉毒素敏感性	否	是	是
RNA 聚合酶	一种 （4 个亚基）	几种 （8～12 个亚基）	三种 （12～14 个亚基）
需要转录因子	否	是	是
启动子结构	−10 和−35 序列	TATA 框	TATA 框
对氯霉素、链霉素 和卡那霉素敏感性	是	否	否
生理/特殊结构			
产甲烷	否	是	否
还原 S^0/SO_4^{2-} 为 H_2S； 还原 Fe^{3+} 为 Fe^{2+}	是	是	否
硝化作用	是	是	否
反硝化作用	是	是	否
固氮作用	是	是	否
基于叶绿素的光合作用	是	否	是（叶绿体内）
基于视紫红质的能量代谢	是	是	否
化能无机营养（Fe/S 等）	是	是	否
气泡	是	是	否
合成 PHAs 碳储存颗粒	是	是	否
在 80℃以上生长	是	是	否
在 100℃以上生长	否	是	否

在细胞壁组成上，除了浮霉状菌属（*Planctomyces*）和衣原体属（*Mycoplasma*）外，目前已鉴定的所有细菌细胞壁都含有肽聚糖。因此，肽聚糖可以作为细菌鉴定的"特征分子"（分析肽聚糖时，实际测定的是胞壁酸，因为它是肽聚糖的特

有成分）。古菌和真核生物细胞缺少肽聚糖。古菌细胞壁化学组成复杂，从肽聚糖类似物假肽聚糖到由多糖、蛋白质或糖蛋白组成的细胞壁；真核生物细胞壁通常由纤维素和几丁质组成。因此，细胞壁组成可以用于微生物分类。例如，区分细菌和古菌最有效的方法是看它们的细胞壁是否存在肽聚糖。

膜脂（membrane lipid）是区分细菌和古菌的另一个重要特征。细菌和真核生物细胞膜脂的主链是由脂肪酸以酯键与甘油分子相连组成。并且，酯键连接的脂类中，通常脂肪酸是直链分子。而在古菌细胞膜中，形成酯键的脂肪酸由植烷基型或双植烷基型的长链分支碳水化合物替代，而且它们以醚键与甘油相连。在膜结构方面，部分古菌，尤其是超嗜热古菌，形成的是脂单分子层（lipid monolayer）而非脂双分子层（lipid bilayer）。在这些生物所生存的高温条件下，脂单分子层比脂双分子层更不易变性。在脂单分子层中，甘油和碳水化合物侧链之间的醚键结合到单层膜结构上，以保护这些极端古菌的细胞膜不被所处环境破坏。

在所有生物中，转录都是由依赖于 DNA 的 RNA 聚合酶完成。其中，DNA 和 RNA 分别为模板和产物，RNA 聚合酶为催化酶蛋白。细菌细胞含有一种单一类型的 RNA 聚合酶，其四级结构相当简单，是典型的由 α、β、β′及 δ 4 种多肽以 2∶1∶1∶1 比例结合的蛋白酶。古菌 RNA 聚合酶在结构上比细菌 RNA 聚合酶更复杂：部分古菌 RNA 聚合酶含有至少 8 个多肽，与真核生物 RNA 聚合酶模式相似。真核生物主要 RNA 聚合酶（3 种）含有 10～12 个多肽，各多肽相对分子大小与超级嗜热古菌 RNA 聚合酶多肽分子大小接近。因此，从系统发育学特征来说，$\alpha_2\beta\beta'\delta$ 聚合酶可用于细菌鉴定分析。此外，三个域的生物细胞在蛋白质合成方面也存在很多不同点。例如，翻译过程通常从一个特定密码子开始（称为起始密码子）。细菌的起始密码子（AUG）需要一个 tRNA 起始物协助，该 tRNA 含有一个修饰的甲硫氨酸残基——甲酰甲硫氨酸。而在真核生物和古菌中，tRNA 起始物携带的是一个没有修饰的甲硫氨酸。上述特征说明，古菌与真核生物细胞核糖体蛋白质之间功能上的相似程度比它们与细菌细胞核糖体蛋白质功能上的相似程度更高。这些结果进一步支持了系统发育树上关于不同域生物进化与发育关系的结论。

（3）**系统发育树**　通过结合分子生物学与生物信息学，rRNA 基因序列可以用于创建生物系统发育树，体现物种进化关系和分类信息。假设我们研究的是新菌的富集、分离与鉴定。为获得该菌株的分类信息，可以通过以下步骤构建系统发育树（图 4.21）：①提取该菌株基因组 DNA（genomic DNA，gDNA），利用聚合酶链反应（PCR）扩增 16S rRNA 基因序列；②对 PCR 产物进行纯化、测序，获得 16S rRNA 基因序列；③新产生序列与数据库典型菌种 16S rRNA 基因序列进行比对；④利用系统发育树绘制方法构建该菌的系统发育关系树。

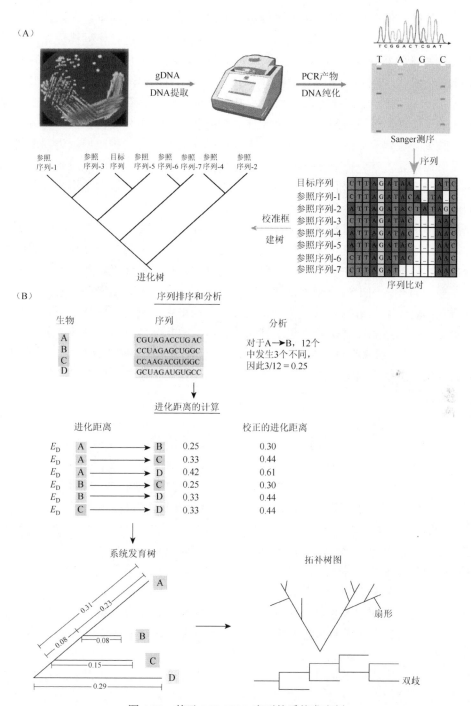

图 4.21 基于 16S rRNA 序列的系统发育树

（A）构建步骤；（B）构建原理

在构建系统发育树时，可以采用不同的序列分析方法。其中，应用最为广泛的系统发育树构建方法是距离法和简约性法。距离法是先进行序列排位，然后通过比对与计算机记录数据库中序列有差异的位置来计算进化距离（evolutionary distance，E_D）。根据这些数据，可以构造出一个现实数据库中任意两个序列 E_D 的矩阵。接着，把一个统计校正因子引入 E_D，判断在每一个给定位点发生多于一种变化的可能性。一旦计算了这种可能性，就能获得一个系统发育树，该树各枝干线的长度与进化距离成比例。简约性法（parsimony）是另一种应用较为普遍的系统发育树构建方法，它基于这样一个假设获得进化树：在进化分支过程中确实发生了从某个相同祖先进化到两个新的谱系生物，其中存在把这两个谱系分开所必需的最小序列变化量。像距离程序一样，这一方法需要用一个特殊的数据库计算序列差异的数目，不过和算法操作分析略有不同。虽然相同的数据分别用距离法和简约性法构建的系统发育树分支顺序可能存在差异，但两种方法获得的系统发育树是相似的。需要注意的是，任何系统发育树不可能最终确定所研究物种的进化关系，而被认为是比较接近该种群的真正系统发育关系。随着高通量测序技术的普及，基于基因组构建系统发育树的方法也获得快速发展和广泛应用。并且，基于基因组的系统发育研究避免了基因选择和横向基因转移可能造成的偏差。该方法在应用时，通常会选择多个持家基因同时进行序列比对和系统发育树的构建。因此，相对于单个 rRNA 基因建树方法更加精确，更接近于所研究物种的真正系统发育关系。

4.3　微生物系统分类学

系统生物学的目的和功能是依据生物亲缘关系对它们进行有序分类。相应地，原核生物系统学主要研究原核生物种群间亲缘关系和进化过程。分类学（taxonomy）则需要基于前述系统学对目标生物及其相关生物进行系统排列和合理分类，包括鉴定（characterization）、分类（classification）和命名（nomenclature）。鉴定是从一般到特殊或从抽象到具体的过程，即通过观察和描述未知纯培养微生物的形状、特征，结合现有分类系统，对其分类、命名；分类主要解决从个别到一般或从具体到抽象的问题，即通过收集个体资料并经过科学归纳，整理出科学的分类系统；命名是为一个新发现菌株确定新学名，即发现未分类未命名的新种时，需要按照微生物的国际分类、命名方式指定新的学名。

微生物分类学始于 19 世纪后期，起初主要根据细菌形态、生理生化反应等特征的相似程度将微生物进行简单分类，具体特征包括菌落形态、生长条件及代谢类型等。但这种经典的表型分类方法仅适用于菌种的常规鉴定，在揭示微生物系统发育关系方面有很大局限性。在 20 世纪 60～80 年代，涌现出众多新的分类方法，包括分化分类、数值分类和 DNA-DNA 杂交（DNA-DNA hybridization，DDH）分类等。尤其是 DDH 的出现，使生物的基因型相关性成为微生物分类的可靠依据。但 DDH 对于亲缘关系较远的物种存在灵敏度低的缺陷，并且该方法工作量大、耗时长。到了 20 世纪 80 年代后期，基于 PCR 方法的 DNA 扩增技术大大推动了分类学的快速发展。许多新的分子生物分析技术被开发出来，并广泛应用于微生物鉴定和分类。其中，16S rRNA（原核微生物）及 18S rRNA（真核微生物）基因序列具有适宜的保守性及稳定性、序列变化与生物系统进化基本保持一致、不受水平基因转移影响等优点。因此，16S rRNA 及 18S rRNA 基因在众多分子标记物中脱颖而出，成为细菌分类鉴定的重要依据。近年来，随着高通量测序技术的飞速发展和应用普及，全基因组测序与比较基因组学的发展使微生物分类学在精度、可靠性等方面取得了重要突破。未来，全基因组信息可能会成为新种鉴定及命名的必要参考信息。

4.3.1　微生物分类等级划分及命名规则

（1）微生物分类等级划分与"种"的概念　分类学主要研究生物分类方法及原理，并遵循这些方法与原理对生物各类群进行命名和等级划分。对生物进行分类的意义在于明晰不同类群间的亲缘关系和进化关系。瑞典生物学家 Carl von Linné（1707～1778 年）建立了双名命名法（binomial nomenclature），并首先提出了界、门、纲、目、属、种的物种分类法，后人进一步完善为域（domain）、界（kingdom）、门（phylum）、纲（class）、目（order）、科（family）、属（genus）、种（species）分类。其中，种（species）是最基本的分类单位，属（genus）是微生物学研究中最常用的分类单位。

在原核微生物中，微生物分类学家对于种（species）的定义还没有达成一致。文献中曾出现过三种"种的定义"：①基于表性特征的区别将一群具有高度相似表型特征的菌株归为"分类种"；②将一群具有高 DNA-DNA 杂交率的菌株称为"基因组种"；③将一群具有相同双名的菌株归为"命名种"。随着定义标准的统一，国际系统细菌学委员会建议：一个在表性特征上无法区别于其他菌株的基因种不能成立。因此，一个原核微生物种的划分要建立在尽可能多的特征比较上，包括表型特征和基因型标识。目前普遍接受的原核微生物种的界定有以下三种方法。

1）基因组标准：总 DNA 杂交和 G-C 含量。一般认为基因组 DNA-DNA 杂交相似性低于 70%时（或 ΔT_m 高于 5～7℃时）可认为是不同种。对于大多数已确定为同一种的菌株，它们之间的 DNA 同源性均高于 70%。因此国际系统细菌学委员会建议:"一个种所包含的菌株间 DNA 同源性应高于 70%或 ΔT_m 值低于 5℃"。尽管 DNA-DNA 杂交相似性不能反映种系发生顺序,但能反映它们之间的亲缘关系。另外,G-C 含量也为种提供了量化界定,即一个种内菌株间的 G-C 含量差异应小于 5%。

2)表型特征:表型特征的界定和基因组界定一样重要,因为表型特征是由基因型决定的。但一定要在足够多的表观特征基础上才能客观反映基因型。表型特征不仅包括生理和生化特征,还包括化学分类特征(如细胞结构成分、细胞脂肪酸等)、DNA 指纹分型及蛋白质图谱等。

3)系统发育构建:一般认为,如果一个原核微生物与所有其他原核微生物的 16S rRNA 基因序列有 3%的不同,则可认为该原核微生物是一个新的种。但也有例外情形,如一些具有高度相似(甚至完全相同)的 16S rRNA 基因序列的原核微生物,其基因组却大不相同。实验发现,当不同菌株 DNA-DNA 杂交相似性高于 70%,且 16S rRNA 基因序列相似性高于 97%时,通常可以鉴定为一种。

种可以归入属。在分子水平的标准上,16S rRNA 基因序列与所有其他原核生物有高于 5%的序列差异(相应的有<95%的同源性),即可将该菌株归为一个新属。而属又可以归入科,以此类推,种属科目纲门界直到最高的分类水平——域。但顺着分类学等级水平从域下降到种时,用于区分两个特定菌株的标准变得不那么普遍,而是更加特异化。在鉴定和命名一个新菌株时,该菌株必须满足它的种名称以上所有分类等级的标准。到目前为止,从我们所见到的原核生物界,已经确切分类了几千种原核微生物(表 4.3),但实际存在的原核微生物种类远远高于目前已分类的物种,可能会达到 100000~1000000 种,也就是说我们目前能够培养并分类的原核微生物不到总原核生物物种的 1%。

表 4.3　已分类原核微生物在不同分类等级的分布情况

等级	细菌	古菌	共计
域	1	1	2
门	25	4	29
纲	34	9	43
目	78	13	91
科	230	23	243
属	1227	79	1306
种	6470	289	7029

(2)**新物种的诞生及命名规则**　目前科学界对于新物种的诞生方式还没有形成定论。科学家对此提出了多种假设,其中一种比较流行的诞生模型如下(图 4.22):

设想一个细胞群体是由一个单独的细胞发育而来，而且占有一个独特的生态位（生态位是指一个种群在生态系统中，在时间、空间上所占据的位置及其与相关种群之间的功能关系与作用）；如果这个群体内的所有细胞享有独特的资源（如一种关键营养物），那么这个细胞群体可以作为一个生态型；不同生态型可以生活在同一个环境，但每一个细胞都需要适应自己所生存的小生境，DNA 突变虽然频率较低，但时有发生；在一个特定生态型里，适应性突变使其产生对环境更加适应的细胞，出现了新的生态型后，旧的生态型被新生态型群体清除；经历一轮又一轮突变和选择后，出现一个在遗传学上与旧生态型完全不同的新生态型，即被认为是一个新种。需要注意的是，一个生态型里一系列的事件对其他的生态型毫无影响，因为不同的生态型并不竞争同一种资源。上述新物种形成模型主要基于垂直基因流动（上一代到下一代）的假设。实际上，微生物物种的形成在一定程度上也会受到水平

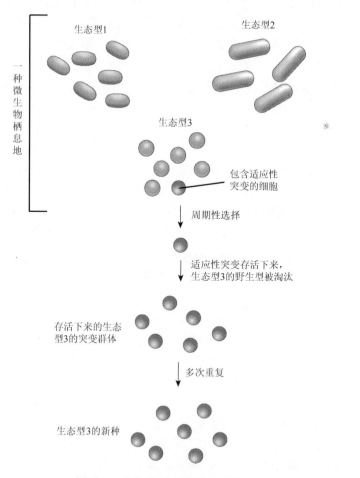

图 4.22　新物种诞生假说示意图

（侧向）基因转移（horizontal gene transfer）的影响。水平基因转移是种间基因通过接合、传导和转化而进行的转移。因此，生态型中新的遗传能力也有可能是通过获得其他生态型细胞基因而产生，而不是突变和选择。所以，原核微生物新物种的诞生方式有多种可能。

菌株（strain）是不同样品中分离出的相同菌种，它表示任何由一个独立分离的单细胞微生物通过繁殖形成的纯遗传型群体及其后代。例如，一个细菌菌株由单个细菌分离物经纯培养后所产生的后代组成。菌株是种内因一个或多个特征差异而细分的亚单位。菌株名称通常采用数字编号、字母、人名、地名等表示。例如，*Escherichia coli* K12 和 *Escherichia coli* DH5，分别代表大肠杆菌的两个菌株。在描述新种新属时，微生物学家通常将第一个被描述的菌株指定为该种的模式菌株（type strain），并且该菌株需要被保藏在一个或多个模式菌种保藏中心。典型的菌种保藏机构包括：中国典型培养物保藏中心（CCTCC）、美国典型微生物保藏中心（ACTT）及德国微生物菌种保藏中心（DSMZ）。在林奈的双名命名法中，第一个字代表生物的属名，它的第一个字母要大写。第二个字代表种名，第一个字母小写。属名和种名共同确定该生物属于哪一个物种。两个词用印刷体时采用斜体，而手写体时则要标下划线。如果确定了属名，但不确定种名时，该菌株学名可在属名后加 sp.（species 的缩写），正体字，如 *Pseudoalteromonas* sp. SM9913。如果同属未定种名的若干菌株，则用 spp.（species 的缩写，sp.表示单数，spp.表示复数）。如果是新种，在新种的学名后还要加上"sp. nov."（nov.是 novel 的缩写）。

获得一个新菌株后，如果各方面实验数据表明该菌株为新种或新属时，需要遵守原核微生物命名的国际法规对其命名。作为一个新属或种要达到正式的分类学标准，要对分离菌株有详细描述且发表被提议的名字，并且该菌株已被保藏在菌种保藏中心。在新物种命名上，《系统与进化微生物学国际期刊》（*International Journal of Systematic and Evolutionary Microbiology*，*IJSEM*）是原核生物分类、鉴定及命名的正式出版记录。当一种新物种的描述发表在非 *IJSEM* 的其他杂志上，在正式接受它作为原核生物新的分类单元之前，必须将已经发表的论文复印件递交给 *IJSEM*，使该命名生效。通过使新的命名生效，*IJSEM* 铺就了它们通往《伯杰氏系统细菌学手册》（*Bergey's Manual of Systematic Bacteriology*）的路——这是对原核生物的一个重要分类学处理。

从上述新物种的命名规则可以看出，新菌株的命名需要满足的一个前提条件是能够被分离并进行纯培养，并将一株纯培养物指定为典型菌株。然而，分离新菌株并非易事，主要受三种因素制约：①环境中大多数（＞99%）微生物不能在现有培养基上进行稳定培养；②菌株的分离和表征需要技巧、时间和精力，按照目前每年大约 600 种菌株的分离速度，要分离现有的原核微生物需要超过 1000 年，这个速度显然太慢；③培养技术趋向于反映给定样本多样性的一小部分，不对培养技术或条件进行大的调整，分离出的菌株将集中在某些类别，很难获得原核微生物系统发育树各类别的典型菌株。但随着高通量测序、原位荧光显微等技术的发展，可以在复杂微生物群落中锁定某一种新微生物类群，并获得其表型、代谢及生态特征等信息。所以，科学界提出了 *Candidatus* 的新概念，也就是当一个不可培养菌株的表型、代谢及生态特征等信息获得确认后，可以依照双名命名法对其命名，并在提议名前加上 *Candidatus*。但该提议名并不作为细菌学规范（bacteriological code）中的分类类别，不能作为分类等级，只能记载在"通知或验证"（notification or validation）列表。一旦代表菌株被分离并表征出来，则该提议分类单元可进行正式验证。在环境工程及环境微生物学研究领域，典型案例就是厌氧氨氧化菌（anaerobic ammonium oxidation，Anammox）。Anammox 菌属于浮霉菌门浮霉状菌目（Planctomycetales）的厌氧氨氧化菌科（Anammoxaceae），共 6 属，分别为 *Candidatus Brocadia*、*Candidatus Kuenenia*、*Candidatus Anammoxoglobus*、*Candidatus Jettenia*、*Candidatus Anammoximicrobium* 及 *Candidatus Scalindua*。环境工程领域对该菌的俗称为"红菌"。该菌可以将污水中所含有的氨氮和亚硝氮转化为氮气，达到控制氮素污染的目的。并且，该菌广泛分布在陆地及海洋环境中，对全球氮循环具有重要意义。

4.3.2 微生物分类方法

"种"是细菌分类学的基本单元，并且 DNA-DNA 杂交、ΔT_m 值测定、16S rRNA 基因测序和化学分类技术的应用使得"种"的概念逐渐明确。目前，我们可以通过多种分类学手段对一个种进行表型、遗传型和系统进化的全方位描述。表型信息主要来自细胞组成及其代谢特征等；而遗传信息是由细胞内核酸（DNA 及 RNA）决定的。目前应用的多种分类学技术如表 4.4 所示。原核生物中，细菌分类主要依赖比较直观的特征，包括代谢方式、形态、生理生化反应、细胞结构、DNA 杂交及 G-C 比等。下面重点介绍基于表型及遗传型等传统微生物分类方法。

表 4.4　原核微生物多种分类学技术

表型特征	遗传学特征
表型信息	基因组信息
形态学特征	G-C 含量
生理生化特征	限制酶切图谱（RELP、PFGE）
酶学反应	基因组大小；DNA-DNA 杂交
血清学分析	全基因组序列比较；全基因组基因芯片

续表

表型特征	遗传学特征
化学分类特征	部分 DNA 信息
细胞脂肪酸	DNA 指纹图技术（ribotyping，RAPD 等）
分枝菌酸	DNA 探针
极性脂质	多位点序列测定
醌类；多胺	16～23S rRNA 基因间区指纹图分析
胞壁成分；胞外脂多糖	16～23S rRNA 基因间区测序
蛋白质	RNA 信息
全菌蛋白电泳图谱	核酸测序
细菌质量指纹图；酶图谱	低分子质量（LMW）RNA 图谱

（1）表型特征　微生物表型是由基因及环境因素相互作用导致的，是细胞水平上可以直接检测和观察的特征。原核微生物的表型分类依据主要包括原核生物形态学特征和不同实验条件下的生长能力及代谢特征等。表型特征可以用于区分不同菌种，但不能区分不同菌株。主要分类表型包括形态学特征、生理生化特征、抗生素敏感性、噬菌体分型、血清学分析、蛋白质分析等。实际上，任何能够稳定反映原核生物种类特征的信息都有分类学意义，都可以作为分类鉴定的依据。其中，原核生物的形态学特征包括培养特征、细胞形态、特殊细胞结构、细胞内含物及运动性等。形态学特征始终被用作原核生物分类和鉴定的重要依据，主要因为：①易于观察，尤其是在具有特殊形态结构的细菌中；②形态学特征往往依赖多基因表达，具有相对稳定性；③该分类鉴定方法简单、快速、廉价。目前常用的原核生物分类鉴定的形态学特征如表 4.5 所示。

表 4.5　原核微生物分类鉴定主要形态学特征

特征	不同类群的鉴别
培养特征	最重要的是菌落特征：菌的形状、大小、颜色、隆起、表面状况、质地、光泽、水溶性色素等
细胞形态	
形状	球形、杆状、弧形、螺旋形、丝状、分枝及特殊形状
大小	其中最重要的是细胞的宽度或直径
排列	单个、成对、成链或其他特殊排列方式
特殊细胞结构	
鞭毛	有无鞭毛、着生位置及其数量

续表

特征	不同类群的鉴别
芽孢	有无芽孢、形状、着生位置、孢囊是否膨大
染色反应	革兰氏染色、抗酸性染色、瑞氏染色、吉姆萨染色
超微结构	细胞壁、细胞内膜系统等
细胞内含物	异染颗粒、聚 β-羟丁酸等类脂颗粒、硫粒、气泡等
其他	荚膜、细胞附属物，如柄、丝状物、鞘、蓝细菌的异形胞、静止细胞和连鞘体等
运动性	鞭毛泳动、滑行、螺旋体运动方式

生理生化特征主要是检测原核微生物中的各种酶和调节蛋白的活性。因为催化酶和调节蛋白都是基因表达产物，所以对原核生物的生理生化特征进行比较，也是对原核微生物基因组的间接比较，加上测定微生物的生理生化特征比直接分析基因组要简单，所以生理生化特征对于原核微生物的分类具有重要意义。其中，生理试验是测试待测菌株在固定条件下生长的能力，包括在较高及较低温度范围的生长能力、pH 耐受性、耐盐性和对抗生素的抗性等特性测试。生化试验一般分为糖（醇）类代谢试验、氨基酸和蛋白质代谢试验、碳源和氮源利用试验、酶类（如呼吸酶、脂酶、磷酸酯酶、DNA 酶、溶血酶和凝固酶等）试验及抑菌试验等。应该注意的是，很多生理生化特征由基因和环境因素共同决定。因此，不能单独根据生理生化特征来判断原核生物的亲缘关系，需要进一步结合基因型特征进行综合分析。表 4.6 所示为常用原核微生物分类鉴定的生理生化特征。

表 4.6　常用原核微生物分类鉴定的生理生化特征

特征	不同类群的鉴别
营养类型	光能自养、光能异养、化能自养、化能异养及兼性营养型
氮源利用能力	对蛋白质、蛋白胨、氨基酸、含氮无机盐、N_2 等的利用
碳源利用能力	对各种单糖、双糖、多糖及醇类、有机酸等的利用
生长因子需求	对特殊维生素、氨基酸、X 因子、V 因子等的依赖性
需氧性	好氧、微好氧、厌氧及兼性厌氧
温度适应性	最适、最低及最高生长温度及致死温度
pH 适应性	在一定条件下的生长能力及生长 pH 范围
渗透压适应性	对盐浓度的耐受性或嗜盐性
抗生素及抑菌剂敏感性	对抗生素、氰化钾（钠）、胆汁、弧菌抑制剂或某些染料的敏感性
代谢产物	各种特征代谢产物
与宿主关系	共生、寄生、致病性等

（2）**化学分类特征**　　微生物化学分类是按照微生物化学组成成分进行分类的方法。化学分类检测的是微生物中某些化学成分而不是生物学特征，通常这些化学物质的含量或结构具有种属特征或与分类特征密切相关，能够用于标定某一类或某种特定微生物。这些具有分类学意义的化学物质主要包括极性脂质、脂肪酸、醌类等。针对脂质而言，原核微生物细胞质膜由磷脂（20%～30%）和蛋白质（50%～70%）组成。每一个磷脂分子由一个带正电荷且能溶于水的极性头（磷酸端）和一个不带电荷、不溶于水的非极性尾（径端）构成，并且不同细菌种属中构成细胞膜的磷脂组分不同。因此，细胞膜的极性脂质可作为鉴别属的重要特征之一，是化学分类项目中不可缺少的分类特征。此外，脂肪酸作为细胞膜磷脂的酰基组成部分，是细菌细胞中一种含量较高且相对稳定的化学组分。由于不同分类细菌细胞中所含脂肪酸的链长、双键位置和数量及取代基团等会存在明显区别，因此可以根据脂肪酸组成的不同对未知菌株进行菌种鉴定和亲缘关系分析。目前，脂肪酸成分分析已经成为微生物化学分类的重要手段，并已有商品化的微生物鉴定系统、细菌脂肪酸组成标准库及配套分析软件。但需要注意的是，微生物细胞脂肪酸组成成分及含量受到培养基组成、培养温度、培养时间等许多因素的影响，所以在进行脂肪酸含量分析时，注意待检样品须在相同的培养、脂肪酸提取和色谱分析条件下进行。

另外，醌是微生物能量代谢过程中常见的电子载体，并且不同种类微生物细胞中含有不同种类及分子结构的醌。根据在能量代谢过程中的作用不同，醌可以分为呼吸型醌和光合型醌两大类。呼吸型醌是微生物呼吸链（或电子传递链）中的电子载体，主要有泛醌（ubiquinone，Q 或辅酶 Q）和甲基萘醌（menaquinone，MK 或维生素 K）两类。泛醌普遍存在于革兰氏阴性菌细胞膜上，主要参与微生物的好氧呼吸；而甲基萘醌存在于革兰氏阳性菌和少数革兰氏阴性菌的细胞膜上，可以参与微生物厌氧呼吸和好氧呼吸。光合型醌主要有质体醌（plastoquinone，PQ）和维生素 K1（vitamin K1），它们是光反应电子传递链（光合链）的电子载体，主要存在于能进行光合作用的藻类和植物细胞中。虽然泛醌、甲基萘醌、质体醌及维生素 K1 的分子骨架不同，但它们都有一个聚异戊二烯侧链，并且该异戊二烯侧链的长度有重要的分类学意义。根据异戊二烯侧链的长度（异戊二烯单位数 n），泛醌和甲基萘醌分别被命名为 Q-n 和 MK-n。具体的异戊二烯侧链可以采用高效液相色谱法（HPLC）进行测定。

（3）**蛋白质分析**　　蛋白质归根结底是基因的产物。因此，可以通过对某些同源性蛋白质氨基酸序列的比较来分析不同生物系统发育关系，序列相似性越高，其亲缘关系越近，从而可以构建系统发育树，并对原核微生物进行分类和鉴定。目前主要的蛋白质分析技术包括氨基酸测序和蛋白质电泳图谱分析等。一般来说，蛋白质氨基酸序列的进化速率大体上是恒定的，但功能不同的蛋白质进化速率不同。功能重要的分子序列或序列区域往往进化速率较低。所以，进化速率也不是恒定的。通常细胞色素和其他电子传递蛋白、转录蛋白、翻译蛋白及代谢酶蛋白的序列都可以用于原核微生物的分类研究。例如，细胞色素 P450 是古老的基因家族，有 35 亿年的进化历史，几乎在所有的生物类型中都存在，常用于分类研究。实际分析中，氨基酸序列测定方法较为烦琐、耗时，所以常采用电泳图谱分析等间接比较的方法来比较蛋白质序列的差异。蛋白质电泳图谱分析的工作原理如下：我们已知亲缘关系相近的微生物具有相似的蛋白组，当把某一菌株所产生的蛋白组在标准条件下电泳，就会产生特征性的电泳条带组成的电泳图谱，对于亲缘关系相近的菌株，它们的电泳图谱也较相似。在原核生物分类研究中，常采用可溶性蛋白或全细胞蛋白提取液进行电泳图谱比较。但该方法对于属以上分类单元的鉴定效果较差。

（4）G-C 含量　微生物细胞中遗传物质 DNA 由 A、T、G、C4 种碱基组成，并且染色体 DNA 的 G-C 含量（GC%）具有"种"特异性且不受菌龄和外界因素的影响。这一特征使得 G-C 含量可以作为原核微生物分类和菌种鉴定的重要指标。其中，G-C 含量（或 G-C 百分比）被定义为微生物细胞 DNA 中鸟嘌呤和胞嘧啶所占碱基总数的百分比。一个物种的基因组或特定 DNA、RNA 片段有特定的 G-C 含量。但相同 G-C 含量并不一定对应的是同一物种。例如，两种微生物可以具有相同 G-C 含量，但碱基序列组成却大不相同，因此系统发育关系距离较大。相对而言，如果两种微生物 G-C 含量差异达到 5% 以上，它们的 DNA 序列就很少相同，因此系统发育关系也不可能很近。我们已经知道，DNA 碱基组成具有"种"特异性，代表着生物的遗传信息，决定其种类。每种生物有其特定的 G-C 含量，动物界 G-C 含量在 35%～45%，而细菌 G-C 含量百分比在一个很宽的范围内变化，主要在 25%～75%（图 4.23）。细菌 G-C 含量一般在"种"内相差≤3%，在"属"内相差≤10%。但细菌 G-C 含量测定法在应用时受到一定局限，因为：①G-C 含量主要在于否定，即 G-C 含量不同的两个菌株，可以肯定其不是同种细菌，但是 G-C 含量相同的细菌，不能认为是相似细菌；②有 G-C 含量延伸而来的 T_m 法重复性较好，但该法对 4 种碱基以外的稀有碱基不敏感，G-C 含量测定适合于 35%～75%，在该范围之外都会产生较大偏差。

G-C 含量的测定方法主要包括纸层析法、浮力密度法、高效液相色谱法、热变性温度测定法（T_m 法）和荧光法等。其中，T_m 法操作简便、精确度高、重复性好，最为常用。T_m 法主要利用 DNA 的增色效应，求得 T_m 值，再依据 G-C 含量与 T_m 值呈正比例的关系来推测 G-C 含量。热变性温度测定法诞生于 1961 年，主要工作原理为 DNA 双螺旋在一定离子强度和 pH 缓冲液中不断加热时，碱基对间的氢键断裂使 DNA 双链打开逐渐变成单链，导致核苷酸在 260nm 处的紫外吸收值明显增加（产生增色效应），当双链完全变成单链后，紫外吸收值停止增加，紫外吸收值曲线终点所对应的温度即热变性温度（melting temperature，T_m）。DNA 由 A-T 和 G-C 两种碱基对组成，具有三个氢键的 G-C 碱基对比具有两个氢键的 A-T 碱基对结合更加牢固，热变性过程中打开三个氢键所需的温度更高。因此，DNA 样品中的热变性温度 T_m 值直接取决于样品中 G-C 碱基对的绝对含量。利用增色效应测定 T_m 值，代入特定公式可求出不同细菌 DNA 的 G-C含量。

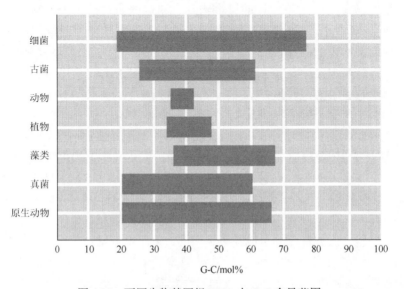

图 4.23　不同生物基因组 DNA 中 G-C 含量范围

（5）DNA 杂交（DNA-DNA hybridization，DDH）　上述 G-C 含量主要关注微生物基因组 DNA（gDNA）中部分核苷酸的比例，不能提供 gDNA 中这些核苷酸具体的序列信息。但序列信息对于微生物分类和鉴定至关重要，因为两种微生物 gDNA 有可能具有相同 G-C 含量，而序列组合却不完全相同。分类学上，不同物种 gDNA 分子之间可以进行分子杂交，亲缘关系与它们的序列相似性成正比：两种 DNA 单链之间互补程度越高，通过分子杂交形成双螺旋片段的程度就越高，二者的亲缘关系就越近；反之，亲缘关系就越远。所以，可以通过 DNA 分子杂交技术来鉴定物种之间的亲缘关系的远近。在实际杂交实验中，分离自一种生物的 DNA 用 ^{32}P 或者 ^{3}H 进行放射性标记，剪切成较小的片段，加热使之变性，从双链 DNA 分离成单链 DNA，并与分离自第二种生物且以同样方法处理的过量未标记单链 DNA 混合。然后将 DNA 混合物降温退火，将杂交后的双链 DNA 与未杂交的单链 DNA 分离开。随后，检测杂交 DNA 的放射活性，并与对照（100%杂交度的双链）进行比较（图 4.24）。

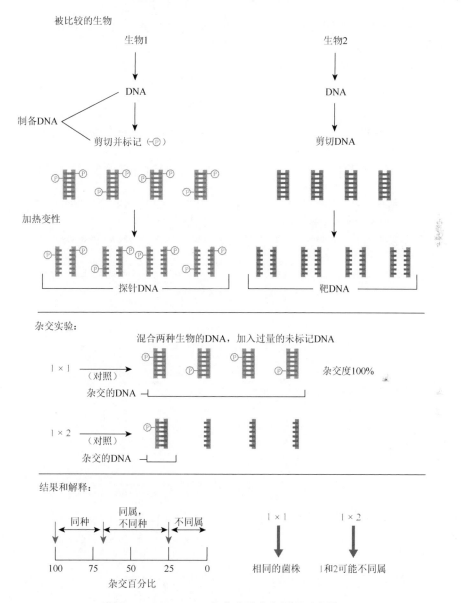

图 4.24　DNA-DNA 杂交分类鉴定原理示意图

　　如上所述，DNA 的 G-C 含量分析只能确定不同 G-C 含量的细菌属于不同的种，但无法确定含有相同 G-C 含量的细菌是否属于同一个种，因为从测定的 G-C 含量无法确定 DNA 碱基序列。所以，利用 DNA-DNA 杂交技术对细菌的同源性进行分析，是细菌分类鉴定的又一重要手段。它可以对新菌种，或者对表型性状差别小、难以区别的菌株做出较可靠的鉴定。一般认为，若两株细菌 DNA-DNA

杂交率高于 70%，则为高度同源（或者认为是同一个种），表示两株菌之间基因组的差异很小。若 DNA-DNA 杂交率在 25%以下，则认为两株菌之间的基因组差异很大，属于不同属。

参 考 文 献

Garrity G M，Winters M，Searles N B. 2001. Bergey's Manual of Systematic Bacteriology. 2nd ed. New York：Springer-Verlag Press.

Lecointre G，Hervé L G. 2006. The Tree of Life：A Phylogenetic Classification. Cambridge：Belknap Press of Harvard University Press.

Mahato N K，Gupta V. 2017. Microbial taxonomy in the era of OMICS：application of DNA sequences，computational tools and techniques. Antonie Van Leeuwenhoek，110（10）：1357-1371.

Woese C R，Fox G E. 1977. Phylogenetic structure of the prokaryotic domain：the primary kingdoms. Proc Natl Acad Sci USA，74：5088-5090.

Yarza P，Yilmaz P，Pruesse E，et al. 2014. Uniting the classification of cultured and uncultured bacteria and archaea using 16S rRNA gene sequences. Nat Rev Microbiol，12（9）：635-645.

5 微生物代谢

微生物代谢对环境而言必不可少：在污水处理过程中有机碳（C）、氮（N）、磷（P）的去除，固体废弃物中有机物转化为甲烷燃料，地下水、土壤等污染环境的生物修复，微生物参与的全球 C、N、P、S 等元素循环及气候变化等，都得益于微生物代谢过程。在细胞水平上，微生物代谢的表现就是细胞自身的生长和繁殖；在分子水平上，微生物代谢是指发生在细胞内的所有生物化学反应。这些生物化学反应过程并不完全是自发进行的，需要靠生物催化剂"酶"来进行催化，并且细胞通过大量专一性酶的催化和调节，可以将错综复杂的代谢过程形成高度协调、统一的反应网络。除了酶的催化作用之外，微生物代谢的关键还在于代谢过程中一系列电子转移带来的能量产生与消耗，并将代谢分为分解代谢（catabolic metabolism）和合成代谢（anabolic metabolism）两种。

分解代谢是将结构复杂的大分子化合物（分解代谢底物）转化为结构简单的小分子化合物（分解代谢产物），所涉及的过程称为分解代谢途径。物质分解过程会产生能量，该能量部分以热的形式散失，部分以 ATP 的形式储存起来，用于生命活动。与分解代谢相反，合成代谢是将结构简单的小分子物质转变成结构复杂的大分子化合物，是耗能过程。通常合成代谢需要经历以下几个步骤：①将营养物质转化为小分子前体代谢物质（precursor metabolite）；②把前体代谢物质合成单体和其他重要组成部分，包括氨基酸、核苷酸、简单碳水化合物和小分子脂肪等；③合成大分子物质，如蛋白质、核酸、复杂碳水化合物和长链脂肪等；④将大分子组装到细胞结构中。合成代谢是还原过程，需要消耗还原力（reducing power）来储存电子，并将电子加入小分子中以构建大分子。因此，为了保障微生物细胞内的合成代谢，能量储备和还原力准备是分解代谢的重要内容。所以，合成代谢和分解代谢相互独立、相互区别，但又相互联系。分解代谢中的一些中间产物，可以作为合成代谢的前体进入合成代谢，而合成代谢合成的酶可催化分解代谢过程，这是物质上的偶联；分解代谢为合成代谢提供能量，这是能量上的偶联。本章将重点从能量及物质角度介绍微生物代谢。

5.1　酶催化反应能学与酶促反应动力学

5.1.1　酶的组成与结构

酶是一种由细胞产生并可以独立存在的具有催化活性的生物催化剂。微生物细胞内的一系列代谢（生物化学反应）过程几乎全部由酶催化完成。从化学组成来看，酶可以分为单成分酶和全酶两大类。单成分酶仅由蛋白质组成，如蛋白酶、淀粉酶等；全酶则由蛋白质及非蛋白类小分子（或称为辅酶因子）共同组成，其中辅酶因子可以是小分子有机物、金属离子及有机物-金属离子复合物。通常将全酶的辅酶因子称为辅酶或者辅基。本质上辅酶与辅基并没有区别，但习惯上把与酶蛋白结合较为松弛、可以用透析法除去的部分称为辅酶；把与酶蛋白结合比较紧密、用透析法不易除去的小分子物质（包括金属离子）称为辅基。辅基一般都以共价键或配位键的方式与酶蛋白相结合，需要经过特殊的化学处理才能将其与酶蛋白分离。有些时候会将辅酶与辅基都用辅酶表示，不加以区分。酶的催化专一性主要体现在酶蛋白部分，而不在辅酶部分。同一种辅酶可以与不同蛋白酶相结合，组成具有不同专一性的全酶。全酶的种类不同，催化的底物也不相同，但可以催化相同部位或基团的转化。例如，丙酮酸脱羧与 α-酮戊二酸脱羧反应，酶蛋白不同，但传递酰基的辅酶都是辅酶 A（CoA），可见酶催化的专一性主要是由酶的蛋白质部分决定。辅酶在催化过程中起到传递电子、原子或化学基团的作用，金属离子除传递电子外，还能作为激活剂。

酶的主要组成是酶蛋白，决定着酶的催化特性。根据蛋白质结构研究，蛋白质可以分为一级结构、二级结构、三级结构和四级结构（详见 2.4 节）。通常，具有三级或四级结构的酶蛋白才可能具有催化活性，这与其带有活性中心的特殊结构密不可分。活性中心（或称为活性部位）是指酶蛋白中直接与底物结合并催化反应进行的部位。单成分酶的活性中心是由一些氨基酸残基的侧链基团组成（有时也包括某些肽键基团）；对于全酶，活性中心主要是由辅酶或辅基组成。构成活性中心的关键基团在一级结构上可能相距甚远，也可能不在同一条肽链上，在空间结构上却彼此靠近，形成具有特定空间构型的区域。活性中心的基团可分为两类，即结合基团（参与和底物结合的基团）与催化基团（直接参与催化反应的基团），也有一些活性中心基团兼具底物结合与催化这两种作用。可见酶的活性部位不仅决定酶的转移性（结合位），同时也对酶的催化性质（催化位）起决定性作用。尽管酶的活性中心对催化作用至关重要，但其他部位在维持酶的空间构型、保持活性中心和催化作用等方面也起着重要作用。

在全酶中，辅酶往往位于活性中心，起着传递电子、原子或基团的作用。典型辅酶包括烟酰胺核苷酸（nicotinamide nucleotide）、黄素核苷酸（flavin nucleotide）、辅酶 A（coenzyme A，CoA）及辅酶 Q（coenzyme Q）等。烟酰胺核苷酸有两种，一种是烟酰胺腺嘌呤二核苷酸（NAD^+），也叫辅酶 I（Co I）；另一种是烟酰胺腺嘌呤二核苷酸磷酸（$NADP^+$），也叫辅酶 II（Co II）。这两种辅酶都是脱氢酶的辅酶，起到传递氢（质子与电子）的作用。在它们的分子中，都含有烟酰胺基，而 NAD^+ 和 $NADP^+$ 传递氢的功能团是烟酰胺基的吡啶环（图 5.1）。

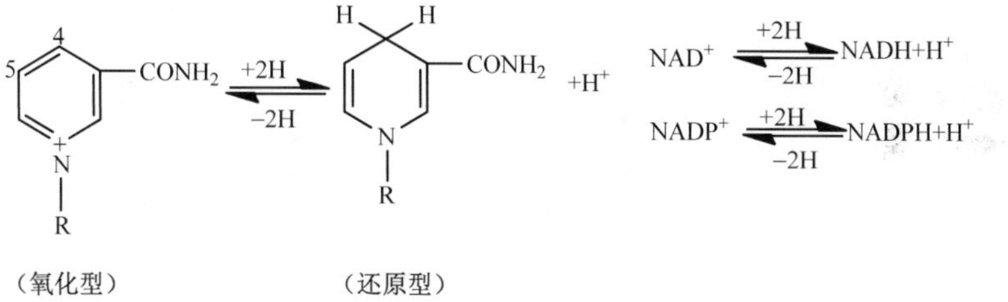

图 5.1　烟酰胺核苷酸分子中烟酰胺基的氢传递过程

黄素核苷酸包括黄素单核苷酸（flavin mononucleotide，FMN）和黄素腺嘌呤二核苷酸（flavin adenine dinucleotide，FAD），它们是某些氧化还原酶的辅酶，并与酶蛋白结合得比较牢固。核黄素（维生素 B_2）是这两种辅酶分子的重要组成部分。氧化型的 FMN 和氧化型的 FAD 均呈现黄色，并有黄绿色荧光。它们和酶的蛋白质部分结合所形成的全酶也呈黄色，故称这些酶为黄素酶或黄素蛋白。FMN 和 FAD 的功能都是传递氢，并且传递氢的功能团是异咯嗪基上可以起氧化还原作用的第 1 位和第 10 位的 N 原子（图 5.2）。

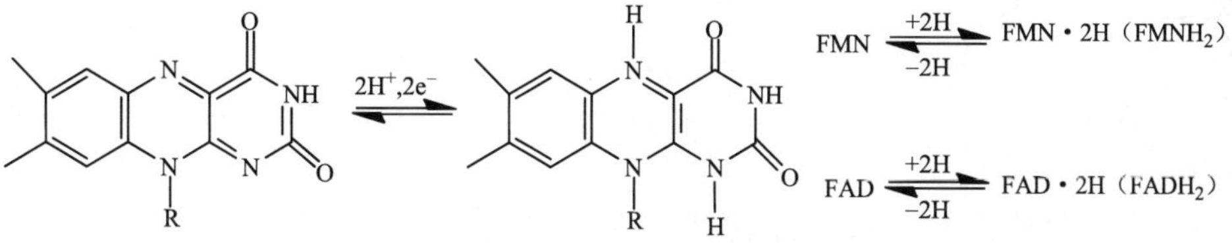

图 5.2　黄素核苷酸分子中异咯嗪基的氢传递过程

辅酶 A 分子中除含有维生素 B 族的泛酸（维生素 B_3）外，还含有腺嘌呤核苷酸和巯基乙胺等组分（图 5.3）。辅酶 A 也可写成 Co A 或者 HSCo A，它是酰基转移酶的辅酶，其中巯基"HS—"也是重要功能团。

辅酶 Q 也叫泛醌（ubiquinone），主要存在于原核微生物细胞膜上。不同来源辅酶 Q 的 R 基不同（图 5.4）。辅酶 Q（Co Q）与 NAD$^+$、FMN 和 FAD 类似，都是微生物细胞呼吸链中重要成员。辅酶 Q 可以被还原成氢醌，其自身可组成一个氧化还原体系，起着传递电子的作用。

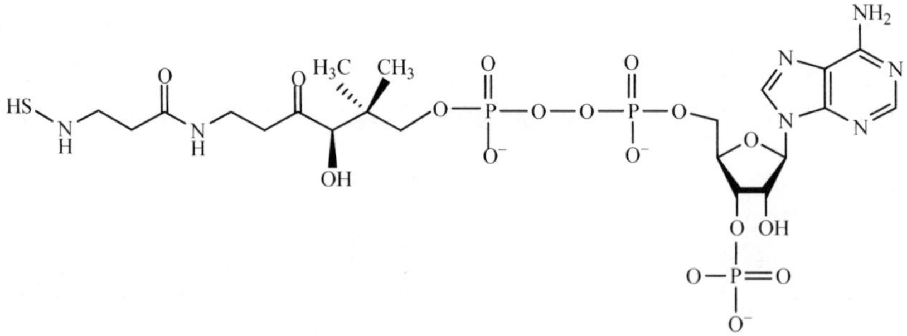

图 5.3　辅酶 A 分子结构

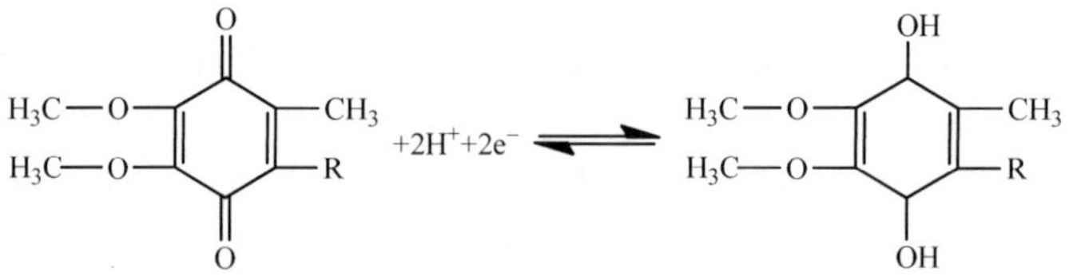

图 5.4　辅酶 Q 氢传递过程

5.1.2　酶催化反应能学

热力学第一定律和第二定律结合起来，把发生在化学变化和其他过程中的能量变化联系起来可用方程式表示为

$$\Delta G = \Delta H - T\Delta S \tag{5.1}$$

式中，ΔG 是自由能的变化，ΔH 是焓的变化，T 是绝对温度，ΔS 是反应中熵的变化。

其中，焓变就是热量的变化。微生物细胞内的反应是在恒容、恒压的细胞环境中进行的，因此焓变基本保持不变。所以，微生物细胞中自由能的变化（ΔG）主要取决于熵变。熵变为正，则 ΔG 为负值，反应自发发生。因此，ΔG 和化学反应进行的方向之间有着明确的关系。对于一个简单化学反应过程，如果把 A 和 B 分子混合，反应生成产物 C 和 D；随着 C 和 D 的浓度增加，它们也能反向生成 A 和 B。在反应开始阶段，C 和 D 反应生成 A 和 B 的速率较低；随着 C 和 D 的浓度不断增加，它们反应生成 A 和 B 的速率也增加。最终，它们能以 A 和 B 产生

C 和 D 的相同速率生成 A 和 B。此时，反应达到平衡，两个方向的反应速率相等，并且反应物和产物的浓度不再发生变化，即 $A+B \rightleftharpoons C+D$。这种情况可以由反应平衡常数（equilibrium constant，Keq）来描述产物和底物平衡浓度之间的关联：

$$Keq = \frac{[C][D]}{[A][B]} \qquad (5.2)$$

上述反应平衡常数可以与标准自由能变化（ΔG^0）（standard free energy change）直接关联。其中，ΔG^0 是在浓度、温度、pH 和压力都是标准状态下测得的，无须考虑不同环境条件下 ΔG 的不同，便于反应的比较。pH 为 7（接近活细胞液的 pH）的标准自由能变化用 $\Delta G^{0'}$ 表示。$\Delta G^{0'}$ 可以认为是在标准条件下，体系可用来做有用功的最大能量，它与 Keq 的关系可用式（5.3）表示。

$$\Delta G^{0'} = -2.303RT \lg (Keq) \qquad (5.3)$$

式中，R 和 T 分别为气体常数和绝对温度。当 $\Delta G^{0'}$ 为负值时，反应平衡常数 >1，反应趋向完全，是产能反应（exergonic reaction）（图 5.5）。在吸能反应（endergonic reaction）中，$\Delta G^{0'}$ 为正值，平衡常数 <1，即在标准状况下，反应是不利的，几乎没有产物生成。$\Delta G^{0'}$ 只是从热力学角度表明反应在哪里达到平衡，并不能反映达到平衡的速度（反应动力学）。

产能反应　　　　　　　　吸能反应

$A+B \rightleftharpoons C+D$　　　　　$A+B \rightleftharpoons C+D$

$Keq = \dfrac{[C][D]}{[A][B]} > 1.0$　　　$Keq = \dfrac{[C][D]}{[A][B]} < 1.0$

$\Delta G^{0'}$ 为负值　　　　　　$\Delta G^{0'}$ 为正值

图 5.5　$\Delta G^{0'}$ 和化学平衡关系

反应过程中自由能的变化（ΔG）只能说明该反应是产能或吸能过程，并不能说明该反应的反应速率。例如，氢气和氧气合成水的标准自由能变化（ΔG^0）为 $-273kJ$。如果简单地将 H_2 和 O_2 混合并不能检测到水的生成，这是因为氢原子和氧原子通过化学反应合成水，需要反应物化合键的断裂，而化合键的断裂需要能量，这种能量是使一个化学反应中所有分子达到反应状态所需的能量，叫作活化能（activation energy）（图 5.6）。在没有催化剂的情况下，活化能的障碍是无法逾越的，但是在合适的催化剂存在时，这种障碍相对容易越过。因此，即使是释能的化学反应也不会自发进行，因为反应物首先必须被活化，一旦处于活化状态，反应就会自发进行。酶的存在可以降低生物化学反应所需要的活化能。

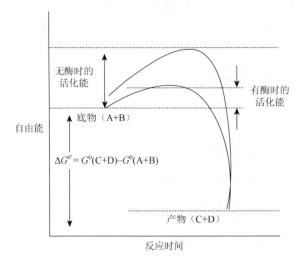

图 5.6　反应活化能

5.1.3　酶促反应动力学

　　酶促反应动力学（kinetics of enzyme-catalyzed reactions）主要研究酶催化的反应速度，以及影响反应速度的各种因素。在探讨各种因素对酶促反应速度的影响时，通常测定其初始速度来代表酶促反应速度，即底物转化量＜5%时的反应速度。针对酶促反应机理的解释，主要存在中间产物学说和诱导契合学说两种。在中间产物学说（图 5.7）中，反应物分子必须先具备或取得足够能量，使其分子变为激活态，反应才能发生。酶（E）与反应物（S）形成一种能阈较低的中间产物 ES，之后 ES 再分解为酶 E 和产物 P，中间产物 ES 的激活所需活化能比非酶促反应小很多，因而大大增加了反应速率。尽管中间产物 ES 不稳定、易分解，不易从体系中分离出来，但还是有实验表明由聚合酶形成的中间产物，该中间产物的酶与底物是以弱键（如氢键、范德瓦耳斯力或疏水作用）相结合。在酶的中间产物学说中，酶促反应分为两步，第一步是底物与酶的结合（binding）；第二步是催化过程（catalysis）。

$$E + S \Longleftrightarrow E\text{-}S \Longleftrightarrow E + P$$

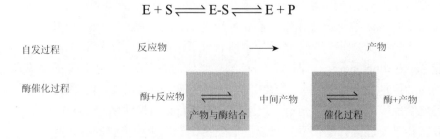

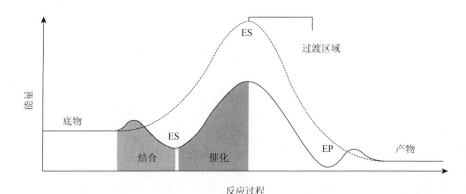

图 5.7　酶促反应中间产物学说

　　在酶促反应中，酶对它所作用的底物有着严格的选择性，只能催化一定结构或结构相似化合物的反应。1890 年 Emil Fischer 提出的锁钥学说认为酶与底物结合时，底物的结构必须和酶的活性中心结构非常吻合，就像锁和钥匙一样。但随后的研究发现，当底物与酶结合时，酶分子上的某些基团发生明显变化；另外有些酶能够催化正逆两个方向的反应。1958 年 Koshland 提出了诱导契合学说，认为酶活中心结构不是僵硬不变的，而是有一定灵活度，当底物与酶相遇时，可诱导酶蛋白构象发生相应变化，使活性部位上有关的各个基团达到正确的排列和定向，因而使酶和底物契合而形成中间产物。显而易见，产物生成的速率取决于中间产物的浓度，因此整个酶促反应的速度也就取决于中间产物的浓度。据此可以推论：在底物浓度较低时，只有部分酶与底物结合形成中间产物，溶液中还有多余的酶没有与底物结合，因此随着底物浓度的增加，产物生成的速率也就加快，整个酶促反应的速率也就增大。但是当底物浓度达到一定量后，溶液中的酶全部和底物结合形成中间产物，再增加底物浓度也不会有更多的中间产物生成，酶促反应速率与底物浓度变得几乎无关，达到了最大反应速率。为了定量描述底物浓度与酶促反应速率间的关系，Michaelis 和 Menten 在 1913 年提出了米氏方程，有力地支持了酶促反应中间产物学说。米氏方程的推导有各种方式，但都以酶与底物作用的可逆反应为出发点。一个典型的酶促反应可以表示如下。

$$E+S \underset{k_2}{\overset{k_1}{\rightleftharpoons}} E\text{-}S \underset{k_4}{\overset{k_3}{\rightleftharpoons}} E+P \tag{5.4}$$

式中，k_1、k_2、k_3 和 k_4 为有关反应的速率常数。

　　经过推导，我们可以得到如下米氏方程：

$$v = \frac{\mathrm{d}[P]}{\mathrm{d}t} = V_{\max} \frac{[S]}{K_{\mathrm{m}}+[S]} = k_{\mathrm{cat}}[E]\frac{[S]}{K_{\mathrm{m}}+[S]} \tag{5.5}$$

　　米氏方程是一个表示底物浓度和酶促反应速率间相互关系的方程，K_m 为米氏常数。从方程可以看出，当底物浓度 $[S]$ 远大于 K_m 时，反应速率 $v = V_{\max}$。也就是说，酶促反应速率与底物浓度无关，这时所有的酶基本上都是以 E-S 的形式存在，即使再增加底物浓度，中间产物量也不会增加，酶促反应速率与 $[S]$ 无关。当 $[S]$ 远小于 K_m，则

$$v = \frac{V_{max}}{K_m}[S] \tag{5.6}$$

此时，当酶的浓度一定，则酶促反应速率与 $[S]$ 呈正比例关系。因此，米氏方程曲线（图 5.8）有两个假设前提：①第一步骤中，酶反应符合化学反应过程的质量定律（law of mass action），即反应速率与反应物的浓度及酶活性成正比，这依赖于理想状态的分子运动；②第二步骤的不可逆反应需要满足两种情况，一是底物浓度远高于产物浓度，二是反应为 Gibbs 自由能远小于 0 的产能过程。但实际情况要复杂很多。

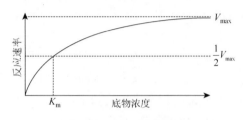

图 5.8　米氏方程曲线图

影响酶促反应的因素包括酶浓度、底物浓度、pH、温度、激活剂和抑制剂等。在实际生产中要充分发挥酶的催化作用，提高催化效率和质量，就必须准确把握酶促反应条件。其中，酶浓度与酶促反应速率相关曲线见图 5.9。当底物浓度足够时，酶促反应速率在一定范围内与酶的浓度成正比，但当酶的浓度进一步提高时，并不能保持这种正比关系，速度曲线逐渐折向平缓。这种现象主要是由于酶的浓度太高，降低了分子扩散性，阻碍了底物与酶活性中心的结合。同理，底物浓度与酶促反应速率也遵循类似关系。

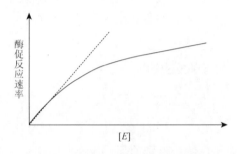

图 5.9　酶浓度与酶促反应速率关系

　　各种酶在最适温度范围内活性最强，酶促反应速率最大。低温条件下，酶的活性下降，但低温一般不破坏酶的结构和功能，温度回升后，酶又恢复活性。相反，温度太高可能会导致酶结构的破坏，从而引起酶的变性失活，影响酶促反应速率（图 5.10）。pH 对酶促反应速率的影响主要体现在：影响酶活性中心必需基团的解离程度和催化基团中质子供体或质子受体所需的离子化状态，也可以影响底物和辅酶的解离程度，从而影响酶与底物的结合等方面。只有在特定 pH 条件下，酶、底物和辅酶的解离情况，最适宜于它们互相结合，并发生催化作用，使酶促反应速度达到最大值，这时的 pH 称为酶的最适 pH。

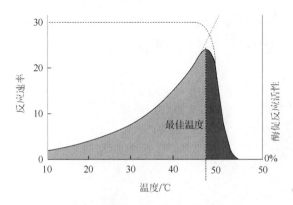

图 5.10　酶促反应活性与温度的关系

　　酶的活性可以被某些物质提高，这些物质称为激活剂。在酶促反应体系中加入激活剂可导致反应速率的增加。通常酶对激活剂有一定选择性，且有一定浓度要求，即一种酶的激活剂对另一种酶可能是抑制剂，且当激活剂浓度超过一定范围时，会成为抑制剂。酶激活剂的种类很多，主要包括以下几类：①无机阳离子，如 Na^+、K^+、Cs^+、Mg^{2+}、NH_4^+ 等；②无机阴离子，如 Cl^-、Br^-、I^- 等；③有机化合物，如维生素 C、半胱氨酸、还原型谷胱甘肽等。金属离子的激活作用是起了某种搭桥作用，它先与酶结合，再与底物结合，形成酶-金属-底物的复合物。而有些酶合成后呈现无活性状态，这种酶称为酶原，它们必须经过适当的激活剂激活才具有活性。

　　与激活剂的作用相反，许多物质可以减弱、抑制甚至破坏酶的作用，这些物质统称为酶的抑制剂，并分为可逆抑制剂和不可逆抑制剂两大类。可逆抑制剂与酶蛋白以非共价键结合，引起酶活性暂时性丧失，其抑制作用可以通过透析、超滤等手段解除。可逆抑制剂又分为竞争性抑制剂、非竞争性抑制剂和反竞争性抑制剂等。竞争性抑制：抑制剂与底物竞争酶的活性中心，使底物不能与酶活性中心结合而引起的抑制现象（也指其与酶活性中心以外的部位结合，使酶的构象发生变化，导致底物不能与活性中心结合），如图 5.11 所示的二氢叶酸还原酶（dihydrofolate reductase）还原叶酸过程被甲氨蝶呤抑制过程。竞争性抑制剂的分子结构往往与底物相似，因此具有竞争活性中心的能力，抑制程度主要取决于抑制剂与底物的相对浓度及其与酶的亲和力。增加抑制剂浓度，抑制作用增强；增加底物浓度，会减轻抑制作用，所以这类抑制可通过增加底物浓度减轻或解除。非竞争性抑制：此类抑制剂与酶的结合部位不是活性中心。底物仍然能与活性中心结合，但酶-抑制剂-底物的复合物 I-E-S 没有催化活性。这类抑制作用，抑制剂不与底物竞争活性中心，不能通过增加底物浓度来消除抑制。反竞争性抑制：抑制剂只能与 E-S 结合为 I-E-S，而不能与 E 结合为 I-E 的抑制作用即反竞争性抑制。不可逆抑制剂与酶的必需基团以共价键结合，引起酶的永久性失活，其抑制作用不能够用透析、超滤等温和物理手段解除。

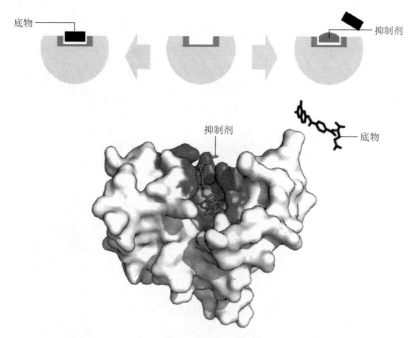

图 5.11　二氢叶酸还原酶被甲氨蝶呤抑制示意图

5.2　氧化还原反应与电子传递链

5.2.1　氧化还原反应

（1）氧化还原半反应　　氧化还原反应是反应前后元素化合价发生变化的反应，

实质是电子的得失或电子对的偏移。一般化学定义上，从物质中移去一个或多个电子称为氧化，是失电子过程，对应的物质是电子供体；而物质接受一个或多个电子叫还原，是得电子过程，对应的物质是电子受体。在生物化学中，氧化还原作用不只是指电子传递，还指整个氢原子的传递。一个氢原子（H）中含有一个电子和一个质子。当电子被移去时，氢原子就变成了质子（或氢离子）。氧化还原反应中提到的电子，不但需要有电子供体提供电子，还需要有电子受体接受电子。例如，H_2 被氧化时释放出电子和 H^+，反应式如下：

$$H_2 \longrightarrow 2e^- + 2H^+ \tag{5.7}$$

而电子不能在溶液中独立存在，必须是原子或分子的一部分。所以上述反应只能代表化学反应过程中的化学信息，本身不代表一个真实反应。而且，该反应只是一个半反应，因为它需要另一个半反应，也就是接受电子的反应，才能成为一个完整的氧化还原反应过程。所以，任何一个氧化过程的发生必须紧随其后出现一个相应的还原过程。例如，H_2 的氧化作用必须与某种物质（如 O_2）的还原作用相耦合，使之作为另一个半反应：

$$1/2\ O_2 + 2e^- + 2H^+ \longrightarrow H_2O \tag{5.8}$$

这个半反应是一个还原过程，当与上面的氧化过程相耦合时，就会产生下面的平衡反应：

$$H_2 + 1/2\ O_2 \longrightarrow H_2O \tag{5.9}$$

上述反应中，H_2 作为电子供体被氧化，而 O_2 作为电子受体被还原。生物氧化-还原作用的关键就是保持半反应的连续性。一般情况下，我们在反应式当中，把电子供体写在右边（还原态），电子受体和转移的电子数（ne^-）写在左边（氧化态），其反应式为

$$电子受体 + ne^- \longrightarrow 电子供体 \tag{5.10}$$

（2）氧化还原电位及氧化还原塔　物质被氧化时释放电子或被还原时接受电子的能力各不相同。这种释放或接收电子的能力可以表示为半反应还原电势（reduction potential）。还原电势是用化学方法进行测量，用单位伏特（V）或电子伏特（eV）来进行表示的值。一般用还原形式的半反应来表示还原电势。在某些情况下，如果质子参与了反应，则还原电势在某种程度上要受到 H^+ 浓度（pH）的影响。生物体中半反应的还原电势通常是在 pH = 7 的情况下检测或计算的。通常半反应左右两侧物质可以构成一个氧化-还原（O-R）偶极对，如 $2H^+/H_2$ 及 O_2/H_2O。书写时，氧化态物质放在氧化还原偶极对左侧。许多分子既可以作为电子供体也可以作为电子受体，这取决于它与何种物质进行反应：作为氧化剂（得电子）时，放在偶极对左侧；作为还原剂（失电子）时，放在偶极对右侧。若需要利用半反应构建一个完整的氧化还原反应，最简单的原则就是还原电势较正的半反应［得电子过程，如式（5.11）所示］减去电势较负的半反应

［失电子过程，如式（5.12）所示］即完整氧化还原反应。

$$1/2\ O_2 + 2H^+ + 2e^- \longrightarrow H_2O \qquad \Delta E^{0'} = +0.82 \qquad (5.11)$$

$$2H^+ + 2e^- \longrightarrow H_2 \qquad \Delta E^{0'} = -0.42 \qquad (5.12)$$

$$1/2\ O_2 + H_2 \longrightarrow H_2O \qquad\qquad\qquad\qquad (5.13)$$

　　研究微生物体系中电子传递过程的一个简单有效的方法就是设想有一个垂直的氧化还原塔（redox tower）（图 5.12）。氧化还原塔代表了氧化-还原偶极对的还原电势范围，位于塔顶的是具有最高负电势的偶极对，而位于塔底的是代表着最高正电势的偶极对。电子沿电势梯度从低电势（供体）到高电势（受体），即沿塔自上而下转移到更正的电势。位于塔顶部的偶极对中的还原性物质具有最强的提供电子能力，而位于塔底部的偶极对中的氧化性物质具有最大的接受电子倾向。在微生物可利用的还原电势范围内，氧化还原塔中电子供体与电子受体配对对应着自然界中各种不同微生物的呼吸代谢方式。如图 5.12 所示，电子可以从氢气传递到二氧化碳，也可以从有机物传递到氧气，分别对应着环境中普遍存在的嗜氢型甲烷菌及异养型好氧菌的代谢模式。

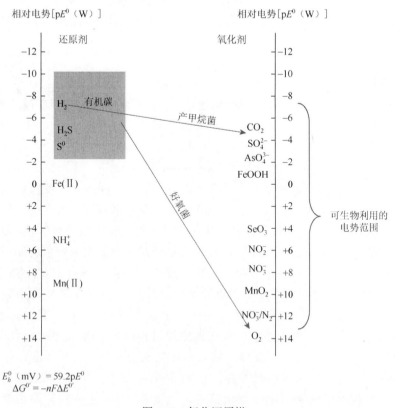

图 5.12　氧化还原塔

（3）**电子载体** 上述氧化还原塔中不同氧化-还原偶极对分别对应着不同的微生物呼吸代谢过程。这些过程涉及的电子传递链由电子供体、电子载体及电子受体组成。其中，电子载体可以分为两类：细胞质自由扩散型电子载体及细胞膜上电子载体（图 5.13）。自由扩散型电子载体主要包括 NAD^+ 及 $NADP^+$，都是氢原子载体，并且在电子传递过程中总是把 2 个氢原子传递给下一个载体。虽然 NAD^+ 和 $NADP^+$ 具有相同的还原电势，但它们在细胞中的功能却大不相同，$NAD^+/NADH$ 直接参与微生物产能（分解）代谢，而 $NADP^+/NADPH$ 则主要参与生物化学中的合成代谢。细胞膜上电子载体（如醌及细胞色素等）与电子传递呼吸链紧密关联。

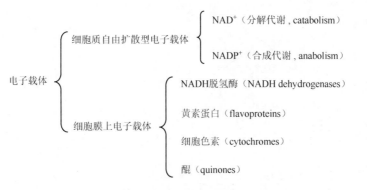

图 5.13 微生物细胞中主要电子载体

除了组成辅酶的 NAD^+、$NADP^+$、黄素蛋白及醌等电子载体外，另一类重要电子载体是细胞色素（cytochrome），其普遍存在于蓝细菌及紫硫细菌等微生物细胞中。细胞色素是含有铁卟啉环的蛋白质，可通过自身含有的铁元素获得或丢失电子，完成还原和氧化过程。已鉴定的几类细胞色素（如细胞色素 a、细胞色素 b 及细胞色素 c 等）具有不同的还原电势（图 5.14）。一个生物体内的细胞色素与另一个生物体内的细胞色素会有微小差别，所以也可以这样表示细胞色素，如细胞色素 a_1、a_2、a_3 等。有时细胞色素也会与其他细胞色素或 Fe-S 蛋白形成复合物，如细胞色素 bc_1 复合物，它同时含有 b 型和 c 型细胞色素，在能量代谢中起着重要作用。除了上述细胞色素外，电子传递链还涉及非铁血红素蛋白（nonheme iron-protein）这类电子载体。这些蛋白质包含有成簇的铁和硫原子，其中 Fe_2S_2 和 Fe_4S_4 簇最为常见。铁原子与游离的硫原子相结合，而蛋白质则通过其中的半胱氨酸残基与铁原子相结合。铁氧还蛋白是生物体中最普遍的一种 Fe-S 蛋白，它具有 Fe_2S_2 结构。Fe-S 蛋白的还原电势范围很广，随着铁原子数和硫原子数以及含铁中心与蛋白质相连接方式的不同而有所不同。因此在电子传递过程中，不同的 Fe-S 蛋白能在不同的位点起作用。与细胞色素一样，Fe-S 蛋白携带电子而不携带氢原子。电子传递过程中，电子从电势低的电子供体经过不同电子载体向电势高的电子受体转移。其中，电子在不同电子载体上的传递也需要遵循氧化还原塔中的电势顺序（图 5.14），依次从电势低的电子载体向电势高的电子载体移动。

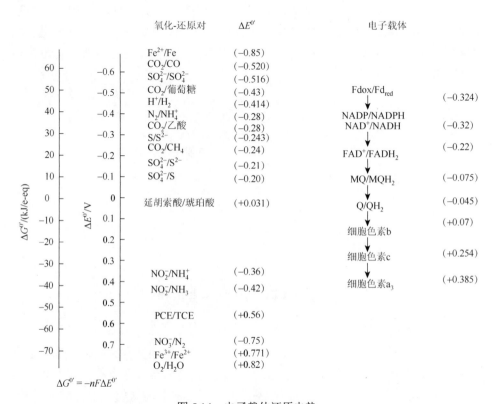

图 5.14　电子载体还原电势

5.2.2　电子传递链及传递过程中的能量转化

（1）电子传递链　微生物细胞代谢过程中，电子的传递不是直接从还原性最强的电子供体直接传递到氧化性最强的电子受体上，而是经过一个或多个电子载体完成电子的传递。由细胞体内电子载体组成的这个系统叫电子传递系统（electron transport system，ETS）或电子传递链（electron transport chain，ETC）。传递链中第一个载体有最负的 $\Delta E^{0'}$，每一个接下来载体的 $\Delta E^{0'}$ 都依次升高（图 5.15）。如图 5.15 所示，原核微生物细胞膜上典型电子传递过程为：电子从电子供体（H_2、NADH 及琥珀酸等）由脱氢酶转移到细胞膜上的各个电子载体（醌、细胞色素及其他 Fe-S

蛋白等），最后由还原酶将电子传递给最终的电子受体，完成整个的电子传递过程。在上述电子传递过程中，部分电子载体兼具"质子泵"的功能，在传递电子时，将质子从细胞质膜内泵出到间膜位置，形成细胞质膜内外的质子差。该质子差会进一步驱动细胞质膜上的 ATP 合成酶，形成 ATP。采用这种方式，使储存在发动电子流的氧化-还原偶极对里的势能释放，并用来合成 ATP。因此，原核微生物细胞膜上的电子传递链有三个基本特征：①将电子从电子供体传递到电子受体；②电子传递链中的电子载体按照还原电势增加的顺序排列；③利用电子传递过程释放的能量合成 ATP。

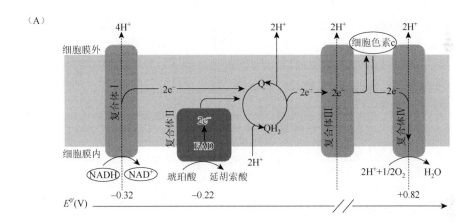

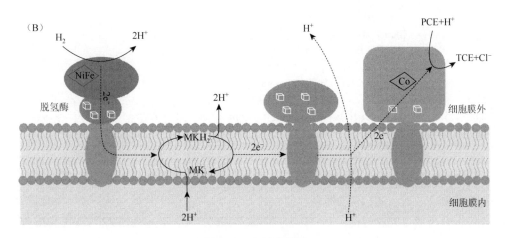

图 5.15 电子传递链

（A）典型电子传递链；（B）脱卤呼吸菌的电子传递链。复合体 I. NADH 脱氢酶与 Fe-S 蛋白复合体；复合体 II. 琥珀酸脱氢酶复合体；复合体III. 细胞色素 bc₁复合体；复合体IV. 细胞色素 c 氧化酶复合体；PCE/TCE. 四氯乙烯/三氯乙烯

从能量角度来看，电子传递链中电子从位于氧化还原塔顶部的电子供体向下传递时，可以被不同水平的电子受体所捕获，释放出不等量的自由能（$\Delta G^{0'}$）。电子供体与电子受体间的电势差用 $\Delta E^{0'}$ 表示，并且该电势差越大，意味着电子从电子供体电势跌落得越远，释放的能量就越多，该能量可通过下述算式进行量化：

$$\Delta G^{0'} = -nF\Delta E^{0'} \tag{5.14}$$

式中，n 为电子转移数目；F 为法拉第常数。

由于电子供体被氧化时会释放出能量，因此通常被作为能源物质。自然界中有很多潜在的电子供体，包括不同种类的有机物和无机物。然而，并非电子供体本身含有能量，而是电子供体与电子受体耦合发生电子传递时释放出能量。因此，氧化还原反应中合适的电子受体与电子供体同等重要。反应中释放能量的多少最终取决于电子受体和电子供体两者的还原电势差。如表 5.1 所示，列举了常见的氧化还原反应所产生的自由能的大小，可以通过其电子供体和电子受体在氧化还原塔上的不同位置，判断出反应所释放或吸收的能量情况。

表 5.1　常见氧化还原反应自由能

氧化还原反应式	$\Delta G^{0'}/\text{kJ}$
$(1/2)\ NAD^+ + H^+ + e^- == (1/2)\ NADH + H^+$	31
$(1/4)\ O_2 + H^+ + e^- == (1/2)\ H_2O$	−78.5
$(1/5)\ NO_3^- + (6/5)\ H^+ + e^- == (1/10)\ N_2 + (3/5)\ H_2O$	−72
$(1/8)\ SO_4^{2-} + (11/16)\ H^+ + e^- == (1/16)\ H_2S + (1/16)\ HS^- + (1/2)\ H_2O$	21
$(1/8)\ CO_2 + H^+ + e^- == (1/8)\ CH_4 + (1/2)\ H_2O$	23.5
$(1/4)\ O_2 + (1/2)\ H^+ + (1/2)\ NADH == (1/2)\ H_2O + (1/2)\ NAD^+$	−109.5
$(1/5)\ NO_3^- + (7/10)\ H^+ + (1/2)\ NADH == (1/10)\ N_2 + (3/5)\ H_2O + (1/2)\ NAD^+$	−103
$(1/8)\ SO_4^{2-} + (3/16)\ H^+ + (1/2)\ NADH == (1/16)\ H_2S + (1/16)\ HS^- + (1/2)\ H_2O + (1/2)\ NAD^+$	−10
$(1/8)\ CO_2\ (1/2)\ H^+ + (1/2)\ NADH == (1/8)\ CH_4 + (1/4)\ H_2O + (1/2)\ NAD^+$	−7.5
$ADP + Pi == ATP + H_2O$	32

（2）电子传递过程的能量转化　　电子从电子供体到电子受体传递过程中的自由能变化（$\Delta G^{0'}$），是该过程释放能量的最大值。这部分能量不能被微生物直接利用，而需要通过质子泵与 ATP 合成酶将这部分能量转化为 ATP。微生物细胞中并不存在纯粹的质子泵，而是细胞膜上各种类型电子载体（如醌及各种类型氧化还原酶等）在传递电子的同时，通过蛋白质构型变化等方式将质子从细胞膜内"泵"出细胞膜外。通常情况下，电子供体与电子受体间的还原电势差（$\Delta E^{0'}$）越大，则电子传递链越长，中间涉及的电子载体越多，因此可能存在的质子泵

越多（图 5.16）。因此，同样一个电子从电子供体到电子受体的传递过程，还原电势差（$\Delta E^{0'}$）越大，产生的质子差越大。这部分质子差再通过 ATP 合成酶驱动 ATP 的合成，完成电子传递过程与 ATP 合成过程的耦合，并最终使微生物从电子传递呼吸链中获得代谢所需的能量。

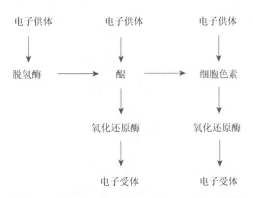

图 5.16　微生物细胞膜上不同电子传递链结构

电子传递链中电子供体与电子受体间 $\Delta G^{0'}$ 一部分以热能的形式散失，另一部分主要以合成高能化合物 ATP 的方式储存起来。ATP（adenosine triphosphate）在微生物细胞内可以作为能量货币，主要由于 ATP 磷酸酯键水解时所释放出来的能量要比细胞中其他共价键释放的能量多，达到 32kJ/mol。在实际生长活跃的微生物细胞中 ATP/ADP 的比例很高，大约为 1000。这种比例会对合成 ATP 所需的能量产生明显的影响：合成 1mol ATP 实际消耗的能量为 55～60kJ。在微生物细胞膜上，将质子差或质子动力转化为 ATP 的过程由 ATP 合成酶（ATP synthase）完成，简称 ATP 酶（ATPase）。ATP 酶在整个电子传递系统中被认为是复合物V（图 5.17）。ATP 合成酶有两个组成部分：一个是多亚基头部，称为 F_1，位于细胞膜内侧；另一个是运输质子的跨膜通道，称为 F_0，此复合体酶催化 ATP 和 ADP+Pi（无机磷）之间的可逆反应。F_1/F_0 复合体合成 ATP 时，穿过 F_0 亚单位的质子运动使 c 蛋白发生转动并产生一种扭力，这种扭力通过 γε 亚单位传递到 F。后者导致 β 亚单位的构象变化，这种形式的势能进一步驱动了 ATP 的合成。通常 8～15 个质子驱动 ATP 酶 c 蛋白发生 360°旋转，并产生 3 个 ATP 分子，因此由 ATP 酶产生一个分子的 ATP 所消耗的质子数为 3～5 个。

ATP 酶作用是可逆的，即 ATP 的水解可以驱动质子动力的形成。这主要因为 F_1/F_0 分子马达是可逆的，ATP 水解为 γ 亚单位提供能量使之向相反方向发生构型改变，导致质子通过亚单位从细胞内泵到细胞间膜。ATP 酶的可逆性可以解释为什么严格发酵菌细胞在缺少电子传递体并且不能进行氧化磷酸化的情形下，却可以产生 ATP 酶。这些严格发酵菌的细胞中有很多重要反应（如运动和运输）都需要质子动力提供的能量进行驱动。因此，在不进行呼吸作用的微生物（如乳酸菌）细胞中，ATP 酶在产生质子动力驱动必需的细胞活动过程中起着重要作用。从进化角度来看，ATP 酶的结构在整个生物界高度保守，这表明能量储存机制在自然界中是一个非常早的进化创造，并且得以保留下来。ATP 酶催化的 ATP 合成在呼吸系统中被称为氧化磷酸化，而在光合有机体中被称为光合磷酸化。

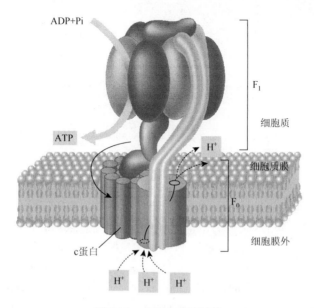

图 5.17　ATP 合成酶结构

针对电子传递链的电子传递和 ATP 合成过程，可以通过投加化学试剂进行调控。这些化学试剂有两类——抑制剂和解偶联剂。抑制剂主要通过电子传递链的阻隔，从而阻止质子动力的形成，如 CO 和 CN⁻，二者都可以紧紧地与 a 型细胞色素结合来阻断电子传递。解偶联剂是脂溶性物质，如二硝基苯酚和双香都素，它们都可以增加膜的通透性，从而加速质子的跨膜渗漏，导致质子动力的消失，最终阻断 ATP 的合成。

5.3　微生物代谢途径

5.3.1　发酵与呼吸

微生物细胞中 ATP 合成（能量储存）机制主要有发酵和呼吸两种（图 5.18）。

每种机制中 ATP 的合成都是由氧化还原反应中释放的能量所驱动,但两者差别很大:发酵（fermentation）是在没有任何终端电子受体参与的情况下发生的;呼吸（respiration）过程利用氧气或其他氧化物作为终端电子受体,推动反应的发生。如图 5.18 所示,微生物细胞完成糖酵解后,发酵是在电子载体 NADH 存在时,不经过呼吸链将三碳化合物代谢为乳酸和乙醇并通过底物水平磷酸化产生能量的过程;而呼吸作用是在电子传递链的作用下,在完整（或部分）柠檬酸循环的过程中将三碳化合物代谢为 CO_2 和 H_2O（或其他中间产物）并通过氧化磷酸化产生能量的过程。

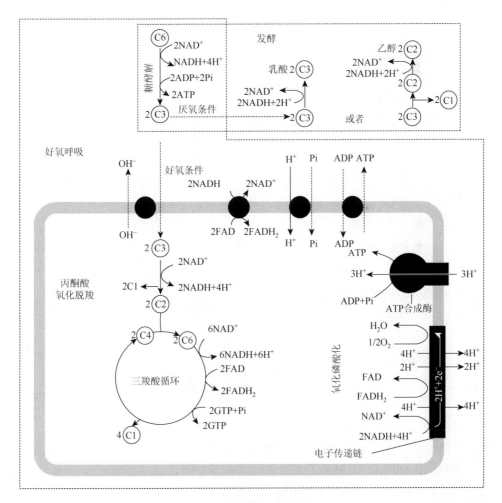

图 5.18　微生物发酵与呼吸

（1）底物水平磷酸化与氧化磷酸化　发酵和呼吸除了电子受体不同以外,二者 ATP 合成机制也不同（图 5.19）。发酵过程主要通过底物水平磷酸化产生 ATP。

物质在生物氧化过程中，通常生成一些含高能键的化合物，而这些化合物可直接偶联 ATP 或 GTP 的合成，这种产生 ATP 等高能分子的方式称为底物水平磷酸化；涉及电子传递链的氧化磷酸化则不同，其 ATP 的产生是以消耗质子动力为代价的。第三种 ATP 合成形式叫作光合磷酸化，发生在具有光合作用的微生物细胞中。除了蓝细菌（或蓝藻）等，光合磷酸化在其他原核微生物中比较少见。光合磷酸化机制与氧化磷酸化机制相似，但在光合磷酸化过程中是光而不是有机化合物推动质子动力的产生。

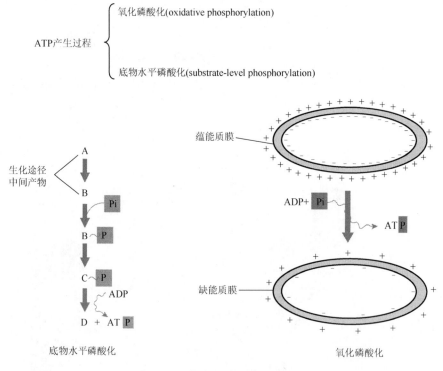

图 5.19　发酵与呼吸的能量储存

　　微生物可以通过多种途径进行底物水平磷酸化来储存能量。然而，ATP 合成机制的核心是产生高能化合物。这些物质通常是含有 1 个磷酸基团或 1 个辅酶 A 分子的有机化合物，它们水解后可以释放出大量能量。表 5.2 列出了一些在生化过程中形成的高能中间体，所列的化合物大多数能够直接与 ATP 的合成相偶联（32kJ/mol）。因此，如果某种微生物在发酵过程中能形成表中所列化合物中的一种有机物，就能合成 ATP。与氧化磷酸化相比，底物水平磷酸化是一种更直接的ATP 产生方式。图 5.20 概括了有机物发酵生成高能化合物的几种途径。

表 5.2　底物水平磷酸化涉及的高能化合物

化合物	水解自由能 $\Delta G^{0'}$/（kJ/mol）	化合物	水解自由能 $\Delta G^{0'}$/（kJ/mol）
乙酰辅酶 A	−35.7	1, 3-二磷酸甘油酸	−51.9
丙酰辅酶 A	−35.6	氨甲酰磷酸	−39.3
丁酰辅酶 A	−35.6	磷酸烯醇丙酮酸	−51.6
琥珀酰辅酶 A	−35.1	腺苷磷酰硫酸	−88
乙酰磷酸	−44.8	N^{10}-甲酰四氢叶酸	−23.4
丁酰磷酸	−44.8	ATP	−31.8

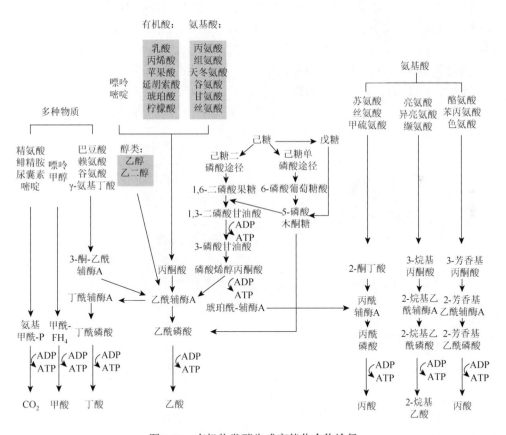

图 5.20　有机物发酵生成高能化合物途径

（2）发酵　发酵是一个内部平衡的氧化还原过程，在该过程中发酵的底物部分被氧化，部分被还原。由于不需要外源物质，故发酵又称为分子内呼吸。发酵过程中的有机碳通常主要作为分解代谢产物（如酸、醇、CO_2、H_2 等）被释放，仅有很少一部分用于微生物的合成代谢（图 5.21）。

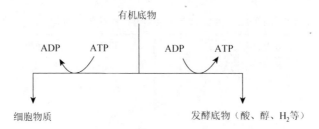

图 5.21　发酵过程有机碳的分配

典型发酵过程包括葡萄糖酵解（glycolysis），主要采用 EM 途径（Embden-Meyerhof pathway，EMP），是一种无氧代谢过程。可以分为两个主要阶段（图 5.22）：第一阶段是一系列的准备反应，不涉及氧化还原也不释放能量（实际消耗 2 个 ATP 分子），但形成 2 分子的中间产物，即 3-磷酸甘油醛（glyceraldehyde 3-phosphate）。第二阶段出现氧化还原反应，高能磷酸键以 ATP 形式产生，且生成 2 分子丙酮酸（pyruvate），该阶段合成 4 个 ATP 分子。因此，1 分子葡萄糖经历糖发酵后，微生物细胞内净获得 2 分子 ATP。在第一阶段，葡萄糖被 ATP 磷酸化产生 6-磷酸葡萄

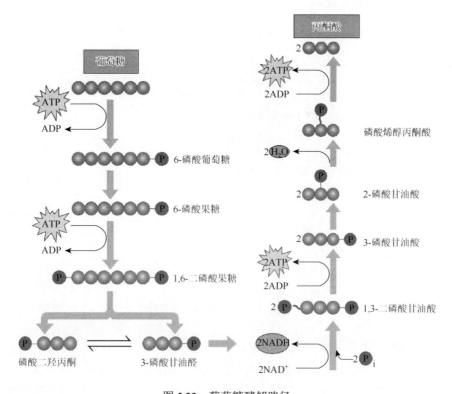

图 5.22　葡萄糖酵解路径

糖。后者异构生成 6-磷酸果糖，并进一步磷酸化生成 1,6-二磷酸果糖。醛缩酶（aldolase）催化 1,6-二磷酸果糖中的键断裂，生成 2 分子三碳化合物（3-磷酸甘油醛和它的异构形式磷酸二羟丙酮）。磷酸二羟丙酮在异构酶催化下进一步转化为 3-磷酸甘油醛。在糖酵解的第二阶段，即从 3-磷酸甘油醛转化为 1,3-二磷酸甘油酸的过程出现了氧化还原反应。在这个反应中（此反应发生 2 次，每次只是 1 分子 3-磷酸甘油醛被氧化），辅酶是 NAD^+，它接受 2 个 H 原子变成 NADH，催化该反应的酶是 3-磷酸甘油醛脱氢酶。同时，3-磷酸甘油醛被磷酸化，每分子的 3-磷酸甘油醛中添加 1 分子的无机磷酸。该反应使无机磷转化成有机磷，并通过底物水平磷酸化储存能量，使后续合成 ATP 成为可能，因为 1 分子的 1,3-二磷酸甘油酸中每一个磷酸都含有大于 32kJ 的高能磷酸键。当 1 分子 1,3-二磷酸甘油酸变成 3-磷酸甘油酸时，就会合成 ATP，后面的磷酸烯醇丙酮酸变成丙酮酸时，也会有 ATP 的生成。

糖酵解的第二阶段，在生成 2 分子 1,3-二磷酸甘油酸时，2 分子的 NAD^+ 被还原成 NADH。但是，一个细胞内如果所有的 NAD^+ 都被还原成 NADH，葡萄糖氧化将会终止。但只有可以接受电子的游离态 NAD^+ 存在时，3-磷酸甘油醛氧化才可以继续进行。发酵过程中，丙酮酸转变为任何一种发酵产物时，都可以使 NADH 变成 NAD^+，因此，就克服了"途径障碍"。原核微生物细胞内的发酵过程，存在不同的丙酮酸还原途径。但最终的还原结果都相同，即 NADH 必须转变成氧化态形式的 NAD^+ 才能使发酵产能反应进行下去。例如，NADH 可以脱离 3-磷酸甘油醛脱氢酶而附着在乳酸脱氢酶上使丙酮酸还原成乳酸，最后再以 NAD^+ 形式扩散，重复整个循环。任何产能过程，氧化与还原必须平衡，中间的每一个电子转移都必须有电子受体。糖酵解中，NAD^+ 还原作用必须与一种物质的氧化作用相平衡，而且最后的产物必须与起始反应物（葡萄糖）平衡。因此，发酵产物，如乙醇和 CO_2 或乳酸和质子，二者在原子或电子方面必须与起始葡萄糖相平衡，这种关系可以表示为

$$葡萄糖 \Longrightarrow 2\ 乙醇 + 2CO_2 \tag{5.15}$$

$$葡萄糖 \Longrightarrow 2\ 乳糖 + 2H^+ \tag{5.16}$$

相对于厌氧发酵过程中的糖酵解和后续产醇和产酸，在非发酵菌中，糖酵解产生的 NADH 可以偶联电子传递链，利用质子动力合成 ATP。当该电子传递链的最终电子受体为氧气时，通常一个 NADH 可以合成 3 个 ATP。所以，有氧时糖酵解会产生 8 个 ATP，无氧时只能产生 2 个 ATP。并且糖酵解产生的丙酮酸可以进一步通过三羧酸循环等途径产生更多的 ATP 和 NADH。因此，无氧糖酵解不是产生能量的有效途径，大部分能量仍贮存在乳酸、乙醇等产物当中。大肠杆菌是典型的可以利用葡萄糖进行"糖酵解及后续发酵（无氧时糖酵解）"及"糖酵解及后续好氧呼吸（有氧时糖酵解）"两种代谢模式的微生物，并且两种模式下获得的 ATP 及生物量差距明显。

（3）三羧酸循环　　葡萄糖代谢，无论有氧还是无氧，都会经历糖酵解过程并产生关键的糖酵解产物——丙酮酸。厌氧发酵会将丙酮酸进一步转化为乳酸、乙醇等发酵产物；而在氧气充足的情况下，丙酮酸可以通过呼吸作用进一步完全氧化为CO_2和H_2O，并产生大量ATP，这是广泛存在于各种微生物种群的重要生物化学反应，是很多好氧微生物获得能量的主要途径。该转化过程的核心是柠檬酸循环（citric acid cycle，CAC）或三羧酸循环（tricarboxylic acid cycle，TCA）。丙酮酸首先被氧化脱羧，生成1分子NADH和1分子与辅酶A偶联的乙酰基分子（乙酰基辅酶A）。乙酰辅酶A的乙酰基与四碳化合物草酰乙酸结合，生成一个六碳有机酸——柠檬酸。高能化合物乙酰辅酶A中的键能主要用于驱动该合成过程。合成产物再经过脱氢、脱羧及氧化反应，释放2个CO_2分子，最后重新生成草酰乙酸，继续下一个三羧酸循环（图5.23）。所以，葡萄糖有O_2时分解的总反应式为

$$C_6H_{12}O_6 + 6O_2 + 38ADP + 38H_3PO_4 \longrightarrow 6H_2O + 6CO_2 + 38ATP \quad (5.17)$$

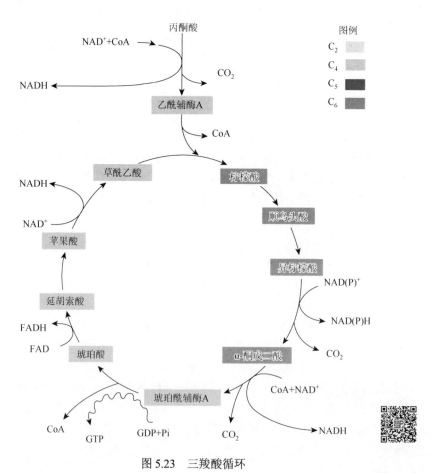

图5.23　三羧酸循环

柠檬酸循环中，1 分子丙酮酸氧化后可释放出 3 分子 CO_2，一个在生成乙酰辅酶 A 的过程中释放，一个在异柠檬酸脱羧时释放，另一个在 β-酮戊二酸脱羧时释放。与发酵过程一样，柠檬酸循环释放的电子也传递给了辅酶 NAD^+ 或 FAD。但呼吸过程的 NADH 和 FADH 氧化毕竟与发酵过程的氧化不同。在呼吸作用中，NADH 中的电子并不是用来还原诸如丙酮酸一类的中间物质，而是传递给氧或者通过电子传递体系传给其他终端电子受体。因此在呼吸作用中，电子受体允许葡萄糖完全被氧化成 CO_2，并释放出更多能量。实际上，乳酸发酵或乙醇发酵过程中氧化 1 分子葡萄糖只产生 2 分子 ATP，而在呼吸作用中，氧化同样数量的葡萄糖共产生 38 分子的 ATP（图 5.24）。

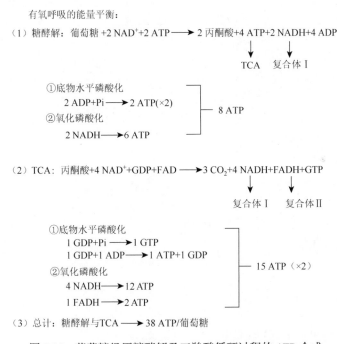

图 5.24 葡萄糖经历糖酵解及三羧酸循环过程的 ATP 合成

上述三羧酸循环是一个"甩碳"过程，将有机碳转化为 CO_2。很多自养型微生物需要通过不同的代谢途径将 CO_2 固定，用于合成微生物生长所需的营养物质，如糖类、脂类及蛋白质等有机物。逆向柠檬酸循环（逆向 TCA，或称为还原性 TCA）是途径之一（图 5.25）。逆向 TCA 起始于柠檬酸的裂解产物草酰乙酸，以它作为 CO_2 的受体，每循环一周加入 2 个 CO_2，并还原成可供各种生物合成用的乙酰 CoA，由它再固定 1 分子 CO_2 后，就可进一步形成丙酮酸、丙糖、己糖等一系列构成微生物细胞所需要的重要合成原料。在绿菌属（*Chlorobium*）细胞质中，逆向柠檬酸循环中的多数酶与正向柠檬酸循环时所需的酶相同，只有一步反应的酶不同，即柠檬酸裂解为乙酰 CoA 和草酰乙酸的酶是柠檬酸裂合酶。在正向氧化性 TCA 循环中，由乙酰 CoA 和草酰乙酸合成柠檬酸的酶是柠檬酸合酶。此外，微生物固定 CO_2 的其他途径包括羟基丙酸途径（3-hydroxypropionate pathway）及普遍存在于乙酸菌、硫酸盐还原菌及产甲烷菌中的厌氧乙酰 CoA 途径（anaerobic acetyl-CoA pathway）等。

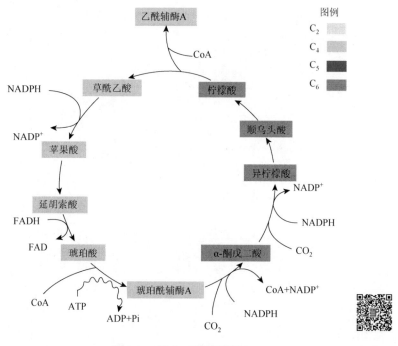

图 5.25　逆向三羧酸循环

5.3.2　生物大分子的分解代谢

环境微生物分解代谢涉及的生物大分子主要包括蛋白质、多糖和脂肪。这三种生物大分子各自经历水解过程后，形成生物小分子，再进一步代谢为乙酰 CoA，而乙酰 CoA 则可通过三羧酸循环，逐步代谢为 CO_2 和 H_2O 并产生 ATP（图 5.26）。三大类物质的分解代谢，对环境中有机污染物去除过程起着重要作用。其中，多糖代谢是先将多糖水解为单糖，然后代谢过程与上述糖酵解过程相似，完成多糖的分解代谢。下面主要介绍另外两种生物大分子的代谢过程。

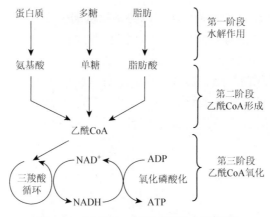

图 5.26 蛋白质、多糖及脂肪分解代谢

（1）蛋白质分解代谢 微生物细胞内的蛋白质分解代谢首先需要将大分子蛋白水解为小分子氨基酸，水解过程由蛋白酶或肽酶催化进行。这些酶的专一性不同，但均能破坏肽键，使各种蛋白质水解成氨基酸混合物。与蛋白质合成过程的脱水缩合相反，蛋白质分解需要加水，即酶促水解成各种氨基酸。之后，氨基酸可进一步经过脱氨、脱羧途径降解。含氮有机物在微生物脱氨基作用下产生氨，称为氨化作用。脱氨方式主要有氧化脱氨、还原脱氨、水解脱氨及减饱和脱氨（图 5.27）。其中，氧化脱氨是在有氧条件下，好氧微生物进行加氧脱氨的反应；还原脱氨是在厌氧条件下专性厌氧菌和兼性厌氧菌进行加氢脱氨。

$$\begin{array}{ccc} CH_3 & & CH_3 \\ | & \xrightarrow{\frac{1}{2}O_2 \quad NH_3} & | \\ CHNH_2 + \frac{1}{2}O_2 & \longrightarrow & CO + O_2 \xrightarrow{\text{三羧酸循环}} CO_2 + H_2O + ATP \\ | & & | \\ COOH & & COOH \\ \text{丙氨酸} & & \text{丙酮酸} \end{array}$$

$$\begin{array}{ccc} CH_3 & & CH_3 \\ | & & | \\ CHNH_2 + 2H & \longrightarrow & CH_2 + NH_3 \\ | & & | \\ COOH & & COOH \\ \text{丙氨酸} & & \text{丙酸} \end{array}$$

$$\begin{array}{cc} CH_3 & \\ | & \\ CHNH_2 + 2CH_2NH_2 + 2H_2O \longrightarrow 3CH_3 + 3NH_3 + CO_2 \\ | \quad\quad\quad | & | \\ COOH \quad COOH & COOH \\ \text{丙氨酸} \quad \text{甘氨酸} & \text{乙酸} \end{array}$$

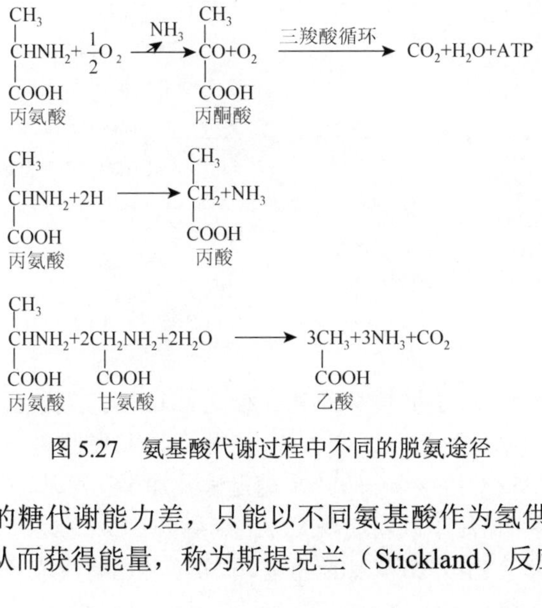

图 5.27 氨基酸代谢过程中不同的脱氨途径

有些微生物的糖代谢能力差，只能以不同氨基酸作为氢供体和氢受体进行氧化还原反应，从而获得能量，称为斯提克兰（Stickland）反应（图 5.27）。这

种独特的氨基酸代谢方式效率很低,每分子氨基酸仅产生 1 个 ATP。氢供体主要有丙氨酸、亮氨酸及组氨酸等;氢受体有甘氨酸、脯氨酸、鸟氨酸、色氨酸及精氨酸等。

(2)脂肪分解代谢　　脂肪是微生物细胞的重要组成部分,也是微生物的重要能源物质。脂肪分解代谢需要经历两个阶段:首先,脂肪经过酶促水解生成甘油和脂肪酸;之后,甘油沿糖代谢途径进行转化,脂肪酸进行 β 氧化或其他形式氧化(图 5.28)。

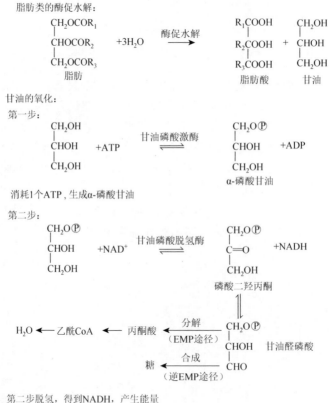

图 5.28　脂肪分解代谢

原核微生物细胞中,脂肪酸 β 氧化在细胞膜上进行。氧化开始之前,脂肪酸需要先进行激活,激活过程消耗一个 ATP,使得 CoA 与脂肪酸作用生成脂酰 CoA,接着经过一系列的氧化、加水、再氧化、硫脂解及加 SCoA 基,产生一个乙酰 CoA 及比原脂肪酸少两个碳原子的新脂酰 CoA。新脂酰 CoA 又经过氧化、加水和硫脂解等反应,再生成一个乙酰 CoA。如此重复,一分子硫脂解变成许多分子乙酰 CoA,

进入三羧酸循环并彻底氧化生成 CO_2 和 H_2O，同时产生 ATP。奇数碳链脂肪酸也可经 β 氧化途径代谢，直到剩下含 5 个碳原子的脂酰 CoA，再进一步转化为一个乙酰 CoA 和一个丙酰 CoA；其中，乙酰 CoA 进入三羧酸循环，而丙酰 CoA 将转化为琥珀酰 CoA 后再进入三羧酸循环。

5.3.3 合成代谢

（1）同化代谢和异化代谢　微生物可以将 CO_2、NO_3^-、SO_4^{2-} 等无机物分别作为细胞碳、氮、硫源进行还原，形成有机碳、氨基（—NH_2）、巯基（—SH）化合物。当 CO_2、NO_3^-、SO_4^{2-} 等无机物被还原用于微生物细胞合成时，称为被同化，其还原过程叫作同化代谢（assimilative metabolism）。从概念上来讲，CO_2、NO_3^-、SO_4^{2-} 同化代谢与它们在微生物呼吸过程中作为电子受体的代谢过程完全不同。为了区别这两种还原过程，将上述无机物作为电子受体进行的能量代谢过程称为异化代谢（dissimilative metabolism）。因此，同化代谢和异化代谢有显著区别：同化代谢中，只有适量的 CO_2、NO_3^-、SO_4^{2-} 等无机物被还原，以满足微生物细胞生长所需，产物最终以大分子有机物形式转化为细胞物质；异化代谢中，大量的 CO_2、NO_3^-、SO_4^{2-} 等无机物作为电子受体被还原，并且还原产物被分泌到环境中。许多微生物可以利用上述无机物同时进行同化代谢和异化代谢。

微生物利用简单有机物或无机物合成微生物细胞大分子有机物的过程，称为合成代谢（anabolism）（图 5.29）。合成代谢所需能量由 ATP 或质子动力提供，主要用于单体（单糖、氨基酸及脂肪酸等）合成及从单体形成多聚物的能量消耗。其中，用于合成生物大分子的单体主要利用分解代谢的中间产物或来自环境的营养物质进行合成。尽管核酸合成是一个高耗能过程，但细胞中大量的能量消耗主要用于蛋白质的合成。相比较而言，只要小部分能量用于脂类和核酸合成。

（2）多糖生物合成　多糖不仅是微生物细胞壁的关键成分（如细胞壁的多糖骨架），还可以以糖原形式在细胞内储存碳源和能量。形成这些多糖的单体主要是五碳糖和六碳糖，并以六碳糖（如葡萄糖）为主。其中，五碳糖主要存在于核酸（RNA 及 DNA）骨架中。微生物细胞中，多糖的合成来源于尿苷二磷酸葡糖（UDPG）和腺苷二磷酸核糖（ADPG），两者都是葡萄糖的活性形式，分别是葡萄糖衍生物和糖原的合成前体物（图 5.30）。其中，葡萄糖衍生物可以用于合成肽聚糖中的 N-乙酰葡萄糖胺、N-乙酰胞壁酸或革兰氏阴性菌外膜的磷脂多糖。当微生物以葡萄糖等六碳糖为碳源时，可直接以此为单体合成多糖；但当微生物以其他糖为碳源时，就必须先合成葡萄糖，这个过程叫作糖异生作用。糖异生作用是以糖酵解的关键中间产物磷酸烯醇丙酮酸作为起始物，磷酸烯醇丙酮酸可以从三羧酸循环的中间产物草酰乙酸合成。

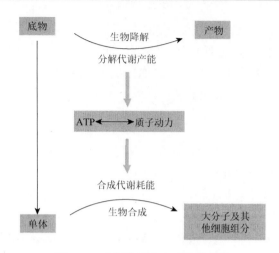

图 5.29　分解代谢和合成代谢系统

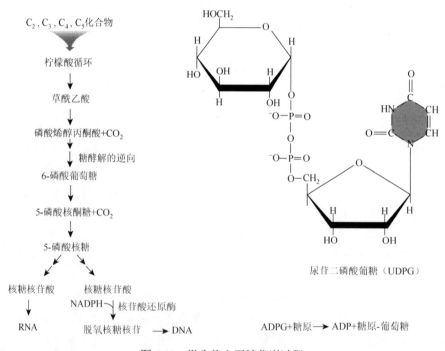

图 5.30　微生物主要糖代谢过程

（3）氨基酸生物合成　如果微生物不能从环境中获得蛋白质合成所需的氨基酸，就必须自己合成。合成氨基酸的碳骨架几乎都来自糖酵解和三羧酸循环的中间产物（图 5.31）。

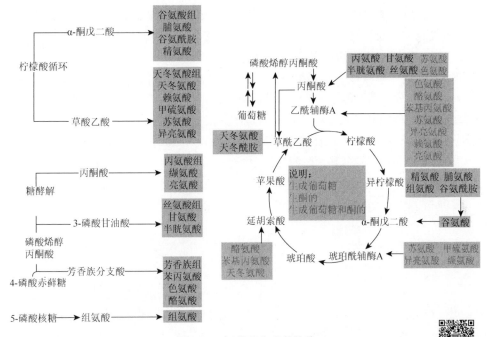

图 5.31 氨基酸合成前体物

合成氨基酸时，氨基（amino group）通常来自环境中的一些无机氮源，在谷氨酸脱氢酶和谷氨酰胺合成酶的作用下合成谷氨酸和谷氨酰胺，将氨加入氨基酸中（图 5.32）。一旦氨被整合到氨基酸中，就可以进一步形成其他形式的含氮化合物。例如，在转氨酶的作用下，谷氨酸可以将它的氨基基团提供给草酰乙酸形成

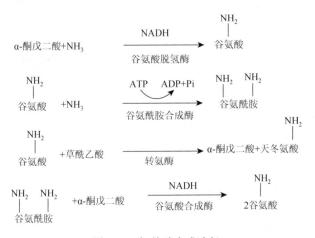

图 5.32 氨基酸合成路径

α-酮戊二酸和天冬氨酸。在另一个转氨酶催化反应中，谷氨酸可以与 α-酮戊二酸反应形成两分子的谷氨酰胺。上述反应的最终结果是将氨基转移到不同碳骨架上，然后再进一步反应形成蛋白质合成所需的 21 种氨基酸。

（4）**核酸生物合成**　嘌呤和嘧啶是核酸合成的前体物，它们的合成涉及非常复杂的生物化学过程。嘌呤几乎完全是由来自不同碳源、氮源的原子组成（图 5.33）。次黄嘌呤是嘌呤核苷腺嘌呤和鸟嘌呤的前体，这些前体物质合成结束后，进一步附加到五碳糖上，就为后续合成 DNA 和 RNA 做好了准备。与嘌呤环的合成相似，嘧啶环的合成也是由不同碳源、氮源提供原子合成的。第一个关键的嘧啶是尿苷酸盐，其他的嘧啶（如胸腺嘧啶、胞嘧啶和尿嘧啶）都是由它衍生而来的。

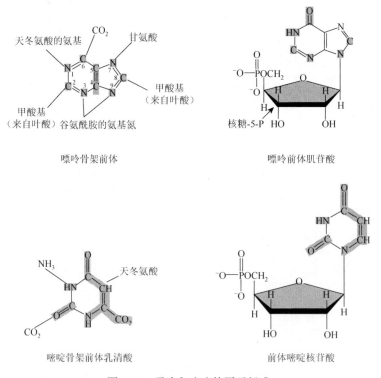

图 5.33　嘌呤和嘧啶的原子组成

（5）**脂肪酸生物合成**　脂类是微生物细胞膜以及细胞内储备碳源、能源物质的重要组分。脂肪酸的合成是在一个称为酰基载体蛋白（acyl carrier protein，ACP）的帮助下以每次延长两个碳原子的形成合成。合成过程中，ACP 可以固定到正在生长的脂肪酸链，而一旦获得成熟长链就会被释放出来。有趣的是，虽然脂肪酸长链每次增加 2 个碳原子，但实际上该二碳片段是来自一个称为丙二酸（malonate）的三碳化合物。每提供 1 个分子的丙二酰-ACP 就有 1 分子的 CO_2 释放出去（图 5.34）。

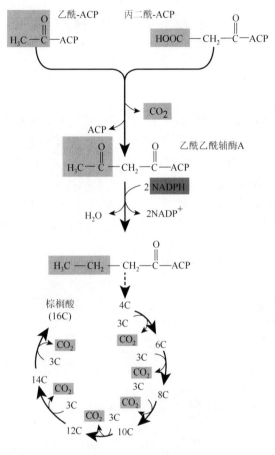

图 5.34　脂肪酸的合成

　　不同微生物细胞的脂肪酸组成不同，并且同一种群的脂肪酸组成也会随着温度的改变发生变化，这是因为在微生物细胞中，低温有利于短链脂肪酸的形成，而高温则有利于长链脂肪酸的形成。细菌脂类中最常见的是含有 12～20 个碳原子的脂肪酸。除了含偶数碳原子的饱和脂肪酸外，还存在一些不饱和脂肪酸、带有分支的脂肪酸或含有奇数碳原子的脂肪酸。不饱和脂肪酸在分子的疏水部分含有一个或多个双键，双键通常是通过饱和脂肪酸脱氢形成。分支脂肪酸和奇数脂肪酸分别在分支脂肪酸和包含有丙酰基基团的基础上合成。细胞中脂类组装涉及在甘油分子上加入脂肪酸。对于简单的甘油三酯，甘油分子的三个羟基全部被脂肪酸酯化。在复杂脂类中，甘油上的三个羟基分别与磷酸基团、乙醇胺基团和糖或其他极性分子酯化。例如，古菌细胞中脂类就包含植烷侧链而不是脂肪酸侧链。

5.4　微生物生长繁殖

5.4.1　微生物营养类型

自然环境中，微生物营养类型极其丰富。依据碳源、能源及电子供体的不同，微生物营养类型通常可以进行如下划分（表 5.3）：根据碳源的不同，分为自养型（autotroph）和异养型（heterotroph）；根据能源的不同，分为光能营养型（phototroph）和化能营养型（chemotroph）；根据电子供体的不同，分为无机营养型（lithotroph）和有机营养型（organotroph）。综合考虑微生物所需碳源、能源及电子供体时，微生物营养型可分为无机光能自养型、有机光能异养型、无机化能自养型、有机化能异养型这 4 种营养类型。

表 5.3　微生物营养类型

营养类型	碳源	能源	电子供体（供氢体）	代表菌
无机光能自养型	CO_2	光	还原性无机物	蓝细菌、藻类
有机光能异养型	有机碳	光	有机物	红螺细菌
无机化能自养型	CO_2 或碳酸盐	无机物（氧化）	还原性无机物	铁细菌、硝化细菌
有机化能异养型	有机碳	有机物（氧化）	有机物	多数细菌、部分放线菌和真菌

5.4.2　微生物生长

微生物生长（microbial growth）是指微生物吸收营养物质经过代谢转化为自身细胞组分，使细胞体积扩大或细胞质量增加的过程。微生物繁殖（microbial reproduction）是指微生物生长到一定阶段，由于细胞结构的复制与重建，并通过特定方式产生新个体的过程。微生物细胞的生物量取决于生长和繁殖两方面，这是因为微生物个体微小，细胞一经长大即发生分裂，其生长和分裂密不可分。微生物细胞生长与繁殖过程涉及 2000 多种不同类型的生物化学反应，并且这些反应主要是聚合反应（polymerization），即从单体合成聚合物（大分子）的过程。一旦这些大分子物质在细胞内聚集就会形成新的结构，如细胞壁、细胞质膜、鞭毛等，最终导致细胞的分裂。对于原核微生物来说，从单细胞生长到分裂成两个新细胞的过程称为二分裂（binary fission）。例如，大肠杆菌（*E. coli*）培养时可以观察到细胞延长到平均长度的 2 倍时，会生成分隔区，最后从此处分裂成两个子细胞（图 5.35）。这个分隔区就是所谓的隔膜（septum），隔膜是细胞质膜内向生长的结果，细胞壁向相反方向延伸，直到两个子细胞分开。一旦一个细胞分裂成两个细胞，就产生了新的子代，该过程称为世代（generation），而需要的时间叫作世代时间（generation time）或倍增时间（doubling time）。

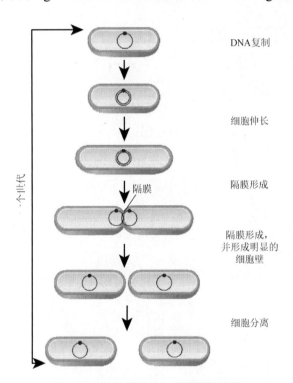

图 5.35　微生物生长与分裂繁殖周期

　　微生物细胞从生长到分裂的周期内，所有细胞组成物质在数量上都会增加，使每一个子细胞都能接受到一套完整的染色体和足够多的其他细胞组成物，最终使之成为一个独立的子细胞。分裂过程中，生成隔膜会导致染色体的分离，每一套子染色体进入一个子细胞中。不同微生物种群完成细胞生长和分裂所需的时间不同，主要取决于遗传特性和培养条件等因素。在优化的培养条件下，*E. coli* 完成一个繁殖周期需要 20min，环境中大部分微生物生长速率较低，繁殖周期比 *E. coli* 的繁殖周期长。特定微生物种群的世代时间也会因为培养条件的不同存在很大差异，所以存在于自然环境中的微生物世代时间一般要比实验室中该种群的世代时间长，这是因为自然界中微生物生长的最适条件只在某些时候才间断地出现。因此，自然界中的微生物种群每几周才倍增一次，有的倍增时间更长，这主要取决于培养资源的可利用性、物理化学条件（如温度及 pH）等。

（1）**生长周期**　在微生物培养实验中，以时间为横坐标，细胞数目为纵坐标，得到的生长曲线具有周期性。根据微生物细胞生长速率和细胞数目变化情况，可以将一个周期内微生物的生长过程分为停滞期（lag phase）、对数期（exponential phase）、稳定期（stationary phase）和衰亡期（dead phase）四个阶段（图 5.36）。

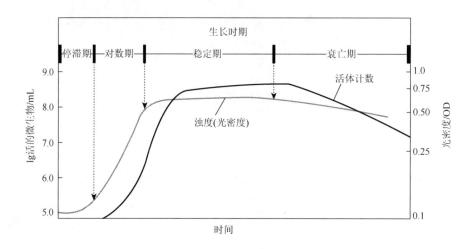

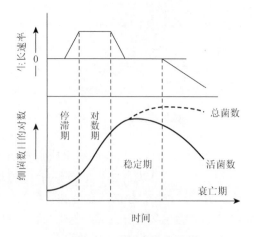

图 5.36　微生物生长曲线

各阶段的微生物生长及活性各不相同：①停滞期又叫延迟期或迟缓期，是微生物对新环境的适应阶段。将微生物细胞接入一个新培养环境（如新鲜培养基），细胞通常不会立即生长和繁殖，而需要一定时间适应新的生长环境。该阶段细胞数目不会增加，但细胞内部的代谢非常活跃并对环境变化较为敏感。这个停滞期的长短主要取决于细菌的种类、菌龄、培养基成分及培养条件等因素。如果将对数期生长的微生物细胞接入优化的培养基，会缩短甚至消除停滞期；如果接种老龄微生物细胞，会出现较长时间的停滞期，因为此时细胞已经耗尽许多必需的细胞组成物，需要时间重新合成它们。②对数期是微生物细胞增殖最快的时期。这一过程的长短主要取决于原料的可利用性和其他因素。对数生长期的微生物细胞通常处于最健康的时期，在这期间，营养丰富，细胞活性最大，细胞组分合成迅速，代谢生长旺盛，细胞有规律地快速增殖。因此，对数生长期的微生物细胞对于研究酶和其他细胞组分是最合适的。同时，该阶段代谢产物很少累积，不会产生代谢产物抑制和细胞死亡。因此，该阶段细胞数基本可以代表活体细胞数。③随着对数增长过程的发生，一般会出现一种或几种因素限制细胞的进一步生长和繁殖。这些限制因素包括培养基中营养物质消耗殆尽，培养物中产物累积并达到抑制水平，微生物代谢导致 pH 及氧化还原电位的改变等。上述因素会限制细胞的继续生长，使代谢活性和生长速率下降，细胞死亡率增加，并达到繁殖率与死亡率的平衡，活体细胞数量保持相对稳定，在生长曲线上表现为一段水平直线。稳定期的微生物细胞代谢活力降低，细胞内开始贮存糖原等物质。由于这个阶段微生物细胞数达到最大值，所以可以获得大量的生物量。④在微生物生长衰亡期，部分细胞仍能维持代谢，但大多数细胞因为限制性因素导致死亡。

微生物生长曲线对于控制微生物生长繁殖和微生物系统设计有着重要的指导意义。在污水微生物处理系统中，活性污泥中细菌生长与上述微生物生长曲线有着极其相似的生长规律：以培养时间为横坐标，以活性污泥干重为纵坐标绘制的生长曲线分为三个阶段，即生长率上升阶段（迟缓期和对数期）、生长率下降阶段（相当于稳定期）和内源呼吸阶段（相当于衰亡期）。通过比较微生物代谢速率与底物/微生物（质量或浓度）关系发现，生长率上升阶段，底物与微生物比值较高，随着二者比值的降低，转入生长率下降阶段，再降低便进入内源呼吸阶段。说明营养丰富时，代谢速率高，随着营养物浓度的下降，代谢速率逐渐降低，直至进行内源呼吸（自我消耗）阶段。在污水微生物处理过程中，一般而言，常规的活性污泥法利用的是活性污泥生长率下降的阶段，而不是生长率上升的阶段，因为生长率上升阶段的微生物繁殖快，代谢活力强，消耗大量的营养物质，要求污水的有机物浓度高，但出水残留的有机物浓度也相应增加，难以达到出水要求。此外，该阶段微生物细胞繁殖快，不易絮凝和沉降，也会影响出水水质。生长率下降阶段的微生物细胞代谢速率虽然相对较低，但仍有一定的活性，既具有消除有机物的能力，又有利于荚膜等结构的形成，促进絮状污泥的絮凝沉淀，并减少污泥产量。

（2）微生物生长莫诺方程　法国生物学家 Monod 在进行单一底物的细菌培养试验中，发现细胞增殖速率是基质浓度的函数，因此提出了与米氏方程相类似的关系式，即莫诺方程。莫诺方程（Monod equation）是描述比微生物增殖速率与基质浓度之间的函数关系。微生物生长过程中（包括微生物生长曲线的对数期和稳定期），微生物生长速率与基质浓度之间的关系式为

$$\mu = \mu_{\max} \frac{S}{K_s + S}$$

式中，μ 为微生物比生长速率（时间$^{-1}$），即单位生物量的增长速度 $\dfrac{\mathrm{d}\frac{x}{t}}{\mathrm{d}x}$，$x$ 为微生物细胞浓度；$\mu_{\max}$ 为微生物最大比生长速率；S 为基质浓度；K_s 为比生长速率为最大比生长速率一半时的基质浓度。

根据 Monod 方程，基质浓度和细胞比增长速率间关系可如图 5.37 所示。当基质浓度很高时，K_s 可以忽略不计，此时 $\mu = \mu_{\max}$，微生物细胞以最大比生长速率生长，即表现为对数生长（细胞比增长速率相对于底物浓度来说，属于零级反应动力学过程）；当基质浓度很低时，底物浓度 S 相对于常数 K_s 可忽略不计，此时 $\mu = \dfrac{\mu_{\max}}{K_s} S$，细胞比生长速率与基质浓度成正比，基质浓度变化会引起比生长速率的迅速变化（细胞比增长速率相对于底物浓度来说，属于一级反应动力学过程）。

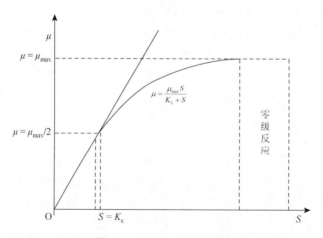

图 5.37　Monod 方程曲线

莫诺方程中 K_s 与 μ_{max} 是两个常数，只与微生物种类及其底物有关，而与底物浓度无关。因此，这两个常数可以体现微生物生长特性和底物降解特性。最初，Monod 方程是通过单一底物的纯菌培养实验得到的。而实际活性污泥处理系统中微生物为混合菌群，污水中的底物也是有机混合物。20 世纪六七十年代，劳伦斯（Lawrence）等将 Monod 方程引入污水生物处理领域并推导出一系列公式，应用于污水处理厂设计，证实它是完全适用的。

5.4.3 微生物系统的化学计量学与动力学

（1）化学计量学 环境工程微生物处理系统包括污水处理反应器、污泥消化反应器及污染生物修复场地等。系统中微生物通过污染物降解的氧化还原过程获取能量，该过程涉及电子传递（从电子供体到电子受体）和能量转化。为了模拟上述系统中的生物过程，我们需要写出涉及各组分的质量平衡方程和电子平衡方程。微生物系统中的化学计量学则主要描述上述过程所涉及的化学反应方程式中各反应物和生成物在反应前后的数值。由于污水中污染物组成十分复杂，电子供体的物质组成难以确定，所以建立电子平衡方程非常困难。但化学需氧量（COD）是有效的电子传递衡量方式。因此，我们可以通过物质氧化还原态发生变化的COD 平衡式，来帮助建立电子平衡方程。

化学计量方程的通用式可以写成如下形式：

$$a_1A_1 + a_2A_2 + \cdots + a_kA_k \longrightarrow a_{k+1}A_{k+1} + a_{k+2}A_{k+2} + \cdots + a_mA_m \quad (5.18)$$

式中，a 为相对应的摩尔质量系数；A 为反应物和产物。该式需要满足电荷平衡和元素平衡。相应地，最早的污水好氧微生物处理过程的平衡方程式之一如下所示：

$$C_8H_{12}O_3N_2 + 3O_2 \longrightarrow C_5H_7O_2N + NH_3 + 3CO_2 + H_2O \quad (5.19)$$

上述方程中，酪蛋白的相对分子质量为184，细菌细胞的相对分子质量为113，等式左右两边的相对分子量均为 280。该方程式表明，为了使反应正常进行，微生物每消耗 184g 酪蛋白必须提供 96g 氧气。这个反应产生 113g 新的细胞物质、17g 氨、132g 二氧化碳和18g 水。微生物细胞组成复杂，含有多种蛋白质、脂肪、核酸等物质。上述方程式细胞物质组成为经验分子式，主要用于环境工程系统中主要元素的反应平衡计算，并且实际工程系统中不同生长环境的微生物细胞经验分子式不同（表 5.4）。

表 5.4　不同培养条件下微生物细胞经验分子式

经验分子式	相对分子质量	N%	生长基质和环境条件
混合培养			
$C_5H_7O_2N$	113	12	酪蛋白；好氧
$C_7H_{12}O_2N$	142	10	乙酸盐；氨氮氮源；好氧
$C_9H_{15}O_5N$	217	6	乙酸盐；硝酸盐氮源；好氧
$C_{4.9}H_{9.4}O_{2.9}N$	129	11	乙酸盐；厌氧产甲烷
$C_{4.7}H_{7.7}O_{2.1}N$	112	13	辛酸；厌氧产甲烷
$C_{5.1}H_{8.5}O_{2.5}N$	124	11	葡萄糖；厌氧产甲烷
$C_{5.3}H_{9.1}O_{2.5}N$	127	11	淀粉；厌氧产甲烷
纯培养			
$C_5H_8O_2N$	114	12	细菌；乙酸；好氧
$C_{4.17}H_{7.42}O_{1.38}N$	94	15	*Aerobacter aerogenes*；厌氧
$C_{4.17}H_{7.91}O_{1.95}N$	103	13	*Klebsiella aerogenes*；厌氧
$C_{4.17}H_{7.21}O_{1.79}N$	100	14	*Klebsiella aerogenes*；厌氧
$C_{4.16}H_8O_{1.25}N$	92	15	*E. coil*；兼氧
$C_{3.85}H_{6.69}O_{1.78}N$	95	15	*E. coil*；兼氧

　　分子式的构建是根据化合物中含有的有机碳、氢和氮的相对质量比例获得的。其中，各元素含量可以通过常规有机化学分析方法获得。通过测量完全氧化单位质量细胞的化学需氧量（COD），是比较细胞经验分子式的一个极其重要的方法。从细胞的经验分子式的氧化过程，我们可以得到如下反应式，来反映细胞经验分子式与化学需氧量之间的关系：

$$C_nH_aO_bN_c + (2n-0.5a-0.5c-b)/2O_2 \longrightarrow nCO_2 + cNH_3 + (a-3c)/2H_2O \quad (5.20)$$

　　（2）**基质分配与细胞产率**　　细胞生长与基质利用是耦合进行的。基质作为电子供体和能量来源，其分解代谢过程中产生的能量一部分用于维持微生物细胞活动和热量逸散，另一部分用于细胞生长。所以，最初存在于电子供体（底物）的所有电子，最后将转移到所合成的细胞物质（f_s）中，或存在于呼吸过程的电子受体（f_e）中（图 5.38）。

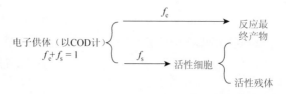

图 5.38　微生物代谢过程中电子供体的电子分配

与氧化还原半反应类似，微生物代谢过程可以建立能量和合成半反应定量方程。在描述细胞生长的半反应方程中，在没有重要的溶解性微生物产物（溶解性细胞分泌物）时，微生物生长底物主要分为用于细胞合成的和用于能量形成的两部分。合成部分的碳最终转化为细胞物质，而能量形成部分的碳主要被转化为CO_2。这些转化过程都是氧化还原反应过程，因此会发生电子从电子供体到电子受体的转移。对于异养型微生物来说，电子供体是有机物，而对于自养型微生物来说，电子供体是无机物。依据上述电子传递和细胞合成过程，可以将微生物生长过程涉及的半反应进行如下三种分类（表 5.5）：细胞物质合成半反应（R_c）、电子供体半反应（R_d）和电子受体半反应（R_a）。

表 5.5　微生物生长过程涉及的半反应式

氮源/电子受体	半反应	$\Delta G^{0'}/(kJ/e^-eq)$
细胞物质合成式（R_c）		
铵	$(5/20)\ CO_2 + (19/20)\ H^+ + (1/20)\ NH_4^+ + e^- == (1/20)\ C_5H_7O_2N + (8/20)\ H_2O$	
硝酸盐	$(5/28)\ CO_2 + (1/28)\ NO_3^- + (29/28)\ H^+ + e^- == (1/28)\ C_5H_7O_2N + (11/28)\ H_2O$	
亚硝酸盐	$(5/26)\ CO_2 + (1/26)\ NO_2^- + (27/26)\ H^+ + e^- == (1/26)\ C_5H_7O_2N + (10/26)\ H_2O$	
氮气	$(5/23)\ CO_2 + (1/46)\ N_2 + H^+ + e^- == (1/23)\ C_5H_7O_2N + (8/23)\ H_2O$	
一般电子受体式（R_a）		
氧	$(1/4)\ O_2 + H^+ + e^- == (1/2)\ H_2O$	−78.72
硝酸盐	$(1/5)\ NO_3^- + (6/5)\ H^+ + e^- == (1/10)\ N_2 + (3/5)\ H_2O$	−72.20
硫酸盐	$(1/8)\ SO_4^{2-} + (19/16)\ H^+ + e^- == (1/16)\ H_2S + (1/16)\ HS^- + (1/2)\ H_2O$	20.85
CO_2	$(1/8)\ CO_2 + H^+ + e^- == (1/8)\ CH_4 + (1/4)\ H_2O$	23.53
Fe（III）	$Fe^{3+} + e^- == Fe^{2+}$	−74.27

为了便于上述半反应之间的组合，所有反应都以电子当量为基础来进行书写，电子放在等式左边。各计量方程（R）是各个半反应之和：

能量半反应（R_e）＝受体半反应（R_a）–供体半反应（R_d）

合成反应（R_s）＝细胞半反应（R_c）–供体半反应（R_d）

能量生成与合成反应总反应式为

$$R = f_e R_a + f_s R_c - R_d$$

举例说明：微生物利用安息香酸（$C_6H_5COO^-$）作为电子供体，硝酸盐为电子受体，铵为氮源。基于净产率，假设电子供体中 40%电子用于合成（$f_s = 0.4$）。

$$R_a: (1/5) \ NO_3^- + (6/5) \ H^+ + e^- \longrightarrow (1/10) \ N_2 + (3/5) \ H_2O$$

$$-R_d: (1/30) \ C_6H_5COO^- + (19/30) \ H_2O \longrightarrow (7/30) HCO_3^- + (36/30) \ H^+ + e^-$$

$$R_e = R_a - R_d: (1/30)C_6H_5COO^- + (6/30)NO_3^- + (1/30)H_2O \longrightarrow (7/30) \ HCO_3^- + (1/10)N_2$$

$$R_c: (5/20) \ CO_2 + (19/20) \ H^+ + (1/20) \ NH_4^+ + e^- \longrightarrow (1/20) \ C_5H_7O_2N + (8/20) \ H_2O$$

$$-R_d: (1/30) \ C_6H_5COO^- + (19/30) \ H_2O \longrightarrow (7/30) HCO_3^- + (36/30) \ H^+ + e^-$$

$$R_s = R_c - R_d: (1/30)C_6H_5COO^- + (1/20)NH_4^+ + (5/20)CO_2 + (7/30) \ H_2O \longrightarrow (1/20)C_5H_7O_2N + (7/30) \ HCO_3^- + (15/30) \ H^+$$

$$R = f_e R_e + f_s R_s = f_e R_a + f_s R_c - R_d$$

$$0.0333C_6H_5COO^- + 0.12 \ NO_3^- + 0.02 \ NH_4^+ + 0.1CO_2 + 0.1133H_2O \longrightarrow$$

$$0.02C_5H_7O_2N + 0.06N_2 + 0.2333 \ HCO_3^- + 0.1H^+$$

将细胞转化率定义为利用单位基质所形成的细胞物质的数量。当电子供体为有机物时，将细胞转化率表达为分解单位基质 COD 所形成的细胞 COD 是非常方便的。测定 COD 就是测量有机物中的有效电子，并且氧的当量是 8，意味着 1mol 电子需要对应 8gCOD。因此，实现 COD 和电子当量的相互换算。所以细胞转化率也就是基质迁移单位电子所形成新细胞中碳的有效电子数量，或者是合成所捕获的电子供体的比例（f_s），用下述计算公式表示：

$$细胞转化率（Y）= f_s^0 \times M_c / (8 \times n_e)$$

式中，Y 为细胞转化率（g 细胞/gCOD）；M_c 为细胞经验分子式的摩尔质量；n_e 为经验摩尔细胞的电子当量数。

那么，微生物细胞生长速率的计算方程为

$$dX_a/dt = Y（-dS/dt）- bX_a$$

式中，dX_a/dt 为活性生物量（X_a）的净生长速率；$-dS/dt$ 为基质（S）的消耗速率；b 为微生物的衰减速率。

环境工程微生物处理系统中，细胞转化率（Y）受到多个因素的决定，包括电子供体及电子受体共同决定的吉布斯自由能（生物化学反应能学）、反应底物作为电子供体用于细胞合成的比例（f_s）、反应动力学及碳源。上述 4 个因素最终共同决定微生物处理系统中不同微生物种群的细胞转化率等关键特征（表 5.6）。

表 5.6 微生物生长常数

生物类型	电子供体	电子受体	C 源	f_s^0	$Y/$（gVSS/gCOD）	μ_{max}
异养好氧菌	有机物	O_2	BOD	0.6～0.7	0.49	13.2
反硝化菌	BOD	NO_3^-	BOD	0.5	0.25	4
	H_2	NO_3^-	CO_2	0.2	0.81	1
	S	NO_3^-	CO_2	0.2	0.15	1
硝化自养菌	NH_4^+	O_2	CO_2	0.14	0.34	0.92
	NO_2^-	O_2	CO_2	0.10	0.08	0.62
产甲烷菌	乙酸	乙酸	乙酸	0.05	0.035	0.3
	H_2	CO_2	CO_2	0.08	0.45	0.5
硫化物氧化自养菌	H_2S	O_2	CO_2	0.2	0.28	1.4
硫酸盐还原菌	H_2	SO_4^{2-}	CO_2	0.05	0.28	0.29
	乙酸	SO_4^{2-}	乙酸	0.08	0.057	0.5
发酵菌	糖	糖	糖	0.18	0.13	1.2

参 考 文 献

朱玉贤，李毅. 2002. 现代分子生物学. 北京：高等教育出版社.

Liu F H，Rotaru A E，Shrestha P M，et al. 2015. Magnetite compensates for the lack of a pilin-associated c-type cytochrome in extracellular electron exchange. Environmental Microbiology，17（3）：648-655.

Wang S，Qiu L，Liu X，et al. 2018. Electron transport chains in organohalide-respiring bacteria and bioremediation implications. Biotechnology Advances，36（4）：1194-1206.

Watson J D，Baker T A，Bell S P. 2013. Molecular Biology of the Gene. 7th ed. London：Pearson Press.

6 病　　毒

病毒（virus）是地球上丰度最高的一类生命体，能够感染几乎所有原核及真核生物细胞。人类对病毒的认识开始于人们与病毒引发的疾病斗争。早在公元前1400年，古埃及已有病毒感染的记载。我国在公元前300～前200年，就有天花（病毒）的记录。1898年，荷兰微生物学家Martinus Willem Beijerinck发现把患有花叶病的烟草植株的叶片加水研碎，取其汁液注射到健康烟草的叶脉中，引发花叶病，证明了这种病能够传染。接下来，他把烟草花病株的汁液置于琼脂糖凝胶块表面，发现烟草花叶病病原在凝胶中以一定的速度扩散，而细菌仍滞留于琼脂的表面（琼脂糖凝胶孔径一般在0.45μm以下，细菌不能在凝胶中扩散）。根据这些实验结果，他提出该病原因子并非细菌，而是一种新的物质，称为"有感染性的活的流质"，并取名为病毒，拉丁名为"*virus*"。

病毒是具生命的核蛋白体，并具有独特的生命周期，分为寄主细胞外和寄主细胞内两种存在形式。在细胞外，病毒以"病毒颗粒"（virus particle）或称"病毒粒子"（virion）的形式存在，没有自主代谢，也没有呼吸和生物合成功能。病毒颗粒中含有核酸，核酸由蛋白质外壳包裹。某些特殊的病毒还含有脂质、糖类等大分子，共同构成亚显微颗粒。一旦进入宿主细胞内，病毒颗粒便会解体，释放出所携带的基因组，并进行新的病毒基因组和病毒衣壳组分的合成与病毒颗粒装配，之后再从被感染细胞内释放到细胞外。这些新生病毒可以感染新的寄主细胞，重复上述生命周期。虽然病毒可以感染几乎所有的细胞生物，但具有宿主特异性，即针对某特定病毒而言，仅能感染一定种类的原核或真核生物。例如，2019年开始出现人感染的新型冠状病毒则主要以人为感染对象。本章节将主要讲述原核生物病毒（噬菌体）。

6.1　病　毒　性　质

6.1.1　病毒颗粒特征

病毒颗粒具有一定的大小、形状和结构组成，这些特征对于病毒的分离纯化、分类鉴定、进化及遗传功能研究具有重要意义。

病毒颗粒个体极其微小，通常以纳米（nm）作为度量单位，在普通光学显微镜下难以观察到，需借助电子显微镜才能观察形态结构。不同种类的病毒大小差距悬殊，2013 年法国科学家发现的"潘多拉病毒"（Pandoravirus），大小为 1000nm，与其他病毒相比，潘多拉病毒除了体积超大之外，还具有包含 2500 个基因的超大基因组；小的病毒颗粒如植物双粒病毒（geminivirus），直径仅有 18～20nm。通常噬菌体的病毒颗粒长度为 25～200nm（图 6.1）。

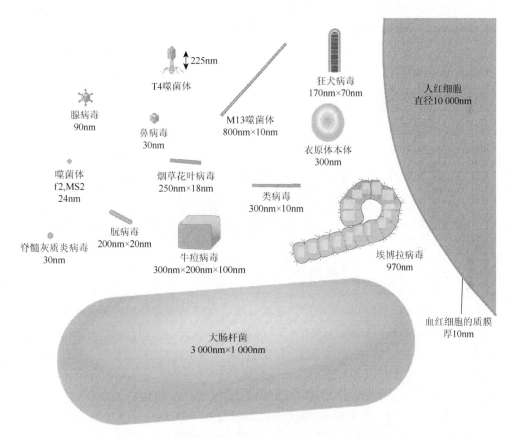

图 6.1　以原核及真核生物为宿主细胞的典型病毒颗粒及其大小

虽然病毒种类繁多，但形态基本分为球状、杆状及蝌蚪状等。例如，囊状噬菌体（cystovirus）为球状，细杆病毒为杆状，T 噬菌体为蝌蚪状。其他形态包括瓶形、丝状、卵形及不定多形等。例如，芽生噬菌体（plasmavirus）具有从球形到头尾呈几何形状的多形性。

（1）病毒颗粒壳体　病毒颗粒由病毒核酸及包围核酸的蛋白质壳体（或称衣壳，capsid）形成基本结构。壳体是由大量被称为壳粒（capsomer）的蛋白质亚基以氢键等次级键结合而成。这些蛋白质亚基以精确而高度重复的模式进行排列，使得病毒颗粒呈现高度对称性。已发现的病毒颗粒主要存在两种对称结构，螺旋对称（helical symmetry）杆状及二十面体对称（icosahedral symmetry）球状。此外，还存在同时兼有这两种结构的双对称结构（binary symmetry）。

1）螺旋对称结构。衣壳粒有规律地沿着中心轴呈螺旋排列，进而形成高度有序、稳定的壳体结构，即螺旋对称型壳体（图 6.2）。螺旋衣壳的直径由衣壳粒的大小和组装形式决定，其长度则由病毒核酸分子的长度决定。古噬菌体属（*Rudivirus*）作为一类线性 dsDNA 病毒具有典型的螺旋对称性，衣壳粒螺旋排列构成衣壳，包括大小不同种的病毒，长度为 610～900nm，宽度在 22～28nm。在螺旋对称壳体中，病毒核酸以弱键与蛋白质亚基结合，控制螺旋排列的形成及壳体的长度，还增强了壳体结构的稳定性。

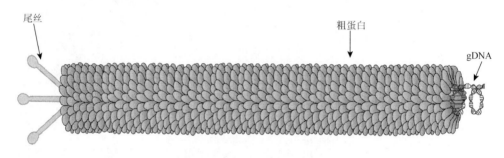

尾丝　　　　　　　　　　　　　　　　粗蛋白　　　　　　　　　　　gDNA

图 6.2　古噬菌体螺旋对称结构

2）二十面体对称结构。蛋白质亚基有规律地排列成立体对称的正二十面体，称为二十面体对称型壳体。它由 20 个等边三角形组成，具有 12 个顶角、20 个面和 30 条棱。不同的病毒之间，壳粒排列存在着差异。一些病毒的衣壳体由单种类型的壳粒构成；而部分其他病毒衣壳体则由几种不同类型的壳粒组成（图 6.3）。虽然所有的二十面体衣壳体都具有这种对称结构，但它们主要的差异在于壳粒的数量。例如，细小病毒（microvirus）由 12 个五角喇叭形的五聚体组成，而整个病毒粒子则由 60 个 F 蛋白、G 蛋白、J 蛋白及 12 个 H 蛋白共同构成，并且存在 12 个由 5 个 G 蛋白和 1 个 H 蛋白组成的突起。通常在二十面体壳体内，病毒核酸盘绕折叠在其有限空间中。但也存在不具有核酸的壳体，并且空壳体较完整的病毒颗粒更容易降解，所以壳体与核酸的结合有助于增加壳体的稳定性。

3）双对称结构。除螺旋对称及二十面体对称两种主要结构类型外，少数病毒壳体为双对称结构。具有双对称结构壳体的典型例子是有尾噬菌体（tailed phage），其壳体由头部和尾部组成。包装有病毒核酸的头部为变形的二十面体对称结构，尾部呈螺旋对称结构（图 6.4）。

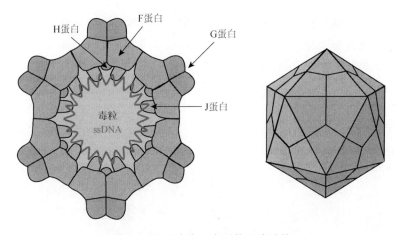

图 6.3　细小病毒二十面体对称结构

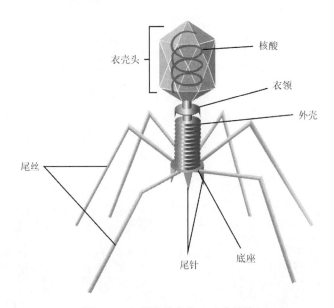

图 6.4　T4 噬菌体壳体双对称结构

（2）**病毒颗粒包膜**　病毒颗粒的壳体与核酸一起构成复合物，称为核壳（nucleocapsid）。一些简单的病毒，如 T7 噬菌体就是一个核壳结构，这类病毒颗粒也称作裸露毒粒（naked virion）。而一些复杂病毒颗粒的核壳外包裹着一层称作包膜的脂蛋白膜，称为包膜。包膜是病毒以出芽方式成熟时，由细胞膜衍生而来的（图 6.5）。病毒包膜的基本结构及组成与生物膜相似，为脂双层膜。在包膜形成时，细胞膜蛋白被病毒编码的包膜糖蛋白取代。病毒包膜糖蛋白通过跨膜固着肽附着在脂双层膜上，其主要的结构域凸出在包膜外侧，形成在电镜下可识别的包膜突起（peplomer），另有较小的结构域在包膜内侧。一些无包膜的病毒表面也有一些向外凸出的突起，这些突起与病毒的包膜突起一起称作刺突（spike）。病毒包膜有维系病毒颗粒结构、保护病毒核壳的作用。

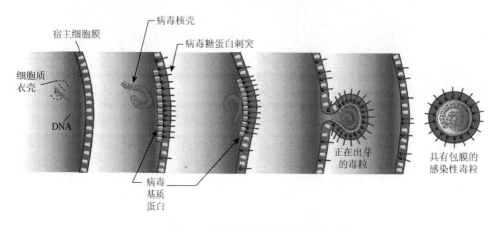

图 6.5　球状病毒包膜形成过程

基于病毒颗粒的对称形式及包膜有无，可将病毒颗粒分为 4 类：①裸露的螺旋病毒颗粒；②裸露的二十面体病毒颗粒；③有包膜的螺旋病毒颗粒；④有包膜的二十面体病毒颗粒（图 6.6）。在相同结构类型中，病毒颗粒的复杂程度存在很大差异。另外，有尾噬菌体结构较为复杂，并未归到上述类型中。

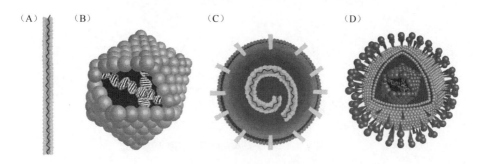

图 6.6　病毒颗粒的四种基本结构类型

（A）裸露的螺旋病毒颗粒；（B）裸露的二十面体病毒颗粒；（C）有包膜的螺旋病毒颗粒；（D）有包膜的二十面体病毒颗粒

6.1.2　病毒颗粒的化学组成

病毒颗粒的基本化学组成包括核酸和蛋白质，另外有包膜的病毒还含有脂质和糖类。此外，部分特殊病毒还含有聚胺类化合物、无机阳离子等组分。

6.1.2.1　病毒核酸

生物体内基因组携带着全部的遗传信息，该信息的携带和表达由核酸（DNA或 RNA）承担。但不同于普通生物体同时含有 DNA 和 RNA，病毒只含有 DNA或者 RNA，两者并不都有。这是病毒的一个显著特征。由于病毒需要将指导宿主产生新病毒的全部基因置于狭小壳体中，病毒的基因数量与原核或真核生物细胞基因数量相比是非常少的。例如，MS2 噬菌体病毒基因组仅由三个基因组成，长尾噬菌体基因组中含有上百个基因，而大肠杆菌（*E. coli*）含有约 4000 个基因，人类基因组则含有 30 000～40 000 个基因。由较多基因组成的基因组赋予细胞进行复杂代谢过程的能力，有利于该生物体独立生存。相比，病毒核酸只含有入侵宿主细胞所需的基因，并利用宿主的代谢活动生存，而不具备自主代谢能力，也没有呼吸和生物合成功能。

通常 DNA 和 RNA 分别为双链及单链结构。大部分病毒的核酸结构也遵循这一模式，但也存在一些特殊结构。典型例子是细小病毒的核酸为单链 DNA，囊状噬菌体的核酸为双链 RNA。事实上，病毒在 DNA 和 RNA 的核酸存在形式上具有多样性。DNA 病毒包括单链（ss，single-stranded）DNA 和双链（ds，double-stranded）DNA，其中 dsDNA 又分为线状及环状。RNA 病毒能够形成双链 RNA（dsRNA），但更多的为单链 RNA（ssRNA）。如果单链 RNA（ssRNA）能够直接翻译成蛋白质则为正义（positive-sense，＋）RNA；如果需要转换成适当形式来翻译成蛋白序列则为负义（negative-sense，−）RNA。另外少数类型的病毒能够将其核酸由 RNA 转变成 DNA。有些病毒的基因组为单一分子的核酸，而有些病毒的基因组为分段基因组（segmented genome），即病毒基因组由数个不同的核酸分子构成，只有这些核酸分子同时存在时病毒才具有感染性，其中每个核酸分子称为节段。无论是哪种类型病毒，这些微小的遗传物质携带着病毒结构和功能信息。噬菌体的核酸类型见表 6.1。

表 6.1　噬菌体的核酸类型

核酸类型		核酸结构	病毒举例
DNA	单链	环状单链	噬菌体 ΦX174、M13
	双链	线状双链	T 系大肠杆菌噬菌体和 λ 噬菌体
		线状双链	T5 噬菌体
		闭合环状双链	PM2 噬菌体
RNA	线状单链	线状、单链、正链	MS2 噬菌体
	双链	线状、双链、分段	噬菌体 Φ6

6.1.2.2　病毒蛋白质

病毒蛋白质根据其是否存在于病毒颗粒中可分为结构蛋白（structure protein）和非结构蛋白（non-structure protein）两类：前者指构成一个形态成熟的有感染性病毒颗粒所必需的蛋白质，包括衣壳蛋白、包膜蛋白及存在于病毒颗粒中的蛋白酶；后者指由病毒基因组编码的，在病毒复制过程中产生并具有一定功能，但不与病毒颗粒结合的蛋白质。在此主要介绍结构蛋白。

（1）**衣壳蛋白**　衣壳蛋白组成病毒颗粒外层衣壳结构，由一条或多条多肽链折叠而形成的蛋白质亚基是构成衣壳蛋白的最小单位。大多数病毒衣壳是由几种不同的蛋白质亚基以特定方式结合成一种更大的单位——衣壳粒。决定蛋白质亚基准确聚集成衣壳粒的信息包含在蛋白质本身的结构中，该装配过程称为自组装（self-assembly）。单个病毒颗粒可以由许多衣壳粒构成。衣壳蛋白除了形成病毒衣壳结构外，还具有保护病毒核酸的作用。衣壳蛋白与它内部包裹的核酸等内容物一起，构成核衣壳结构。

（2）**包膜蛋白**　构成病毒包膜结构的病毒蛋白包括包膜糖蛋白和基质蛋白两类。包膜糖蛋白是由多肽链骨架与寡糖链，通过 β-N-糖苷键将糖链的 N-乙酰葡糖胺与肽链的天冬酰胺残基连接形成。根据寡糖链中单糖残基组成的区别，包膜糖蛋白又分为简单型糖蛋白和复合型糖蛋白两类。包膜糖蛋白是病毒的主要表面抗原，多为病毒吸附蛋白，并与细胞受体相互作用启动病毒感染发生。其中，有些病毒的包膜糖蛋白还介导病毒向宿主细胞的进入。

（3）**病毒颗粒中的酶类**　参与病毒感染复制的酶有三个来源：①宿主细胞酶或经病毒修饰改变了的宿主细胞酶；②病毒的一些非结构蛋白，如正链 RNA 病毒在复制时产生的依赖于 RNA 的 RNA 聚合酶；③位于病毒颗粒内的病毒颗粒酶。病毒颗粒酶根据其功能大致可分为两类：一类是参与病毒进入、释放等过程的酶，如 T4 噬菌体的溶菌酶；另一类是参与病毒大分子合成的酶，包括所有 dsRNA 病毒及负链 RNA 病毒颗粒中存在的依赖于 RNA 的 RNA 聚合酶，如囊状病毒（cystovirus）依赖于 RNA 的 RNA 聚合酶（RdRp），以及一些 dsDNA 病毒颗粒中存在的依赖于 DNA 的 RNA 聚合酶（DdRp）等。

6.1.2.3　病毒脂质

病毒的脂质主要位于病毒颗粒外的包膜，是病毒释放时通过出芽方式从宿主细胞质膜获得，其中，50%～60%的脂质化合物为磷脂，其余为胆固醇和中性脂肪，构成病毒包膜的脂双层结构。少数无包膜病毒包括大肠杆菌 T 噬菌体及 λ 噬菌体也被发现存在脂质。

6.1.2.4　病毒糖类

一些结构复杂的病毒颗粒，在包膜表面通常含有少量糖类，主要为糖蛋白和糖脂。糖蛋白常以多个单聚体形成位于膜外的刺突。另一些复杂病毒颗粒还含有内部糖蛋白或糖基化壳体蛋白。

6.1.2.5　病毒其他化学组成

除了上述成分外，在部分病毒粒子中还发现了以多胺为主的有机阳离子和金属离子。多胺与核酸磷酰基阴离子具有亲和力，在静电作用下与核酸相结合，如T2 噬菌体和 T4 噬菌体。另外，金属离子也可以与病毒核酸连接在一起。

6.1.3　病毒分类与命名

对已发现的病毒进行有序分类并科学地进行命名，无论是在病毒的起源与进化研究方面，还是在病毒的鉴定与病毒性疾病防控方面都具有重要意义。

6.1.3.1　病毒分类依据

病毒分类主要以病毒颗粒特性、抗原性质及病毒生物学特性等作为依据。

（1）病毒颗粒特性　病毒颗粒特性包括：①病毒形态和大小，如长尾噬菌体、短尾噬菌体、丝杆状噬菌体等；②病毒生理生化和物理性质，如分子质量、沉降系数、浮力密度，以及病毒颗粒在不同 pH、温度、二价阳离子（Mg^{2+}、Mn^{2+}）、变性剂、辐射中的稳定性；③病毒基因组，如基因组大小、核酸类型（DNA 或RNA），单链还是双链，线状还是环状，正义、负义还是双义链，基因组基因数量、核苷酸序列等；④病毒蛋白，如结构蛋白和非结构蛋白数量、大小、功能与活性；⑤病毒脂类特性；⑥碳水化合物含量和特性；⑦病毒基因组组成和复制，如基因组组成涉及开放阅读框（open reading frame，ORF）的数量和位置，以及其复制特性。

（2）病毒抗原性质　病毒抗原性质主要包括病毒血清学性质与其抗原的关系。

（3）病毒生物学特性　病毒生物学特性包括病毒天然的宿主范围；病毒在自然状态下的传播与媒介体的关系；致病机理及其组织亲嗜性；病毒引起的病理和组织病理学特点。

一般而言，病毒颗粒形态，基因组组成和复制特性，病毒结构蛋白、非结构蛋白的数目和大小往往作为病毒科、属分类及命名的依据，而病毒基因组的核酸类型，基因组单双链、逆转录过程和病毒基因组的极性规则与病毒在目水平上的分类及命名有关。

6.1.3.2　病毒命名规则

（1）**病毒命名**　病毒的命名过去不够统一，有些病毒是以宿主、病理特点、致病症状、病毒颗粒形态进行命名，有些病毒是以地名和人名进行命名，还有些病毒是以字母和数字命名。病毒的分类系统也不一致，动物病毒分类等级设立科、属、种；而植物病毒分为组、亚组、种。为了力求分类和命名的统一，国际病毒分类委员会（International Committee on Taxonomy of Viruses，ICTV）于 1998 年批准了 41 条新的病毒分类及命名规则，同时对病毒目、科、属及种名的书写也做了专门规范。

国际病毒分类系统采用目（order）、科（family）、属（genus）、种（species）分类单元，但不是所有的病毒科都必须隶属一个目，在没有适当目的情况下，科可以是最高的病毒分类等级，在科下面允许设立不同的亚科或不设立亚科，而对人工产生的病毒和实验室构建的杂交病毒在分类上不予以考虑，但同样由公认的国际专家小组负责命名，病毒分类和命名不遵守优先法则，所用的命名应该便于使用和记忆，在设立新分类等级时，不能使用人名命名，上标和下标字符、连字符、斜线、希腊字母在新命名中不能使用，如果缩拼字对这一领域的病毒学研究工作者是有意义的，而且经过几个国际病毒研究小组商议，那么缩拼字命名是可以接受的。现有的病毒分类名称只要是有用的就应保留，新的命名不能与已经承认的病毒名称重复。

1）病毒种的定义及命名。病毒种（virus species）是病毒分类系统中的最小分类阶元，在每一个确定的种下面列出至少一个，多至几十个不同病毒型或病毒分离株，构成一个谱系、占据特定小生境并具有多原则分类特征（包括基因组、毒粒结构、理化特性和血清学性质等）的病毒。病毒种的命名应由少而有实际意义的词组成，但不应只是由宿主名称加"virus"构成。

2）病毒属的命名。病毒属是一群具有某些共同特征的种。其属名的词尾为"virus"，但在设立一个新的病毒属名时必须有一个同时被承认的代表种（type species）。

3）病毒科的命名。病毒科是一群具有某些共同特征的属。科名的词尾为"viridae"。

4）病毒亚科的命名。病毒亚科是指一群具有某些共同特征的属，但这一分类单元只在需要解决复杂等级结构问题时才应用。亚科的词尾是"virinae"。

5）病毒目的命名。病毒目是一群具有某些共同特征的科。目名的词尾为"virales"。

（2）**病毒名称的书写规则**　在病毒分类系统中对认可名称的病毒目、科、亚科和属均用斜体字书写或打印，目、科、亚科和属名的第一个字母要大写。原来规定病毒种名一律不用斜体字书写或打印，种名的第一个字母一般不大写，但在特殊情况下，如病毒种名是来自地名或某个宿主的拉丁科名、属名时，则种名的第一个字母要大写。但 1998 年 3 月 ICTV 在第 27 次常务会上，对病毒种名的书写规则又重新做了修订，提出了所有的病毒种名用斜体，第一个词的首字母要大写，其他词除专有名词外首字母一般不大写，同时还规定暂定种（tentative species）不用斜体，第一个字母采用大写。

（3）病毒的分类系统　ICTV 在 2015 年第 47 次执行委员会上，将目前 ICTV 所承认的 3704 种病毒和类病毒，分别归入 7 个病毒目，111 个病毒科、27 个病毒亚科、609 个病毒属当中，其中有些病毒属为独立的病毒属。7 个病毒目包括有尾噬菌体目（*Caudovirales*）、单股负链病毒目（*Mononegavirales*）、脂毛噬菌体目（*Ligamenvirales*）、成套病毒目（*Nidovirales*）、小 RNA 病毒目（*Picornavirales*）、芜菁黄化叶病毒目（*Tymovirales*）及疱疹病毒目（*Herpesvirales*）。在亚病毒侵染因子中，除类病毒外，其他的亚病毒侵染因子不设科和属。具体见表 6.2。

表 6.2　原核生物（细菌及古菌）病毒分类表

目	科	形态	核酸	例子
有尾噬菌体目（*Caudovirales*）	肌尾噬菌体科（*Myoviridae*）	非包膜、可收缩尾	线性 dsDNA	T4 phage，Mu，PBSX，P1Puna-like，P2，13，Bcep 1，Bcep 43，Bcep 78
	长尾噬菌体科（*Siphoviridae*）	非包膜、不可收缩尾（长）	线性 dsDNA	λphage，T5 phage，phi，C2，L5，HK97，N15
	短尾噬菌体科（*Podoviridae*）	非包膜、不可收缩尾（短）	线性 dsDNA	T7 phage，T3 phage，Φ29，P22，P37
脂毛噬菌体目（*Ligamenvirales*）	脂毛噬菌体科（*Lipothrixviridae*）	具包膜、杆状	线性 dsDNA	Acidianus filamentous virus 1
	小杆状噬菌体科（*Rudiviridae*）	非包膜、杆状	线性 dsDNA	Sulfolobus islandicus rod-staped virus 1
	被脂噬菌体科（*Corticoviridae*）	非包膜、等距	环状 dsDNA	
	囊状噬菌体科（*Cystoviridae*）	包膜、球形	分段 dsRNA	
	原质噬菌体科（*Plasmaviridae*）	包膜、多形性	环状 dsDNA	
	复层噬菌体科（*Tectiviridae*）	非包膜、等距	线性 dsDNA	
	Ampullaviridae	包膜、瓶形	线性 dsDNA	
	Bicaudaviridae	非包膜、柠檬形	环状 dsDNA	
	Clavaviridae	非包膜、杆形	环状 dsDNA	

续表

目	科	形态	核酸	例子
	Fuselloviridae	非包膜、柠檬形	环状 dsDNA	
	Globuloviridae	非包膜、等距	线性 dsDNA	
	Guttaviridae	非包膜、卵形	环状 dsDNA	
	Inoviridae	非包膜、丝状	环状 ssDNA	M13
	Leviviridae	非包膜、等距	线性 ssRNA	MS2,Qβ
	Microviridae	非包膜、等距	环状 ssDNA	ΦX174

6.2 病毒学研究基本方法

病毒学的里程碑事件应属于 1935 年美国科学家 Stanley 对烟草花叶病毒的提纯，证实病毒可以被真切地观察到。这为此后的病毒研究开辟了广阔的道路。随着相关检测手段、培养方法、机理研究方法的不断改善，病毒学得到快速发展。与微生物学其他学科分支一样，病毒学的发展很大程度上依赖于研究方法和技术手段的进步与革新。

6.2.1 病毒分离与纯化

通过病毒分离与纯化，获得有感染性的病毒制备物是病毒学研究与应用的基本技术。

6.2.1.1 病毒分离

病毒分离是将含病毒标本（如污水处理厂消化污泥）经处理后，接种于敏感的实验宿主（某些特定细菌）或细胞培养物，经过一段时间培养后，通过检查病毒特异性感染表现等方法检测感染的病毒。

（1）**病毒采集与处理** 用于分离病毒的样本应含有足够量的活性病毒，因此需要利用病毒的生物学性质、感染特征等因素来选择采集标本的种类，确定最适采集时间及处理方法。为了使细胞内病毒充分释放出来，往往还须对样本进行研磨或超声波处理以破碎细胞。由于大多数病毒具有热不稳定性，所以样本经处理后一般应立即接种。若需运送或保存，数小时内可置 50%中性甘油内 4℃保存，而较长时间保存则需要放置在-20℃以下或用干冰保存。

（2）**病毒接种与感染表现** 样本病毒（噬菌体）接种于何种宿主（细菌），以及选择何种接种途径主要取决于病毒的宿主范围，同时应考虑操作简单、易于培养、感染结果容易判定等。噬菌体样本可接种于生长在培养液中或营养琼脂平板上的细菌培养物，噬菌体的存在表现为细菌培养液变清亮或细菌平板成为残迹平板。若是噬菌体标本经过适当稀释再接种细菌平板，经过一定时间培养，在细菌菌苔上可形成圆形局部透明区域，即噬菌斑（plaque）。噬菌斑主要因噬菌体使菌体裂解而形成，如图6.7所示。

若经第一次接种而未出现病毒感染症状时，往往需要重复接种，进行盲传（blind passage），即将取自经接种而未出现病毒感染症状的宿主材料，再接种于新的宿主，以提高病毒毒力或效价（virulence）。如果标本中有病毒存在，经重复传代提高毒力，必定会在新的宿主中产生感染症状。相反，在盲传两代后仍无感染症状出现，便可确定标本中无病毒存在。

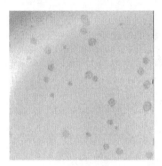 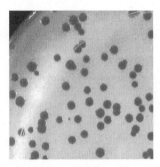

　　　　有噬菌斑菌落　　　　　　　　　　　　　无病毒感染菌落

图6.7　噬菌体感染细菌所形成的噬菌斑

6.2.1.2　病毒纯化

作为病毒学研究的前提，病毒纯化质量往往影响后续一系列步骤，所以其重要性不言而喻。由于病毒只能在活性细胞内繁殖，所以用于病毒制备的起始材料只能是病毒感染的宿主细胞或细胞经破碎后的抽提物，或病毒感染的细菌培养液等。在这些材料中不可避免地混杂有大量细菌细胞组分、培养基成分及其他杂质。为了获得高纯度病毒材料，必须利用一切可能的方法将这些杂质去除，这就是病毒纯化。

（1）**病毒纯化标准**　病毒纯化有如下两个标准：第一，由于病毒是有感染性的生物体，所以纯化的病毒制备物应保持其感染性，纯化过程中的各种纯化方法对病毒感染性的影响及最终获得的纯化制备物是否符合标准，都可利用病毒的感染性测定进行定量分析；第二，由于病毒具有化学大分子属性，病毒毒粒具有均一的理化性质，所以纯化的病毒制备物的毒粒大小、形态、密度、化学组成及抗原性质应当具有均一性，并可利用超速离心、电镜或免疫学技术进行检查。

（2）**病毒纯化方法**　用于病毒纯化的方法很多，但不同病毒的纯化方法不同。并且，同一种病毒在不同宿主系统中的纯化方法有可能不同。这些纯化方法都基于病毒基本理化性质建立：第一，毒粒主要化学组成为蛋白质，故可利用蛋白质提纯方法来纯化病毒，如盐析、等电点沉淀、有机溶剂沉淀、凝胶层析及离子交换等；第二，毒粒具有一定大小、形状及密度，一般可选择在 10 000～100 000g 离心场中沉降 1～2h 进行病毒纯化。由于毒粒主要由大分子（蛋白质、核酸等）组成，离心时比宿主细胞蛋白沉降更快，而且很多病毒具有较高的浮密度，所以超速离心技术被广泛用于病毒纯化。

6.2.2　病毒测定

病毒测定（assay of virus）是病毒的定量分析。病毒既能根据其理化性质或免疫学性质进行定量，也可根据它们与宿主细胞相互作用进行测定。运用不同方法所进行的测定具有迥然不同的意义。

6.2.2.1　病毒物理颗粒计数

病毒颗粒数目可以利用电镜直接获得。此外，根据病毒抗原性质，可以用免疫沉淀实验、酶联免疫吸附实验等方法对其进行定量，利用分光光度法也可对病毒定量，但这些方法的灵敏性相对较低，多在一些特殊情况使用。上述方法测定的是病毒物理颗粒数目，即有感染活力的病毒与无活力病毒数量的总和。并且，除电镜计数外，其他方法所测定的为样品中病毒颗粒的相对数量。

6.2.2.2　病毒感染性测定

有感染性病毒颗粒数量的测定称作病毒感染性测定（assay of infectivity），它测定的是因感染所引起的宿主或培养细胞某一特异性感染反应的病毒数量。例如，噬菌体的感染性通过噬菌斑来进行测定。噬菌体的噬菌斑测定一般采用琼脂叠层法（agar layer method），即以一定量的经系列稀释的噬菌体悬液分别与高浓度的敏感细菌悬液及半固体营养琼脂均匀混合后，涂布在已铺有较高浓度的营养琼脂的平板上，经过孵育后，在均匀生长的细菌菌苔上出现分散的单个噬菌斑。而每个噬菌斑被认为是由单个具有感染性的噬菌体引发形成。故统计噬菌斑数目后可计算出噬菌体悬液效价，并以噬菌斑形成单位（plaque forming unit，PFU）/mL 表示。

6.2.2.3　病毒鉴定检测

对于病毒最直观的认识是其生物学特征，包括病毒理化性质（如毒粒形态、大小、理化因子耐受性等）及宿主反应。目前主要鉴定方法有显微成像法、荧光标记法、分子生物学检测等。

（1）显微成像法　病毒颗粒远小于普通细菌细胞，所以病毒最直观的鉴定方法就是使用电镜直接观察病毒存在与否及形态结构。早在 1944 年就已经有人用电子显微镜来观察噬菌体。其步骤包括：①通过负染法来实现对病毒形态学观察。将噬菌体液梯度稀释，每个浓度取约 50μL 于封口膜上，将铜网带膜面与噬菌体液滴面接触后，用滤纸吸去多余液体，随后将铜网与磷钨酸液滴接触进行负染，最后在透射电镜下观察噬菌体颗粒的形态与大小。②宿主菌中增殖周期观察。将噬菌体与宿主菌共同孵育，孵育后不同时间将样本离心去上清液，经固定、冲洗、脱水、转换、包埋、切片、染色一系列操作之后进行电镜观察。此法不仅能直接观察噬菌体形态、大小，并能初步确定其在宿主菌中的增殖周期，成为研究新噬菌体特性的首选方法。图 6.8 为部分噬菌体电镜图。

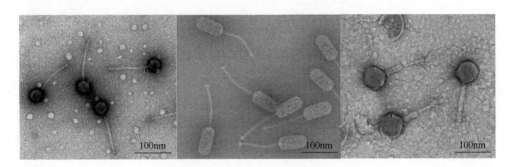

图 6.8　不同噬菌体电镜图

（2）荧光标记法　用于荧光标记的荧光标记物存在差异，分为荧光素酶、异硫氰酸荧光素（fluorescein isothiocyanate，FITC）、绿色荧光蛋白等。

1）荧光素酶。1993 年，Jacobs 等构建了一种整合荧光素酶基因的噬菌体 TM4，称为荧光素酶报告噬菌体技术，其原理为：将荧光素酶报告基因整合到噬菌体上，通过其感染宿主菌使报告基因插入宿主菌体 DNA 中，从而使宿主菌表达荧光素酶基因，当加入荧光素底物，宿主菌会产生荧光。该技术通过检测荧光信号确认噬菌体整合到宿主菌，可用于宿主菌检测及宿主菌耐药性检测。

2）异硫氰酸荧光素。FITC 能在碱性条件下与蛋白质自由氨基经碳酰胺化形成硫碳氨基键而与蛋白质耦联，通常用于制备荧光抗体。因其结合了噬菌体蛋白质外壳，而噬菌体感染宿主菌时只有其核酸注入宿主菌中，原噬菌体蛋白外壳留在宿主菌壁外，容易被洗涤去除而同时冲洗掉 FITC。因此，该方法仅能标记噬菌体，用于研究噬菌体与吞噬细胞（吞噬病毒的细胞，一般存在于真核生物中）的相互作用，而不能用于研究噬菌体与宿主菌的相互作用。

3）绿色荧光蛋白。绿色荧光蛋白分子来自水母，其荧光的激发无须底物作用，对宿主菌也无毒害，是最简单方便的一种基因标记方法。例如，将绿色荧光蛋白基因整合到 λ 噬菌体核酸中，通过绿色荧光蛋白表达测定其发出的荧光来检测宿主菌，也能对宿主菌耐药性进行检测。对于裂解性噬菌体，检测到的荧光是噬菌体利用宿主菌体内合成系统繁殖成的子代噬菌体，其检测到的荧光强度越高说明合成的子代噬菌体越多。

（3）分子生物学检测　病毒寄生于宿主细胞体内，具有不同于宿主细胞的特异基因组序列，为病毒的分子生物学检测提供了基础。

1）聚合酶链反应。基于聚合酶链反应（PCR）的特异性扩增是最为常用的一种分子检测手段，其原理是利用 DNA 半保留复制的特点，利用目标病毒基因序列信息设计特异性引物，以原始 DNA 为模板合成双链实现检测目的。另外，部分 RNA 病毒可利用反转录 PCR 进行检测。

2）实时荧光定量聚合酶链反应。实时荧光定量聚合酶链反应（qPCR）是指在 PCR 反应体系中加入荧光基团，利用荧光信号积累实时监测整个 PCR 扩增进程，最后通过标准曲线对目标 DNA 片段进行定量分析。以噬菌体为例，具体步骤如下：首先设计特异性扩增引物，优化 qPCR 程序并建立 qPCR 标准曲线；最后提取噬菌体样品基因组 DNA（genomic DNA，gDNA）并进行 qPCR 检测，而引物、反应体系、反应程序均与标准曲线建立所用方法一致，所获得的数值对应于标准曲线，即可检测出样品浓度。该技术为噬菌体定量检测提供了方便、准确的研究方法。

3）核酸原位杂交技术。核酸原位杂交的原理是利用生物素编辑的 cDNA 探针来杂交样本中的核酸，从而确定病毒在宿主中的分布和载毒量。其他分子生物学检测技术还有 dsRNA 技术等。

6.2.2.4　病毒功能机制

关于病毒遗传学的研究和细菌等微生物的遗传学研究技术相似，如基因组学等。但是病毒的遗传物质除了可能是 DNA，还可能是 RNA，所以具体分析技术也与细菌等微生物遗传学研究技术有所区别。对于 RNA 病毒使用最多的是反向遗传学技术：首先利用反转录 PCR 得到病毒 RNA 的 cDNA，再基于 cDNA 进行病毒基因组研究，以达到了解或有目的性改造病毒基因组实现生产应用的目的。

针对病毒易变异的特点，单链构象多态性检测技术（single strand conformation

polymorphism，SSCP）则理想地解决了这一问题。近年来，对于多种模式生物基因组测序的发展，越来越多的研究开始着重于探索基因变异的问题，而 SSCP 技术正是这样发展起来的。其主要用于检测基因点突变和短序列的缺失和插入，为病毒的分子演化规律提供充分的证据。

对于病毒的表达机制研究主要是利用 Northern Blots 印迹法，利用探针与固相 RNA 杂交，再对探针分子的图像进行捕获和分析。对于病毒的蛋白质研究则利用了包括 N 端氨基酸分析、免疫共沉淀、亲和层析、抗体受体等研究方法。

6.2.2.5　非培养病毒研究方法

随着"病毒学"的发展，越来越多的病毒被分离、培养、鉴定出来，使人们对病毒的丰度及多样性有了深刻的认识，进而衍生出"病毒生态学"这一研究领域。广泛地说，病毒生态学的目的是探索病毒是如何分布及它们的基因是如何影响宿主或生态系统。与经典生态学原则相似，病毒生态学需要严格定量，即需要在时间和空间上来追踪病毒种群变化，量化它们的影响过程，并评估病毒和宿主遗传改变的潜在能力。由于超过 99% 的微生物不能进行实验室培养，所以病毒生态学研究很难通过传统的培养技术来了解病毒在自然环境中的角色。随着分子生物技术的发展，特别是基于 DNA 高通量测序技术分析的出现，不依赖于实验室培养的病毒研究方法——病毒宏基因组学随即得到广泛应用。通过病毒宏基因组学，样品中全部病毒，包括培养及未培养、已知或新病毒都能被检测出来。对于病毒宏基因组学来说，其重点和难点在于获得足够量的病毒用于后续分析。因此，以下部分内容主要介绍如何进行病毒浓缩、纯化及 DNA 高通量测序前处理方法。

（1）浓缩收集病毒　理论上，任何类型样品都能通过宏基因组学方法来进行分析，包括污泥、土壤及污水等。由于病毒基因组相对较小，细菌、古菌或真菌核酸能很大程度上影响到病毒基因组 DNA 或 RNA 的分离和检测，故必须去除非病毒核酸。通常浓缩收集病毒的方法有切向流（tangential flow filtration，TFF）过滤浓缩和三氯化铁（$FeCl_3$）沉淀浓缩。

1）切向流过滤浓缩。相比于传统垂直流过滤［也称"死端"过滤（dead end filtration）］，切向流过滤不堵塞、高效过滤、能进行大量样品处理。例如，浓缩收集海水病毒通常需要过滤至少 100L 海水，其操作过程为先经过 0.2μm 滤芯进行过滤，去除细菌、古菌和真菌等杂质，再利用孔径大小为 100kDa 的切向流滤芯过滤来浓缩病毒溶液，使最终样品的体积小于 1L。如图 6.9 所示。

2）三氯化铁沉淀浓缩。三氯化铁（$FeCl_3$）沉淀浓缩最早由 John 于 2011 年提出，通过三氯化铁絮凝沉淀来收集病毒。其过程为向已经滤去细菌、古菌或真菌等杂质的滤液中投加三氯化铁絮凝剂，使病毒与铁形成沉淀物，而后沉淀物通过 1.0μm 滤膜来收集，所收集到的沉淀物再利用含 EDTA 螯合剂缓冲液来去除铁离子，最终得到浓缩后病毒。无论是切向流过滤浓缩、三氯化铁沉淀浓缩收集病毒，还是随后对病毒浓缩液进行纯化，所获得的病毒浓缩液都需利用 SYBR 染料对病毒进行染色，并在荧光显微镜下确保浓缩液中存在病毒颗粒。

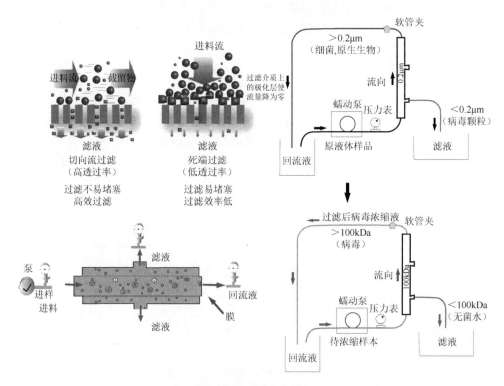

图 6.9　切向流过滤原理图及病毒浓缩收集过程示意图

（**2）病毒的纯化**　浓缩液中生物大分子虽然主要为病毒颗粒，但仍会受到细菌、古菌细胞、质粒或裂解后的细菌、古菌 DNA 污染。常见处理方法是向切向流过滤浓缩或三氯化铁沉淀病毒浓缩液中加入氯化铯（CsCl）溶液，并进行超高速的密度梯度离心（约为 61 000g 离心力），离心后的病毒位于密度梯度为 1.2～1.5g/mL（图 6.10）。将此区间物质收集起来，从而获得较纯净的病毒浓缩液，随后添加 DNA 酶（DNase）去除浓缩液中的污染 DNA。

（**3）扩增及建立文库**　在获得纯化病毒浓缩液后，对病毒进行 DNA/RNA 提取。虽然病毒研究主要集中在 DNA 病毒上，但宏基因组分析样本中有部分 RNA 病毒，特别是来源于医疗及海水的样品。因此，含病毒样品进行 RNA 提取后，需要将 RNA 序列反转录合成 cDNA。病毒丰度通常要比宿主丰度高 1 个数量级，但典型病毒基因组大小比宿主基因组小 1～2 个数量级。所以进行病毒宏基因组测序时，建立克隆文库所需病毒 DNA 的量难以满足要求，需要进行扩增。到目前为止，大多数病毒宏基因组测序项目需要进行鸟枪法克隆文库连接扩增（linker amplification shotgun libraries，LASLs）或全基因组扩增（whole genome amplification），如多重置换扩增（multiple displacement amplification，MDA）（图 6.11）。在获得足够量 DNA 后，建立克隆文库并进行高通量测序。用于高通量测序的病毒宏基因组测序样本准备流程如图 6.12 所示。

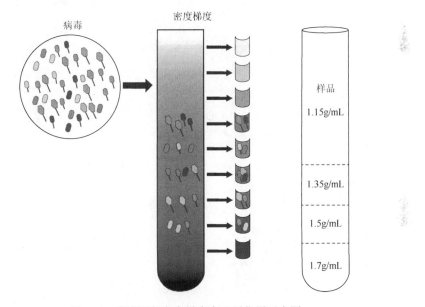

图 6.10　病毒进行密度梯度离心后位置示意图

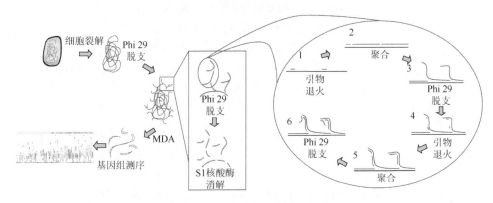

图 6.11　MDA 扩增原理示意图

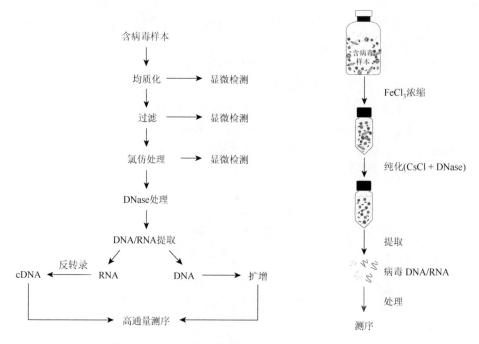

图 6.12　病毒宏基因组测序分析样本两种准备流程

6.3　病毒表达、复制与感染

6.3.1　病毒生长与复制周期

6.3.1.1　一步生长曲线

一步生长曲线（one-step growth curve）是研究病毒复制的一个经典实验。基本方法是以适量的病毒接种处于标准培养的高浓度敏感细胞，待病毒吸附（attachment）后，或高倍稀释病毒-细胞培养物，或以抗病毒血清处理病毒-细胞培养物以建立同步感染，然后继续培养，定时取样测定培养物中的病毒感染效价，并以感染时间为横坐标，病毒感染效价为纵坐标，绘制病毒特征性繁殖曲线，即一步生长曲线（图 6.13）。

一步生长曲线显示病毒繁殖的两个特征性数据：潜伏期（latent period）和裂解量（brust size）。潜伏期是从毒粒吸附于细胞到受染细胞释放出子代毒粒所需的最短时间。不同病毒的潜伏期长短不同，其中噬菌体以分钟计。裂解量是每个受染细胞所产生子代病毒颗粒的平均数目，其值等于稳定期受染细胞所释放全部子代病毒数目除以潜伏期受感染细胞的数目，即等于稳定期病毒感染效价与潜伏期病毒感染效价之比。通过一步生长曲线测定，噬菌体的裂解量一般为几十到上百个。

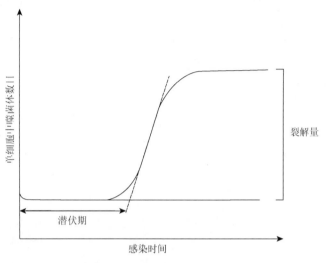

图 6.13　病毒繁殖一步生长曲线

6.3.1.2　隐蔽期

一步生长曲线反映了病毒在细胞培养物中复制的动力学性质。运用成熟前裂解方法，研究病毒在受染细胞内复制的动力学性质发现，在潜伏期前一阶段，受染细胞内检测不到感染性病毒，而在后一阶段，感染性病毒数量急剧增加。自病毒在受染细胞内消失到细胞内出现新的感染性病毒的时间为隐蔽期（eclipse period），而且不同病毒的隐蔽期长短不同。隐蔽期病毒在细胞内存在的动力学曲线呈线性函数，而非指数关系，从而证明子代病毒颗粒是由新合成的病毒基因组与蛋白质经装配形成，而不是通过双分裂方式产生。

6.3.1.3　病毒复制周期

病毒的复制周期如图 6.14 所示（以 T4 噬菌体为例）。病毒感染敏感宿主细胞，首先是毒粒表面的吸附蛋白与细胞表面的病毒受体结合，病毒吸附于细胞并以一定方式进入细胞，经脱壳（uncoating），释放出病毒基因组。然后病毒基因组在细胞质中进行病毒大分子的生物合成。一方面，病毒基因组进行表达，产生参与病毒基因复制的蛋白质、包装病毒基因组成为病毒颗粒的结构蛋白质以及改变受染细胞结构和/或功能的蛋白质。另一方面，病毒基因组进行复制产生子代病毒基因组。新合成的病毒基因组与病毒壳体蛋白装配（assembly）成病毒核壳。若是无包膜病毒，装配成熟的核壳就是子代毒粒，并以一定方式释放到细胞外；若是有包膜病毒，核壳通过与细胞膜的相互作用芽出释放，并在此过程中自细胞膜衍生获得包膜。这样一个从病毒吸附于细胞开始，到子代病毒从受染细胞释放到细胞外的病毒复制过程称为病毒的复制周期（replicative circle）或称复制循环。因此，病毒的复制周期可以分为以下 5 个阶段：①吸附（attachment）；②侵入（penetration）；③脱壳（uncoating）；④病毒大分子的合成，包括病毒基因组的复制与表达；⑤装配与释放。病毒的吸附、侵入和脱壳又称作病毒感染的开始。

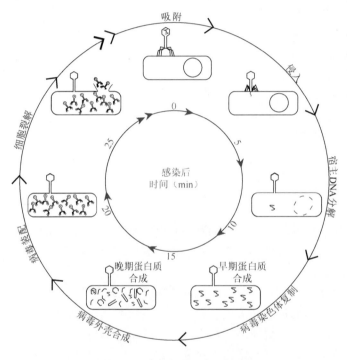

图 6.14　病毒复制周期示意图

6.3.2　病毒核酸复制与表达

通常只有一个病毒感染一个宿主细胞。该病毒通过一系列特定分子，调控各种新分子合成来产生众多的子代病毒。病毒的转录和翻译发生在病毒侵入和脱壳之后，涉及更多病毒基因组合成的预备。以 DNA 病毒为例（图 6.15），新合成病毒基因组能够作为转录模板并产生大量的信使 RNA（mRNA）。这些mRNA 经多次翻译合成病毒结构蛋白，随后新合成的病毒基因组与结构蛋白装配形成新的毒粒。

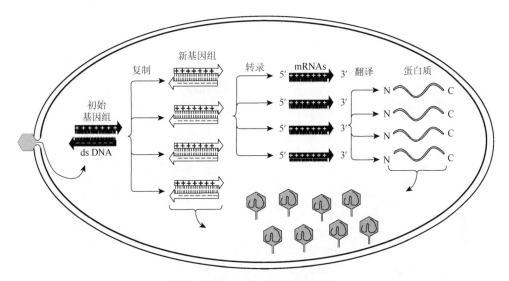

图 6.15　DNA 病毒复制扩增步骤

RNA 病毒复制与 DNA 病毒复制类似，但 RNA 病毒复制扩增需要额外增加一轮 RNA 合成。几乎所有的原核生物 RNA 病毒所拥有的正链基因组能够直接作为信使 RNA，因而在该类型病毒脱壳之后第一步就是进行翻译而不是新核酸合成。原核生物细胞体内并没有可以进行利用一条 RNA 分子作为模板合成新 RNA 分子的 RNA 聚合酶。因此每种类型的 RNA 病毒，无论是正链或是负链 RNA，都必须携带 RNA 复制酶基因以便复制自身的 RNA 基因组。该 RNA 复制酶的合成使得 RNA 基因组的扩增和蛋白质合成同步进行，而基因组和结构蛋白随后一起被组装为新的毒粒。负链 RNA 病毒在感染宿主细胞时，由于复制酶不能直接从基因组中翻译而来，因此需要先产生正链基因组，再由新合成的正链基因组作为模板合成负链 RNA 病毒基因组及病毒蛋白质（图 6.16）。

细菌病毒可以编码各种不同酶或调控蛋白来调节基因组的复制与表达。表 6.3 列出部分在受染细胞体内能被病毒改变活性的酶。例如，除了 RNA 病毒必须带有自己的 RNA 复制酶外，一般病毒可以通过受染细胞产生新的聚合酶或改变受染细胞酶的识别位点使受染细胞从细胞定向合成转为病毒定向合成。为了增加病毒基因组产物合成效率，许多病毒可以利用切割受染细胞 DNA 的核酸酶及将生物合成途径转化为病毒特异性前体的功能酶这两种不同类型蛋白酶，来颠覆或破坏宿主细胞活性来保证病毒活性。其他新合成蛋白酶主要涉及病毒大分子合成与毒粒装配过程。

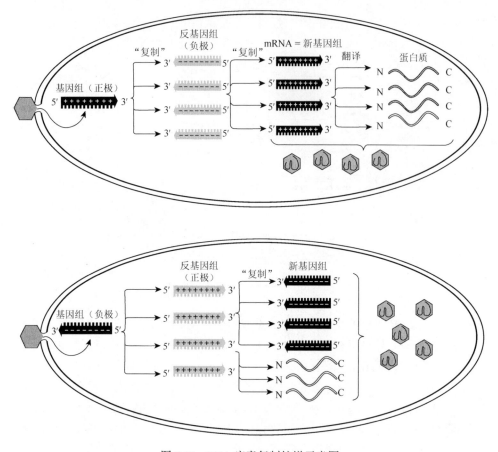

图 6.16　RNA 病毒复制扩增示意图

6.3.3　病毒感染

病毒感染细胞分为增殖性感染（productive infection）和非增殖性感染（non-productive infection）两类。前者是指病毒感染宿主细胞可完成复制循环，并产生感染性子代病毒，此类宿主细胞称为该病毒的允许细胞（permissive cell）。后者是指由于病毒或细胞的原因，病毒进入敏感细胞后，其复制的某一阶段受阻，不能产生感染性子代病毒，造成病毒感染的不完全循环（incomplete circle）。

6.3.3.1　病毒增殖性感染

病毒感染细胞，毒粒必须吸附于细胞表面并进入细胞，经脱壳释放病毒基因组。

（1）吸附　吸附是病毒吸附蛋白与细胞受体特异性结合，导致病毒附着于细胞表面，这是启动病毒感染的第一阶段。病毒吸附蛋白（viral attachment protein，VAP）是能够特异性识别细胞受体并与之结合的位于毒粒表面的结构蛋白分子，也称为反受体（anti-receptor）。无包膜病毒的反受体往往是壳体的组成部分，有包膜病毒的反受体为包膜糖蛋白，如 T 噬菌体的尾丝蛋白等。病毒的细胞受体也称为病毒受体，是指能被病毒吸附蛋白特异性识别并与之结合，介导病毒进入细胞，启动感染发生的一组细胞膜表面分子，大多数为蛋白质，也可能是糖蛋白或磷脂。不同种类的受染细胞具有不同细胞受体，病毒细胞受体的细胞分类特异性决定了病毒的宿主范围。病毒受体还具有组织特异性，从而决定了病毒的组织嗜性。并且有些特定细胞受体可以被不同病毒感染，这为筛选抗噬菌体的多价抗性菌株提供了依据。

表 6.3　噬菌体感染细胞期间新产生或修饰的酶

聚合酶（polymerases）

■　DNA 聚合酶

　　①合成识别病毒 DNA 的新酶

　　②改变或合成与 DNA 合成相关的蛋白（单链结合蛋白、引发酶、解旋酶）来将 DNA 合成从宿主转变成病毒

■　DNA 依赖 RNA 酶（转录酶）

　　①合成新酶

　　②改变调控序列的识别来将宿主基因的转录转变成对病毒基因的转录

■　RNA 依赖 RNA 聚合酶（复制酶）

　　核酸酶（nucleases）

■　DNA 酶和 RNA 酶

　　降解宿主核酸

内切酶（restriction enzymes）

■　限制性内切酶

　　在病毒成熟期间对核酸进行特异性的切割

生物合成酶（biosynthetic enzymes）

■　产生噬菌体特异性前体

■　将核苷三磷酸转变成核苷磷酸

■　对聚合后的核酸进行共价修饰

　　病毒毒粒与宿主细胞的初始结合往往涉及一个 VAP 分子与一个受体蛋白分子的结合，这种结合并不紧密，是一个可逆过程。当毒粒上的多个位点与多个受体结合时，就可能发生不可逆结合，即贴附增强作用。这种增强作用使毒粒与细胞间的结合更加稳定、牢固。病毒吸附蛋白与细胞受体间的结合力来源于空间结

构的互补性，相互间的电荷、氢键、疏水相互作用及范德瓦耳斯力。例如，噬菌体吸附于细菌的特定受体，如脂多糖、磷壁酸、蛋白质甚至是鞭毛。这种特异性决定了噬菌体只能结合某些细菌，从而决定了噬菌体的宿主范围。病毒的吸附过程如图 6.17 所示。

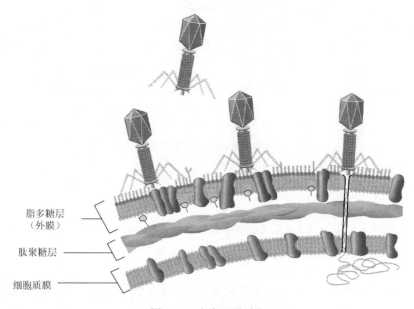

脂多糖层
（外膜）

肽聚糖层

细胞质膜

图 6.17　病毒吸附过程

（2）**侵入**　侵入又称病毒内化，是一个病毒吸附后几乎立即发生并依赖于能量的感染过程。不同的病毒-宿主系统的病毒侵入机制不同，有伸缩尾的 T 噬菌体采取注射方式将噬菌体核酸注入细胞，其过程如图 6.18 所示。在噬菌体通过长尾丝依附于细菌后，其基底座的形状发生改变，从而导致构象的改变，进而产生 6 根短的纤丝并且不可逆地吸附于脂多糖上。噬菌体在基底座构象改变的同时启动其尾鞘的收缩，并利用内部中空管刺穿细菌细胞外膜。为了更容易穿过肽聚糖层，基板蛋白 gp5-溶菌酶，被放置于中空管的末端。随着中空管刺穿细胞外膜，释放溶菌酶，并对肽聚糖 C 端穗形结构（spike-form structure）进行降解，再进一步接触到细菌内膜上的磷脂酰甘油受体，引发噬菌体 DNA 沿着尾管导入细菌胞内。

（3）**脱壳**　脱壳是病毒侵入后，病毒基因组从病毒包膜和/或壳体转移至受染细胞内的过程，是病毒基因组进行复制和功能表达所必需的。至今对病毒脱壳机制和细节仍缺乏了解，但病毒与细胞受体的相互作用所引起病毒壳体蛋白的重排对于病毒脱壳是至关重要的，且脱壳过程与蛋白酶、热裂解等因素有关。T-偶数噬菌体脱壳与侵入是一起发生的，仅有病毒核酸及结合蛋白进入细胞，壳体留在细胞外。

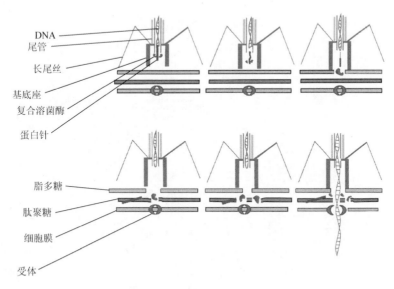

图 6.18　噬菌体侵入细胞

（**4**）**病毒大分子合成**　病毒大分子合成是通过病毒基因组的表达与复制完成的。以噬菌体为例，除光亮病毒科（*Leviviridae*）和囊状噬菌体科（*Cystoviridae*）为 RNA 噬菌体外，目前已发现的绝大多数噬菌体都是 DNA 噬菌体，且除细小病毒科（*Microviridae*）和丝杆噬菌体科（*Inoviridae*）为 ssDNA 噬菌体外，其余都是 dsDNA 噬菌体。

1）dsDNA 噬菌体。研究最为充分的 T4 噬菌体大分子合成如图 6.19 所示。

T4 噬菌体早期转录由大肠杆菌 RNA 聚合酶完成，早期表达的病毒基因编码蛋白参与宿主基因表达控制、病毒 DNA 复制及晚期基因表达调节。并且，部分早期表达的病毒特异性酶也能降解宿主 DNA，从而停止宿主基因表达并为病毒 DNA 合成提供前体。噬菌体编码的某些早期蛋白还可取代 σ 因子与宿主转录酶结合，从而改变宿主转录酶的启动子特异性。同时，晚期转录也需要噬菌体 DNA 的复制，只有正在复制、结构发生改变的病毒 DNA 才能作为晚期转录模板。早期基因与晚期基因定位于 DNA 链上不同位置，它们的转录分别以不同方向进行。与 T4 噬菌体不同，T7 噬菌体的晚期转录由病毒早期基因编码的转录酶完成，且其所有的 mRNA 都是从右向左转录。T7 噬菌体的基因组及其合成蛋白质的顺序如图 6.20 所示。

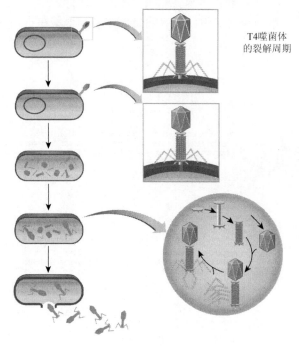

图 6.19　T4 噬菌体感染过程

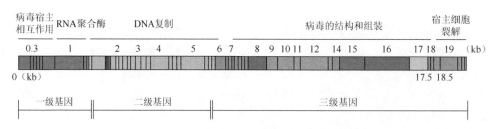

图 6.20　T7 噬菌体基因组及其合成蛋白质顺序

　　T4 噬菌体 DNA 复制有两个特点：一是由于 T4 噬菌体 DNA 中胞嘧啶被羟甲基胞嘧啶取代，所以在其 DNA 复制开始前，必须由噬菌体编码的酶合成羟甲基胞嘧啶，并且在 T4 噬菌体 DNA 合成后，羟甲基胞嘧啶被葡萄糖基化，以保护 T4 噬菌体 DNA 免遭大肠杆菌核酸酶降解，类似现象在其他噬菌体 DNA 中也会出现，如 λ 噬菌体 DNA 合成后腺嘌呤和胞嘧啶被甲基化；二是在 T4 噬菌体 DNA 复制过程中，由 6～8 个 DNA 拷贝结合形成非常长的 DNA 链，这些由数个单位长度 DNA 以相同方向连接形成的 DNA 复制分子称作多连体（concatemer）。T7 噬菌体 DNA 和 λ 噬菌体 DNA 复制时也有多连体形成。

　　2）ssDNA 噬菌体。丝杆噬菌体科的 M13 基因组为环状正链 DNA 或（+）ssDNA。M13 病毒 DNA 进入细胞后，在宿主 DNA 聚合酶作用下将病毒的（+）

ssDNA 转变形成共价闭合的 dsDNA,这种病毒单链核酸复制产生的双链复制分子称作复制型（replicative form，RF），然后复制型作为模板进行复制和转录，产生更多的复制型、mRNA 和子代（+）ssDNA 基因组。

3）RNA 噬菌体。大多数 RNA 噬菌体都是正链 RNA 噬菌体，属于光亮病毒科的噬菌体，如 Qβ、MS2、R17 等。RNA 噬菌体基因组进入宿主细胞后，其基因组 RNA 可作为 mRNA 指导噬菌体蛋白质的合成，其中病毒复制酶与宿主细胞内的一些蛋白（如核糖体蛋白 S1、转录延伸因子 EF-Tu 及 EF-Ts）组装形成具有活性的 RNA 聚合酶。在该复制酶作用下，以基因组正链 RNA 为模版复制得到负链，并进一步利用负链合成数千个正链 RNA 拷贝。这些正链 RNA 或是作为模板的复制型，以进一步复制更多的正链 RNA；或是作为 mRNA 进行病毒蛋白质合成。最后新合成的正链 RNA 基因组结合于壳体中，产生成熟的毒粒。

（5）**病毒装配与释放**　在病毒感染的细胞内，新合成的毒粒结构组分以一定的方式结合，装配成完整的病毒颗粒，这一过程称作病毒装配，也称成熟（maturation）或形态发生（morphogenesis）。然后成熟的子代病毒颗粒依据一定途径释放到细胞外，病毒的释放标志着病毒复制周期的结束。

T4 噬菌体的装配过程已研究得比较透彻，这是一个极为复杂的过程（图 6.21），包括 4 个完全独立的亚装配过程：无尾丝的尾部装配、头部装配、尾部与头部自发结合、单独装配的尾丝与已装配好的颗粒相连。以上各个装配步骤通过一定次序进行，其中每一种结构蛋白在装配时都发生了构型的改变，为后一种蛋白质的结合提供了可识别位点。而且病毒头部的装配还需脚手架蛋白（scaffolding protein）的参与，这些蛋白质在结构完成后被除去。组装结束后，包括 T4 噬菌体、单链DNA 噬菌体中 ΦX174 等大多数噬菌体都以裂解细胞方式释放。而丝杆噬菌体不杀死细胞，子代毒粒以分泌方式不断从受染细胞中释放，这是一种病毒与宿主细菌的共生关系。

6.3.3.2　病毒非增殖性感染

病毒对敏感细胞的感染并不一定都能产生有感染性的病毒子代。由于病毒或细胞的原因，病毒的复制在病毒进入敏感细胞后的某一阶段受阻，导致病毒感染的不完全循环，不产生有感染性的病毒子代。大多数噬菌体感染宿主细胞，都能在细胞内正常复制并最终杀死细胞，这类噬菌体的裂解循环（lytic cycle）一般都是由烈性噬菌体（virulent phage）引起。而另有一些噬菌体不仅以裂解循环在宿主细胞内繁殖，还能以溶原状态（lysogenic state）存在。以溶原状态存在的噬菌体不能完成复制循环，噬菌体基因组长期存在于宿主细胞内，没有成熟噬菌体产生，这一现象称作溶原性（lysogeny）现象。能够导致溶原性发生的噬菌体称作温和噬菌体或称溶原性噬菌体（lysogenic phage），如图 6.22 所示。

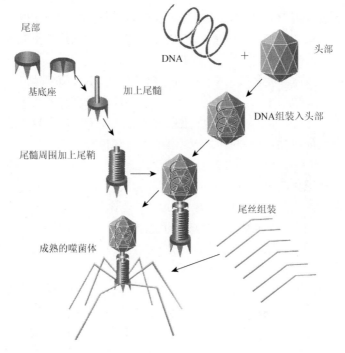

图 6.21　T4 噬菌体装配过程

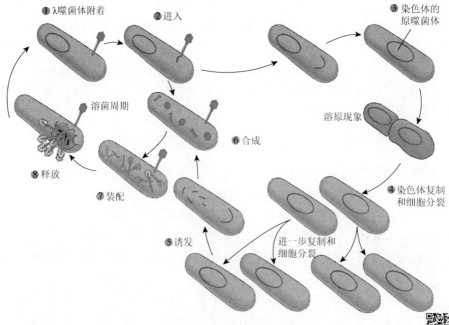

图 6.22　λ 噬菌体进入细菌体内的溶原及增殖过程

在大多数情况下，温和噬菌体的基因组都整合于宿主染色体中（如 λ 噬菌体），也有少数是以质粒形式存在（如 PI 噬菌体）。整合于细菌染色体或以质粒形式存在的温和噬菌体基因组称作原噬菌体（prophage）。在原噬菌体阶段，噬菌体的复制被抑制，宿主细胞正常生长繁殖，而噬菌体基因组与宿主细菌染色体同步复制，并随细胞分裂传递给子代细胞。细胞中含有以原噬菌体状态存在的温和噬菌体基因组的细菌称作溶原性细菌（lysogenic bacteria）。

处于溶原性细菌细胞中的噬菌体 DNA 在一定条件下也可启动裂解循环，产生成熟的病毒颗粒。自然情况下溶原性细菌的裂解称为自发裂解（spontaneous lysis），但裂解量较少。若经紫外线、氮芥、环氧化物等理化因子处理，可产生大量裂解，称为诱发裂解（inductive lysis）。溶原性反应是一种比裂解反应更有利于病毒保存和传播的病毒生存方式。处于这种最适应于它们所处环境中的噬菌体不会迅速杀死细胞，从而丧失传播机会。所以，这也被认为是一种原始的分化方式。

6.4　病毒与宿主

由于病毒只能在活细胞内复制，因此病毒生长需要合适的宿主。就病毒而言，宿主范围是指能够感染并增殖的宿主生物（或细胞）种类范围。对于原核生物病毒而言，病毒宿主分为古菌及细菌两大类。

6.4.1　病毒对宿主的影响

病毒必须进入细胞并利用宿主细胞大分子合成机制和能量代谢机制进行复制，同时，病毒的感染也会给宿主细胞造成影响，因而在许多方面，病毒的感染研究就是病毒与宿主相互作用的研究。这一研究不仅有助于阐明病毒感染生物学与分子生物学机制，而且对于病毒感染的诊断与控制具有重要意义。

不同的噬菌体感染对宿主细胞的生物学效应有很大差别。有些噬菌体，如单链 DNA 噬菌体 fd、fl 等的感染对受染细胞影响很小，子代病毒以非致死的分泌方式进行释放，这是一种非杀细胞（non-cytocidal）感染。利用该特点，这类噬菌体可以在噬菌体显示技术（phage display technique）中用于构建噬菌体表达载体。然而大部分噬菌体的感染可以造成细胞凋亡和裂解，这类感染称为杀细胞（cytocidal）感染或裂解感染。而温和噬菌体感染机制已进化到能够对自身复制和对细胞破坏进行控制的地步，使其能维持相对稳定。例如，原噬菌体这样一种变化了的生命形式长期与宿主细胞结合在一起，并在一定条件下转入复制循环。

6.4.1.1　抑制宿主细胞大分子合成

许多噬菌体感染时都能产生关闭蛋白（turn-off protein），这些蛋白质能以不同方式抑制宿主细胞的大分子合成，主要包括如下几个方面。

（1）抑制宿主基因转录　T4 噬菌体的某些早期蛋白质结合于宿主转录酶，可以引起宿主转录酶的磷酸化和腺苷化，改变其启动子识别特异性，使之由细胞 mRNA 合成转为噬菌体 mRNA 合成。T7 噬菌体基因 2 编码的蛋白质能够结合宿主转录酶并导致该转录酶失活，从而抑制宿主细胞 mRNA 合成。

（2）抑制宿主蛋白质合成　噬菌体除了通过抑制宿主基因转录间接影响宿主蛋白质合成外，还可以通过灭活细胞 tRNA 直接抑制宿主蛋白质合成，如 T4 噬菌体编码的蛋白质能灭活宿主亮氨酸 tRNA，并以噬菌体 tRNA 取而代之。

（3）抑制宿主 DNA 合成　T 噬菌体编码的核酸内切酶及核酸外切酶可以逐步降解宿主染色体，使细胞 DNA 合成因缺乏模板而终止。另外，T 噬菌体还可以通过抑制细胞胞苷酸合成而改变宿主 DNA 合成代谢。大多数较为简单的噬菌体通常不破坏宿主细胞 DNA。

6.4.1.2　宿主限制系统的改变

为了抵御宿主限制性酶系统对侵入病毒 DNA 可能造成的损害，噬菌体编码的酶蛋白往往能破坏这些系统，使病毒 DNA 得到保护。例如，T3 噬菌体感染时产生的酶蛋白能水解 S-腺苷甲硫氨酸（SAM），而使某些宿主所依赖 SAM 的限制酶系统失效。T 噬菌体的基因编码产物也可直接抑制宿主 T 噬菌体的限制性核酸酶活性。

6.4.1.3　噬菌体颗粒释放对细胞的影响

M13、fd 等丝杆噬菌体的增殖性感染不杀死细胞，细胞能继续生长，病毒复制产生的外壳蛋白结合于细胞膜。在噬菌体颗粒以分泌方式释放阶段，病毒单链 DNA 在穿过细胞膜时被壳体蛋白包裹形成杆状颗粒。由于其壳体蛋白与细胞膜的结合，细胞表面出现病毒特异性抗原，从而改变了受染细胞的免疫学性质。

大多数噬菌体都是以裂解方式释放，其结果导致受染细胞死亡。以裂解方式释放的噬菌体晚期基因的产物能自动使细胞膜失去稳定，然后细胞壁的肽聚糖网状结构以不同方式被破坏。例如，T4 噬菌体编码的溶菌酶能分解肽聚糖，λ 噬菌体产生的内溶菌素可断裂肽键。许多复杂噬菌体的基因编码产物还能够通过裂解酶活性控制裂解过程。

6.4.1.4　溶原性感染对细胞的影响

溶原性细菌中的温和噬菌体基因组通常不影响细胞产生子代，但可能引起其他受染细胞变化。这些变化不仅对溶原菌本身产生影响，也会对其生境带来生物学影响。

（1）**免疫性**　溶原性细菌对本身所携带原噬菌体的同源噬菌体有特异性免疫力，这是所有溶原性细菌都具有的一个重要性质。免疫性是由原噬菌体产生的阻遏蛋白可扩散性质所决定的。

（2）**溶原转变**　溶原转变（lysogenic conversion）是原噬菌体引起的溶原性细菌除免疫性以外的其他表型改变，包括溶原细胞表面性质的改变和致病性转变。原噬菌体诱发的致病性转变可能是细菌致病机制的一个重要方面，因而具有重要的生态与环境意义。

6.4.2　原核生物抗病毒感染

噬菌体是自然界中公认数量最多的微生物，它的数量是细菌的 10 倍左右。细菌与噬菌体间是一种寄生关系。从病毒角度而言，噬菌体利用宿主资源在细菌胞内增殖后，将新一代病毒扩散到细菌群体中损害宿主甚至导致死亡。但一些噬菌体的溶原感染也会给宿主菌带来一些生存或适应优势。细菌和噬菌体相互作用过程中，一方面细菌发展出多种抗噬菌体感染能力，另一方面噬菌体也产生抗宿主菌防御的一些改变。细菌与噬菌体之间的这种"军备竞赛"（arm race）不仅是自身压力选择的结果，也是彼此共同进化的动力。细菌抗噬菌体感染的主要防御策略包括被动免疫和主动防御两大类。

6.4.2.1　被动免疫

细菌细胞外结构不仅有利于细菌在恶劣环境中存活，对噬菌体感染也起到一定物理阻隔作用。例如，某些固氮菌可产生藻酸盐，增加细菌对噬菌体的抵抗。此外，部分细菌荚膜（如链球菌透明质酸）可以抵御噬菌体感染。细菌生物膜（bacterial biofilms）是由细菌及其分泌的胞外多聚物组成。其中，胞外多聚物主要成分包括胞外多糖基质（exopolysaccharide）、脂蛋白、纤维蛋白等。细菌生物膜结构致密，可以通过隐蔽部分噬菌体受体而避免噬菌体感染。胞外多糖不仅可以增强细菌抵抗抗生素能力，还可以阻止噬菌体进入细胞。此外，生物膜屏障中通常含有蛋白水解酶和纤维素内切酶，这些酶类可以直接导致噬菌体失活。

6.4.2.2　主动防御

（1）**吸附抑制**　感染过程中，不同噬菌体吸附在宿主菌的部位及受体不同，由此决定了噬菌体的宿主特异性。这些受体包括细菌表面的磷壁酸、多糖、脂多糖及蛋白质等。还有一些噬菌体吸附于宿主菌的菌毛。例如，铜绿假单胞菌噬菌体 MPK7 和 M22 可以利用菌毛作为它们的受体，当铜绿假单胞菌缺乏编码菌毛的 *pilA* 基因时，可以产生对噬菌体 MPK7 和 M22 的抵抗。宿主菌最有效且简单的噬菌体抵抗机制是通过突变、隐蔽、降解受体分子来阻止噬菌体吸附。空肠弯曲菌噬菌体 F336 可结合带有甲氧基氨基磷酸酯（MeOPN）修饰的空肠弯曲菌荚膜多糖，当编码 MeOPN 转移酶的高突变基因 *cj1421* 由 9 个 G 突变为 10 个 G 时，就会有无效基因产物产生，空肠弯曲菌便对噬菌体 F336 具有了抗性。SPC35 是 T5 大肠埃希菌噬菌体，BtuB 外膜蛋白是 SPC35 的受体。面对噬菌体 SPC35 的感染，T5 大肠埃希菌 BtuB 外膜蛋白表现出很高的突变率。例如，序列 IS2 插入 *BtuB* 基因可改变其蛋白结构，从而产生对抗噬菌体的作用，并且这种突变可遗传。

还有一些细菌通过基因可逆性修饰，改变细菌表面受体分子，促使细菌快速适应环境变化。例如，在细菌重组酶的帮助下，通过改变启动区方向、开放阅读框重复序列等方式暂时使噬菌体受体基因沉默，进而改变细菌表面受体来抵抗噬菌体感染。例如，流感嗜血杆菌 DNA 聚合酶在重复序列区的滑移（slippage）可以改变其噬菌体 HP1c1 受体组成基因 *lic2A*，使该菌成为噬菌体抗性菌株。此外，一些细菌通过合成并利用受体抑制物，竞争性地阻止噬菌体与其受体结合，从而抵抗噬菌体感染。

群体感应（quorum sensing，QS）是细菌间信息交流的重要方式，该现象首先在海洋细菌费氏弧菌中发现，后来在越来越多的细菌类群中被证实。群体感应与微生物独立因子合成、生物膜形成、生物发光、抗生素形成等多种微生物群体行为相关。群体感应和噬菌体都依赖于细菌的种群密度，天然存在一定的相关性，并且研究成果表明群体感应在抗噬菌体感染中发挥着重要作用。细菌能够利用群体感应来阻断噬菌体吸附，从而表现抗噬菌体特性。同时，细菌群体感应介导形成的生物膜同样对抗噬菌体感染起作用，群体感应能通过调节群体效应来改变细菌胞外结构，并且目前已经确定噬菌体受体几乎都位于宿主菌外部，从而表现抗噬菌体特性。沙门菌 *LsrR*（沙门菌群体效应感应基因）能够通过介导合成呋喃类信号分子，抑制沙门菌编码鞭毛组成蛋白基因的表达水平，从而阻断沙门菌噬菌体吸附，表现出抗噬菌体特性；群体感应介导形成的生物膜通常含有蛋白水解酶和纤维素内切酶，能直接导致噬菌体失活。另外，生物膜中细菌与细菌细胞间结合非常紧密，会遮蔽部分噬菌体受体，导致噬菌体侵染效率下降。

（2）流产感染系统 流产感染（abortive infection，Abi）是指当噬菌体成功注入 DNA 后，其繁殖受到阻断，导致子代噬菌体繁殖和释放失败，从而避免其他细菌被噬菌体感染。与其他抵抗机制相比，这种系统在摧毁噬菌体的同时最终会导致宿主细胞的死亡，但是通过这种牺牲个体的方式可以保护整个细菌群体。流产感染有的干扰噬菌体 DNA 复制及 RNA 转录，有的影响外壳产生及 DNA 包装。溶原性大肠杆菌中发现的 Rex 系统是一种流产感染机制。该系统包含两种可以抵抗噬菌体的蛋白质：RexA 和 RexB 蛋白。当宿主菌受到噬菌体感染时，噬菌体蛋白-DNA 复合体就会激活 RexA。RexA 作为胞内感受器会激活锚定在膜上的 RexB。RexB 作为一种离子通道可以降低膜电势，使胞内 ATP 水平降低，减少大分子合成。同时，噬菌体的复制因缺少 ATP 或缺少依赖 ATP 合成的胞内组分而停止。

　　原核生物中普遍存在的细菌毒素-抗毒素（toxin-antitoxin，TA）系统也属于 Abi 系统（图 6.23）：在正常细菌生长期间，抗毒素和毒素结合，从而防止毒素导致的细菌细胞死亡；噬菌体感染后，毒素-抗毒素比例的不平衡或抗毒素的失活导致毒素的释放，并自由地作用于靶目标物，从而抑制细菌生长，这种生长抑制导致噬菌体感染的流产；当某些基因发生突变时，噬菌体可能绕过流产感染（Abi）系统；一些噬菌体能够编码在功能上替代细菌抗毒素的分子物质（如 T4 大肠杆菌噬菌体的 Dmd），从而抵消毒素活性和避免宿主死亡。以结核分枝杆菌为例，在受到噬菌体感染时，结核分枝杆菌染色体上毒素-抗毒素系统（mazEF）中毒素 *mazF* 基因的表达被加强，抗毒素 *mazE* 基因的表达被抑制，细菌在 MazF 蛋白的毒性作用下出现菌体死亡，形成流产。

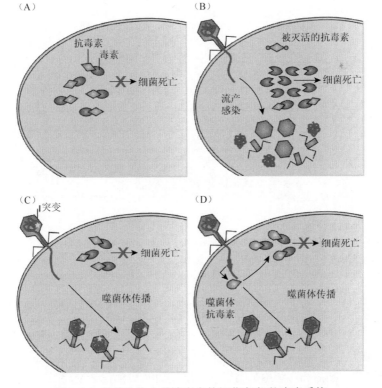

图 6.23　原核生物中普遍存在的细菌毒素-抗毒素系统

（A）正常细菌生长期情形；（B）噬菌体感染后情形；（C）某些基因发生突变并绕过流产感染系统情形；（D）编码替代细菌抗毒素的分子物质抵消毒素活性并避免宿主死亡情形

（3）注入阻滞（penetration blocking）　　注入阻滞是由质粒或前噬菌体编码的蛋白质发挥阻滞病毒 DNA 注入宿主菌的功能，是细菌抗噬菌体的另一种手段。温和噬菌体核酸整合进入细菌宿主染色质后，具有抵抗同种或有近缘关系噬菌体重复感染的能力，这个过程称为超感染排除（superinfection exclusion，Sie）。这种机制最初在 T 噬菌体与大肠杆菌之间发现。T4 噬菌体宿主大肠杆菌有两套 Sie 系统，即 Imm 系统及 Sp 系统，分别由 *imm* 基因和 *sp* 基因编码，如图 6.24 所示：正常 T4 噬菌体 DNA 注入 *E. coli* 细胞，其中肽聚糖层已被降解，某内膜蛋白构象改变使 DNA 进入细胞；T4 噬菌体编码 Imm 蛋白改变 DNA 注入位点构象来阻止其他的 T 噬菌体的感染；T4 噬菌体通过编码 Sp 蛋白抑制溶菌酶对肽聚糖的降解活性，阻止肽聚糖降解，使 DNA 位于细胞外膜与肽聚糖层之间来防止噬菌体 DNA 入侵。这种机制在其他细菌中也存在，如嗜热链球菌的一个前噬菌体具有类 Sie 系统，前噬菌体 TP-J34 编码的 142-氨基酸脂蛋白不仅可以阻止噬菌体 DNA 进入宿主细胞，当该系统被转入乳酸菌中，还可以对乳酸菌噬菌体形成感染抵抗功能。

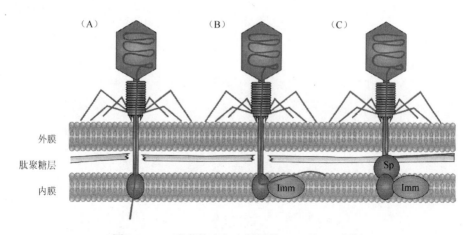

图 6.24　T4 噬菌体宿主大肠杆菌 Imm 及 Sp 系统

（A）正常 T4 噬菌体 DNA 注入 *E. coli* 细胞；（B）T4 噬菌体编码 Imm 蛋白阻止感染；（C）T4 噬菌体编码 Sp 蛋白阻止感染

（4）限制-修饰系统（restriction-modification，R-M）　　当噬菌体吸附并将 DNA 注入宿主菌后，在噬菌体尚未复制之前，针对噬菌体 DNA 的胞内抵抗就开始了。限制-修饰系统（R-M 系统）是细菌针对靶向 DNA 的一种免疫系统。到目前为止，在已测序的细菌和古细菌基因组中，超过 90% 都含有 R-M 系统。该系统包含两种酶：限制性内切酶（restriction endonuclease，REase）和甲基转移酶（methyltransferase，MTase）。限制性内切酶可特异性识别进入细菌细胞内部的外源 DNA，并对其进行切割、降解，而 DNA 甲基转移酶可通过甲基化修饰细菌自身 DNA，使其与外源 DNA 区别开来，不被限制性内切酶降解。当未甲基化的噬菌体 DNA 进入具有 R-M 系统的细菌细胞内部时，噬菌体 DNA 就能够被识别并被降解（图 6.25）。

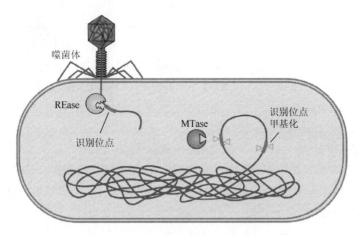

图 6.25　基于限制-修饰的免疫系统

目前，数以千计的 R-M 系统被发现，这些系统分为 I～IV 型。I 型 R-M 系统编码核酸酶（HsdR）、DNA 甲基转移酶（HsdM）和特异性序列绑定识别亚基（HsdS），装配成复合物后发挥作用。I 型 R-M 系统较广泛地存在于原核生物中，它是由于能够把噬菌体繁殖降低 10^3～10^8 数量级而被发现的。II 型 R-M 系统最为熟知，因为其中的限制性内切酶是目前发现种类最多并被广泛应用于 DNA 重组技术的一类酶。II 型 R-M 系统中的限制性内切酶不依赖 ATP，有准确的酶切位点，而且它的甲基转移酶和限制性内切酶是独立工作的。III 型 R-M 系统包含一个由 *mod* 基因编码的 DNA 甲基转移酶和一个由 *res* 基因编码的限制性内切酶。III 型 R-M 系统主要出现在革兰氏阴性菌中。IV 型 R-M 系统中的限制性内切酶是目前鉴定到的唯一可以切开经甲基化、羟基甲基化等修饰 DNA 的内切酶。例如，大肠杆菌 K12 的 McrBC 是唯一发挥活性时需要 GTP 的限制性内切酶，能够参与 DNA 易位过程。

（5）适应性免疫 CRISPR-Cas 系统　　规律成簇的间隔短回文重复序列（clustered regularly interspaced short palindromic repeats，CRISPR）是一类独特的 DNA 直接重复序列家族，广泛存在于原核生物基因组中（大多数细菌与几乎所有古菌）。自 2002 年首次被定义以来，CRISPR 一直以奇特结构与特殊功能吸引着科学家的关注。它的结构非常稳定，长度为 25～50bp 的重复序列（repeats）被单一序列（spacers）间隔。最近发现 Cas 系统（CRISPR-associated sequences system）在原核生物中表现出某种获得性免疫功能，可以帮助原核生物抵御病毒侵犯，并和 DNA 重组与修复相关。

1）CRISPR-Cas 系统分类。不同 CRISPR-Cas 系统作用机制存在差异，根据 Cas 蛋白类型和 CRISP 位点构成，以 *Cas1* 和 *Cas2* 基因为核心，将 CRISPR-Cas 系统分为 3 个主要类型及 11 个亚型。*Cas1* 和 *Cas2* 基因在所有的 CRISPR-Cas 系统中均有存在并具有活性，且被认为在适应阶段参与了间区的整合过程。

Ⅰ型 CRISPR-Cas 系统：典型的Ⅰ型 CRISPR 位点含有 *Cas3* 基因，*Cas3* 基因除编码相关蛋白形成抗病毒 CRISP 相关复合体 Cascade（CRISPR-associated complex for antiviral defense）外，还能编码具有独立解旋酶和 DNA 酶活性的大分子蛋白，在干扰阶段发挥重要作用。

Ⅱ型 CRISPR-Cas 系统：Ⅱ型 CRISPR-Cas 系统以 Cas9 为标志蛋白，Cas9 是一种大分子多功能蛋白，有助于 CRISPR RNA（crRNA）的产生，且能定位并降解噬菌体和质粒 DNA。Cas9 蛋白在 crRNA 的成熟和靶标 DNA 剪切中发挥重要作用，并且反式编码小 RNA（trans-encoded small RNA，tracrRNA）在其中扮演导向角色。Ⅱ型 CRISPR-Cas 系统包括ⅡA 和ⅡB 两个亚型。目前嗜热链球菌Ⅱ型 CRISPR-Cas 系统的功能研究较为清楚，该系统能有效抵抗噬菌体和质粒 DNA 侵袭。

Ⅲ型 CRISPR-Cas 系统：Ⅲ型 CRISPR-Cas 系统同样具有标志蛋白 Cas6，该蛋白参与 crRNA 加工过程。此外，Ⅲ型 CRISPR-Cas 系统还包含聚合酶和 RAMP（repeat-associated mysterious protein）蛋白，RAMP 具有 RNA 酶活性，并参与 crRNA 加工过程。Ⅲ型 CRISPR-Cas 系统又被分为 2 个亚型——ⅢA 和ⅢB。ⅢA 亚型 CRISPR 能定位外源质粒，表皮葡萄球菌（*Staphylococcus epidermidis*）胞内实验已有证实，且该亚型基因编码的聚合酶蛋白 HD 结构域可能参与了对外源 DNA 的剪切，而极端嗜高温古菌激烈火球菌（*Pyrococcus furiosus*）ⅢB 亚型 CRISPR 则主要针对 RNA。

2）CRISPR-Cas 系统作用机制。CRISPR-Cas 系统包含两个主要元件：作为催化核心的 Cas 蛋白以及发挥"遗传记忆"功能的 CRISPR 位点。CRISPR 序列中含有多个重复序列，这些重复序列被来源于外源可移动遗传元件（mobile genetic elements，MGEs）的间隔序列分隔开来。*Cas* 编码基因通常毗邻 CRISPR 位点，但也可能位于基因组其他位置。不同的 CRISPR-Cas 系统在序列结构和 *Cas* 基因构成上各有差异。尽管不同 CRISPR-Cas 系统作用机制各不相同，但 3 种类型的 CRISPR-Cas 系统均通过 3 个不同阶段（适应、表达及干扰）介导针对 MGEs 的免疫（图 6.26）。该过程又可以分为 2 个不同的、半独立子系统，即适应阶段包括的高度保守"信息处理"系统，以及表达和干扰阶段的"执行"系统。尽管参与信息处理过程的蛋白（Cas1 和 Cas2）高度保守，但执行系统中涉及的蛋白质在不同种类细菌之间存在显著差异。

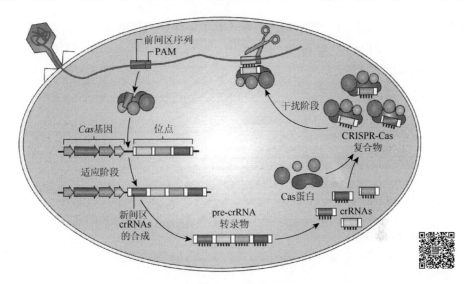

图 6.26 CRISPR-Cas 系统作用机制

在适应阶段，来源于病毒或质粒的短 DNA 片段会被整合到 CRISPR 位点中。噬菌体感染通常导致 CRISPR 位点间区的插入，长度约为 30bp，且一般位于 CRISPR 位点前导序列一侧；由于是内部插入，细菌从同一噬菌体获得多个间区的可能性较小。每一次插入活动都伴随着重复序列的复制，进而形成 1 个新的重复-间区单元，这使得 CRISPR 位点中存在着此种质粒或噬菌体序列信息，这是细菌获得适应性免疫的结构基础。侵入的 DNA 片段中间区（proto-spacers）的选择通常由前间区邻近基序（proto-spacer-adjacent motifs，PAMs）决定。PAMs 通常只有几个碱基长度，且不同 CRISPR-Cas 系统均有差异。CRISPR-Cas 介导的免疫过程第 2 阶段是表达阶段。在此过程中，CRISPR 位点产生较长的初级转录产物，即 crRNA 前体 pre-crRNA。该 pre-crRNA 随后在 Cas 蛋白等核酸内切酶作用下被加工成短 crRNA。第 3 个阶段是干扰阶段。在此期间，外源 DNA 或 RNA 通过前间区序列被 crRNA 定位和剪切。在大肠杆菌中，Cas3 蛋白的 HD 核酸内切酶结构域能有效催化剪切过程（图 6.26）。

（6）噬菌体排除系统 噬菌体排除系统 BREX（bacteriophage exclusion）是最近在蜡样芽孢杆菌中被发现的噬菌体抵抗系统。该系统由 6 个基因组成，出现在约 10%的细菌种群基因组中。把蜡样芽孢杆菌中完整的 BREX 克隆进入缺少 BREX 枯草芽孢杆菌 BEST 7003 中，发现带有 BREX 系统的枯草芽孢杆菌可以抵抗大部分枯草芽孢杆菌毒性或温和噬菌体的感染。该系统不影响噬菌体的吸附但可以阻止噬菌体 DNA 复制。用温和噬菌体 Φ3T 对枯草芽孢杆菌进行感染发现，带有 BREX 系统的菌株并不会将噬菌体序列整合进入宿主菌。研究发现该系统通过对细菌基因中非回文 TAGGAG 基序的甲基化来识别自身序列或异己序列，从而使 BREX 系统具有抗噬菌体感染作用。与限制修饰不同的是，噬菌体 DNA 并不会被切割或降解。

参 考 文 献

Beims H，Wittmann J，Bunk B，et al. 2015. *Paenibacillus larvae*-directed bacteriophage HB10c2 and its application in American foulbrood-affected honey bee larvae. Appl Environ Microbiol，81（16）：5411-5419.

Edwards R A，Rohwer F. 2005. Viral metagenomics. Nat Rev Microbiol，3：504-510.

Kong M，Ryu S. 2015. Bacteriophage PBC1 and Its Endolysin as an Antimicrobial Agent against *Bacillus cereus*. Appl Environ Microbiol，81（7）：2274-2283.

Lee J H，Bai J，Shin H，et al. 2015. A novel bacteriophage targeting cronobacter sakazakii is a potential biocontrol agent in foods. Appl Environ Microbiol，82：192-201.

Mc Grath S，van Sinderen D. 2007. Bacteriophage：Genetics and Molecular Biology. Wymondham：Caister Academic Press.

7 环境分子生物技术

　　了解微生物生态及其多样性对于环境污染控制与生物修复具有重要意义，微生物多样性（microbial diversity）分析已经广泛应用在环境科学研究中。研究环境微生物群落结构及其演替是解读微生物生态和了解微生物多样性的基础。广义上讲，微生物多样性包含了遗传（基因）、生理、物种及生态多样性等不同层面；而狭义上讲，微生物多样性的主要研究对象则是"微生物系统分类""物种数量""物种构成"等。物种差异主要体现在遗传物质和生理特征上，而生理多样性是由微生物细胞的生化组分或细胞外分泌产物决定的，具有类属特异性，如磷酸脂肪酸（PLFAs）、呼吸链泛醌等，可作为生物标记物，并根据不同微生物中含有某种生物标记物的类型和含量对微生物进行鉴定和分析。然而，由于微生物的形态微小，缺乏显著生理特征差异，且难以分离，传统的微生物分析方法，如显微镜观察、MPN 计数、纯种分离与生理生化鉴定，都无法全面了解微生物种群的类型与数量。

　　微生物的遗传信息存储于基因组 DNA 序列中，该序列的变异是物种遗传多样性的基础。以细菌为例，在细菌基因组中，编码 16S rRNA 基因（rDNA）具有良好的进化保守性、适宜分析的长度（约为 1540bp），以及与进化距离相匹配的良好变异性，所以成为细菌分子鉴定的标准标识序列。16S rRNA 序列包含 9 个高变区（variable region）和 10 个保守区（conserved region）。保守区序列反映了生物物种间的亲缘关系，而高变区序列则能体现物种间的差异。16S rRNA 序列特征为不同分类级别的近缘种群系统分类奠定了分子生物学基础。1983 年，Carl Woese 等通过比较 200 多种生物的核糖体小亚基（ribosomal small subunit，SSU）序列，即原核生物的 16S rRNA 和真核生物的 18S rRNA 序列，将生物界划分出 6 界，包括原核生物的古菌界、细菌界，以及真核生物的真菌、原生生物、植物和动物。后来微生物学家将 16S rRNA 作为分子标记，将测序技术用于分析自然界混合微生物种群的系统发育。自此，基于基因组序列的分子鉴定已经成为微生物生态学的主要手段。

　　随着聚合酶链反应（polymerase chain reaction，PCR）分子扩增技术的出现，基于 16S rRNA 基因序列扩增的 PCR-克隆文库与测序（PCR-cloning and sequencing），已经广泛应用于菌种鉴定和系统发育学研究。此外，通过建立 DNA 水平上的遗传标记，已发展多种基于 PCR 的分子指纹分析技术（图 7.1），如限制性酶切片段长度多态性（restriction fragment length polymorphism，RFLP）分析、单链构象多态性（single strand conformation polymorphism，SSCP）技术、核糖体 DNA 扩增片段限制性内切酶分析（amplified ribosomal DNA restriction analysis，ARDRA）、变性梯度凝胶电泳（denaturing gradient gel electrophoresis，DGGE）、温度梯度凝胶电泳（temperature gradient gel electrophoresis，TGGE）等，已成为研究环境微生物群落结构及其时空演替的有效方法。

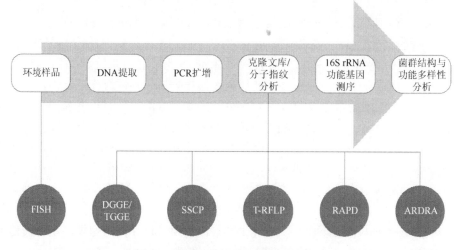

图 7.1　微生物生态分子指纹分析技术

7.1　基于 16S rRNA 的 PCR-克隆文库与测序分析

"克隆"（clone）在生物学中是指一个细胞或个体以无性繁殖的方式产生一群细胞或一群个体，在不发生突变的情况下，具有完全相同的遗传性状，或称为无性繁殖（细胞）系。一般来说，目的基因的克隆是利用 PCR 扩增技术（或化学合成法）体外直接合成目的基因片段，用体外重组方法将它们插入克隆载体，形成重组克隆载体，再通过转化与转导的方式，引入适合的寄主体内得到复制与扩增，然后从筛选的寄主细胞内分离提纯所需的克隆载体，可以得到插入 DNA 的许多拷贝，从而获得目的基因的扩增。而克隆文库（clone library）是通过分子克隆的方法扩增微生物种群目的 DNA 片段的集合。序列分析是分子生态学领域的一项重要技术。在生物信息学中，DNA 序列分析是指通过读取 DNA 序列，应用一系列的分析方法来分析其特性、功能、结构和演化的过程。

如图 7.2 所示，PCR-克隆文库与测序的建立首先用 PCR 选择性地扩增混合DNA 样品中 16S rRNA 片段，以此建立的克隆文库中仅包含了 16S rRNA 片段信息，再分别对每个克隆子从已知的引物位置测序，可快速得到混合 DNA 样品中 16S rRNA 的序列信息。而后，通过比对序列差异而鉴定克隆文库中每条目标序列的种属，简明而快速地解析环境微生物群落结构、分类及演化，并能够发现微生物群落中存在的新物种。基于 16S rRNA 的 PCR-克隆与测序的微生物物种鉴定方法的指标明确，只以保守的 16S rRNA 基因序列为基准，极大地减少（甚至避免）了从鸟枪文库（shotgun library）中识别 rRNA 克隆子的冗长筛选过程。该方法可广泛应用于土壤、海洋、湖泊、肠道以及活性污泥等多种生态系统的微生物多样性调查。

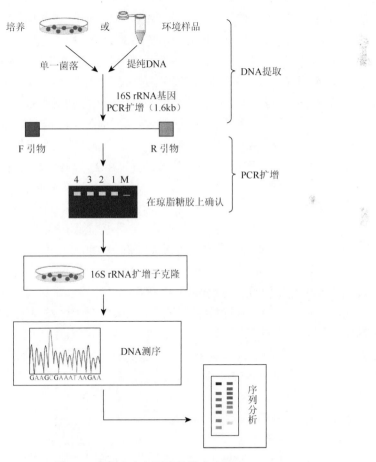

图 7.2　克隆文库与测序的基本步骤

7.1.1　提取样品基因组 DNA（genomic DNA）

分子生物技术的有效性需依靠从微生物种群中提取到足量的高纯度 DNA，因此必须建立高效、可靠的 DNA 提取方法。核酸在细胞中常与蛋白质结合存在，构成蛋白质-核酸复合物。因此，要从细胞中提取分离核酸，首先需要进行细胞破碎，再将核酸与蛋白质分离，最后进行 DNA 提取和纯化。

DNA 提取和纯化可以使用直接溶菌裂解法，包含物理、化学与酶解溶菌三个过程。首先，物理破碎细胞可以采用冻融法（freeze-thawing）、珠磨匀浆法（bead mill homogenization）、超声破碎（ultrasonication）或液氮研磨。前两种为常用方法，并且珠磨匀浆法比冻融法获得 DNA 的量要多。但珠磨匀浆法会引起腐殖酸的过量回收和 DNA 的破碎。化学溶菌过程所用方法也是多样的，可按照溶菌液内含物分为去垢剂［十二烷基苯磺酸钠（SDS）］、NaCl 和各种缓冲液（Tris 或 PBS，pH 7~8）。为了抑制核酸酶并增强环境样品的均匀分散，化学溶菌法可以采用增加高温温浴（60℃或煮沸）、酚/氯仿提取或利用螯合剂（EDTA）等过程来分离细胞材料。DNA 提取过程还需要进行酶解，包括使用溶菌酶（lysozyme）、蛋白酶 K、无色肽酶等方法促进细胞裂解。分离细胞材料后，核酸溶于水中，因核酸不溶于乙醇等有机溶剂，可用乙醇沉淀法进一步纯化，最终重新溶解在适宜的缓冲液（如 Tris-EDTA）中。以酚-氯仿提取法为例，一般用于核酸的手工提取。首先在样本中加入裂解液，再加入氯仿后离心，以释放核酸并使之与蛋白层分离，最后将上清液加入异丙醇中以萃取核酸，离心后去上清液，加入乙醇洗涤后，即可得到核酸。

DNA 提取方法还包括螯合树脂/纯化柱法、玻璃珠吸附法等。DNA 提取效率受制于多步骤提取过程较低的复合效率，如不完全细胞裂解、样品中土壤或悬浮物对 DNA 的吸附、酶抑制物的同步提取，以及 DNA 在提取过程中的损失、降解和破坏等。从技术层面上，不同提取方法会产生提取 DNA 的偏差。针对 DNA 提取过程中出现的各种问题，试剂盒制造商开发了不同技术进行应对。例如，MO BIO 公司利用抑制物去除的专利技术，开发了众多针对土壤及环境样品的 DNA 提取试剂盒，用以去除腐殖酸、黄腐酸、多糖、酚类等 PCR 酶抑制物。此外，QIAGEN 公司开发了硅膜吸附法及硅胶磁珠法等，以及真空抽滤与自动核酸提取仪等设备，用于提高 DNA 提取效率。

7.1.2　PCR 扩增目标片段 DNA

PCR 是生物体外的特殊 DNA 复制，其基本原理类似于生物细胞内的 DNA 复制过程，双链 DNA 在高温作用下可以变性解旋成单链，在 DNA 聚合酶的参与下，根据碱基互补配对原则复制成同样的两分子拷贝。由变性、退火、延伸三个基本反应步骤构成。

1）DNA 变性（denaturing）：模板（template）DNA 经加热至 95℃左右，使模板 DNA 双链 DNA 解离成为单链，以便与引物（primer）结合。

2）引物退火（annealing）：模板 DNA 经加热变性成单链后，温度降至 55～60℃，引物与模板 DNA 单链的互补序列配对结合。

3）引物延伸（extension）：结合引物的 DNA 在 DNA 聚合酶（如 *Taq* DNA 聚合酶）和 72℃的作用下，以溶液中游离碱基（dNTP）为反应原料，按碱基互补配对与半保留复制原理，合成一条新的与模板 DNA 互补链。

重复循环上述过程就可获得更多的"半保留复制链"。每完成一个循环仅需几分钟，2h 左右就能将待扩增的目标基因序列扩增 10^6 倍以上，因此可以将环境样品中痕量 DNA 大幅扩增。

然而 PCR 在扩增过程中，会造成嵌合体（chimera）与异源双链（heteroduplex）等假象（artefact）。此外，PCR 扩增有其偏好性（bias），也会造成错误扩增。因此，应该适当减少 PCR 循环次数及 DNA 模版浓度、提高延伸时间及选择适当 DNA 聚合酶，可有利于减少 PCR 的人为错配结果及偏好性扩增。在准备和实施 PCR 实验过程中，涉及两个重要过程：引物设计及 PCR 产物纯化。

引物设计：PCR 反应的特异性依赖于与靶序列两端互补的引物。设计引物时以一条 DNA 单链为基准，5′端引物与位于待扩增片段 5′端上的一小段 DNA 序列相同，3′端引物与位于待扩增片段 3′端的一小段 DNA 序列互补。引物的设计可通过相应的软件完成，如 Primer Premier 5.0、vOligo6 及 vPrimer3 等。引物设计应遵循几个原则：①长度在 18～24bp；②引物中碱基 G＋C 含量以 40%～60%为宜，G＋C 太少扩增效果不佳，G＋C 过多易出现非特异条带；③引物内部不应出现互补序列；④两个引物之间不应存在互补序列，尤其需要避免引物 3′端的互补重叠；⑤引物与非特异扩增区的序列同源性不要超过 70%，引物 3′端连续 8 个碱基在待扩增区以外不能有完全互补序列，否则易导致非特异性扩增；⑥引物 3′端碱基，特别是最末及倒数第二个碱基，应严格要求配对，最佳选择是 G 或 C；⑦引物的 5′端可以修饰，如附加限制酶切位点，引入突变位点，用生物素、荧光物质、地高辛标记，加入其他短序列，包括起始密码子、终止密码子等。

PCR 产物纯化：PCR 反应后体系中残余 DNA 聚合酶及 dNTP 的持续存在，会影响后续克隆实验中扩增 DNA 片段末端的酶剪切效率。*Tag* DNA 聚合酶的持续存在可用来解释许多实验室为克隆 PCR 产物时常遇到的难题，即 PCR 扩增片段经由相应的限制性内切酶消解后往往不能顺利克隆到由同样限制性内切酶酶切的载体上。此外，在 PCR 产物回收、纯化过程中要防止外来 DNA 污染。

7.1.3　PCR 产物克隆

传统分子克隆依赖重组 DNA 方法，即首先通过限制性内切酶剪切，制备接受 DNA 插入片段的载体。随后，通过连接酶将酶切的片段拼接在一起（连接过程），形成可以表达目标基因的新载体，见图 7.3。研究人员随后开发各种新型克隆方法，如 TA cloning™、TOPO™克隆、PCR 克隆、不依赖连接酶的克隆等，以及利用其他修饰酶独特性能的基因组装。

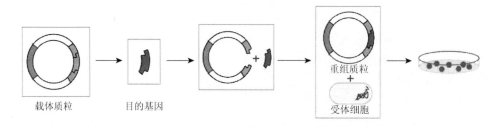

载体质粒　　　　目的基因　　　　　　　　　　　　　　重组质粒
　　　　　　　　　　　　　　　　　　　　　　　　　　　+
　　　　　　　　　　　　　　　　　　　　　　　　　受体细胞

图 7.3　传统分子克隆的一般流程

（1）连接反应（ligation）　　PCR 产物克隆首先要建立 PCR 产物与克隆载体的重组体，即连接反应。连接反应是在 DNA 连接酶的作用下，有 Mg^{2+}、ATP 存在的连接缓冲体系中，将克隆载体与外源 DNA（PCR 产物）进行连接，建立重组的质粒。PCR 克隆的连接反应方法可分为平端克隆（blunt-end cloning）和 TA 克隆（TA cloning）。平端克隆是将制备好的平头载体和补平或削平的 PCR 产物直接进行连接。载体可用 *EcoR* V 或 *Sma* I 切成平头，当 PCR 产物纯化后，利用 DNA 聚合酶 I 所具有的 3′→5′外切酶活性和 5′→3′聚合酶活性，在 22℃下作用 30min。如果用 Stratagene 公司的 *pfu* DNA 聚合酶或 New England Biolabs 公司的 *Vent* DNA 聚合酶进行的 PCR 反应，PCR 产物为平端，产物无须处理。然而，平端连接的缺陷是连接效率低，即使提高连接酶的用量，或在反应体系中加入 PEG 8000，效率提升也有限。TA 克隆利用部分 PCR 产物 3′端带有一个凸出的腺嘌呤脱氧核苷酸（dAMP）的特性，构建 3′端带有凸出的胸腺嘧啶脱氧核苷酸（dTMP）的载体。一般采用的方法是先把载体用某种限制性内切酶消化成平头，在 70℃或 72℃下在只加入脱氧胸苷三磷酸（dTTP）或双脱氧胸苷三磷酸（ddTTP）的反应体系中用 *Taq* DNA 聚合酶处理 0.5～2h，也可以用末端转移酶来完成加 T 反应。这种方法一般称为加 T/A 法克隆，比平头连接效率高 50～100 倍。最常用的克隆方法为 Invitrogen 公司发明的 TA 克隆法，其原理是利用 *Taq* 酶能够在 PCR 产物的 3′端加上一个单脱氧腺苷（A），而 TOPO^{TM} 载体是一种带有 3′脱氧胸苷（T）突出端的载体，在连接酶作用下，可以快速并一步到位地把 PCR 产物直接插入质粒载体的克隆位点中，如图 7.4 所示。

T 载体可以应用限制性内切酶如 *Xcm* I、*Hph* I 与 *Mob* II酶切消解产生 3′端未配对的 T，或末端转移酶与双脱氧 TTP 加入一个突出的 T 残基到线性化载体的 3′端，抑或不依赖末端的 *Taq* 聚合酶的末端转移酶活性，在线形化载体 3′端的羟基基团上催化连接上一个 T 碱基。利用 *Taq* DNA 酶扩增的 PCR 产物，其 DNA 双链前后末端都有一个游离的 A 碱基，可以与载体（如 Promega 公司开发的 pGEM-T Easy Vector）末端游离的 T 碱基互补形成环状重组 T 质粒。目前，众多商用 T 载体得到广泛应用，如 Invitrogen 公司开发的 TA cloning Kit，Takara 开发的 pMD™18-T Vector Cloning Kit 等。具体的 PCR 克隆方法可根据商用试剂盒的相关操作说明书（protocol）来进行。连接反应的总容量根据 DNA 分子质量来确定，通常 DNA 插入片段的量是载体 DNA 的 3 倍，这需要根据 DNA 分子质量计算，而不取决于浓度。

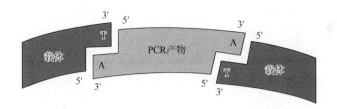

图 7.4 TA 克隆法建立重组 T 载体示意图

（2）重组质粒的转化及阳性克隆的鉴定和筛选 要使外源基因得到正确表达，必须把目的基因或重组 DNA 分子引入受体细胞。以质粒为载体的重组 DNA 分子引入受体细胞的过程叫作转化（transformation）。对细胞进行转化的关键是细胞处于感受态，即能允许外源 DNA 分子进入细胞。常用的转化方法有热激法和电转化法。受体细胞可以是原核细胞，也可以是真核细胞，所选受体细胞根据目的而定。在原核细胞中，多用大肠杆菌。进入受体细胞的 DNA 分子通过复制和表达实现信息的转移，使受体细胞具有新的遗传性状。将经过转化的细胞在筛选培养基上培养，即可筛选出带有目的基因 DNA 分子的转化子。如图 7.5 所示，将目的基因与载体进行连接而形成重组子并转化后，在连接产物中既有载体和目的基因的连接，也分别有载体、目的基因的自连，更多的是未发生连接反应的载体和目的 DNA 片段。因此，需要对克隆子进行阳性鉴定和筛选，将含有正确重组子、含有其他外源 DNA 和不含外源 DNA 的宿主细胞分开。

阳性克隆的筛选与鉴定可以从载体本身的一些特性，如抗生素抗性基因，对重组子进行筛选。也可以直接分析重组子中的质粒 DNA，分析其插入片段的有无、大小和酶切谱图来判断。或直接通过测序分析重组子中的插入片段。转化和筛选一般按照 Lac Z 筛选机制进行，其步骤如下：①冰融感受态细胞；②加入质粒 DNA（20ngDNA/100μL 细胞，30min）；③热激（42℃，45～60s）；④冰浴（2min）；⑤复苏（700μL LB 培养基，37℃，45min，转速 120r/min）；⑥布皿（涂布于含 IPTG、X-gal、抗生素 Ampicillin 的 LB 平板）并培养（37℃，2～16h）；⑦筛选，通过观察到蓝白斑菌落来分辨转化子（白斑菌落为含有外源 DNA 片段的转化子，蓝斑为载体自连的转化子）。

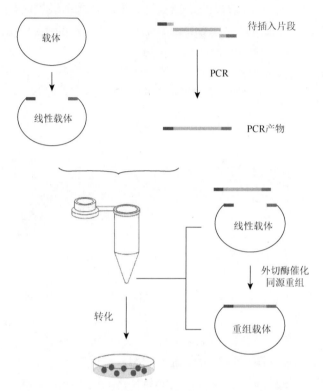

图 7.5　重组质粒的转化及阳性克隆的鉴定和筛选

（3）**质粒提取和测序**　通过重组质粒的提取，构建 DNA 文库，可归档数百计的 16S rRNA 基因片段。进行重组质粒提取后，将重组质粒 DNA 进行测序，实现克隆文库的鉴定。测序结果可用 DNAstar、DNAMAN 4.0、Bioedit 等生物软件进行序列比对分析，再用 MEGA 6.0 生物软件构建不同物种间系统进化树。虽然 PCR-克隆的方法是对于微生物种群结构分析有效的方法，然而克隆和测序费时、昂贵、烦琐，并不适宜于连续跟踪群落中的种群变化。

7.2　PCR-RFLP 技术原理及应用

生物在进化过程中产生的基因变异（genetic variation）是碱基突变引起的，因此，DNA 的分析在微生物生态的研究中成为重要工具。DNA 分子水平上的多态性检测是进行基因组研究的基础。通常，基因变异有多种类型，所谓小规模基因变异包含单核苷酸多态性（single nucleotide polymorphisms，SNPs）、多核苷酸多态性（multi-nucleotide polymorphisms，MNPs）和插入或缺失突变（microindels）。MNPs 是对于一条等长片段中多个、连续的核苷酸变异，如图 7.6 所示。而插入或缺失突变则涉及对 1～50 个核苷酸的删除、复制和重组。

```
ACTGCGTGCTGAGGTA      单核核苷酸多态性(SNP)
ACTGCGTGATGAGGTA

ACTGCGTCCTGAGGTA      双核核苷酸多态性(DNP)
ACTGCGTCAGGAGGTA

ACTGCGTGCTGAGGTA      三核核苷酸多态性(TNP)
ACTGCGTCAGGAGGTA
```

图 7.6　小规模基因变异

由于限制性内切酶（restriction enzyme）能够识别专一碱基序列的位置（4～6bp），特异性地消化切割 DNA，产生可重复的样式片段。因此，当不同 DNA 样品中，因靶序列的碱基替换、插入或缺失改变了被内切酶所消化的 DNA 剪切片段大小与数量，而被限制性内切酶切割出不同（长度的）样式片段，则产生多态性（polymorphism），即限制性片段长度多态性（RFLP）。概括而言，RFLP 是源于个体之间的基因变异可以产生或消除限制性内切酶的酶切位点，并在酶切消化后得到不同长度的 DNA 片段，进而通过长度差异得以检测分析的方法。

不同限制性内切酶切割基因组 DNA 后，所切的片段类型不一样，因此限制性内切酶的特异性是 RFLP 技术关键。限制性内切酶与分子标记组成不同组合进行研究。目前常用的限制性内切酶为 II 型限制酶，识别长度为 4～6 个核苷酸序列，少数能够识别更长的序列，表 7.1 列举了几种常用的限制性内切酶及其识别位点。II 型酶切割位点有的是在识别序列的对称轴处，酶切产生平端 DNA 片段；有的酶切位点在对称轴单侧，产生带有单链突出末端的 DNA 片段，即黏性末端，如图 7.4 所示。然而，不同的限制性内切酶的酶活及酶切反应条件不同，所需缓冲液的浓度也不同，应根据每种酶的适应性来调整。目前商用内切酶制剂都已经进行优化，使得 RFLP 反应容易操作。

表 7.1　常用限制性内切酶、来源及识别位点

限制性内切酶	来源微生物	识别位点（单条序列）
*Eco*R I	*Escherichia coli* Ry13	5′G↓AATTC3′
*Bam*H I	*Bacillus amyloliquefaciens*	5′G↓GATCC3′
Bal II	*Bacillus globigii*	5′A↓GAGCT3′

续表

限制性内切酶	来源微生物	识别位点（单条序列）
Hind Ⅲ	*Haemophilus influenza* R$_d$	5′A↓AGCTT3′
Hinf I	*Haemophilus influenzae* R	5′G↓ANTC3′
Sau 3A	*Staphylococcus aureus*	5′↓GATC3′
Alu I	*Arthobacter luteus*	5′AG↓CT3′
Hae Ⅲ	*Haemophilus aegyptius*	5′GG↓CC3′
Taq I	*Thermus aquaticus*	5′T↓CGA3′

PCR-RFLP 是基于 PCR 的 RFLP 技术，也被称作酶切扩增多态性序列分析技术（cleaved amplified polymorphic sequence，CAPs），广泛用于同源性基因差异分析。它可用于检测种内（intraspecies）和种间（interspecies）的变化。

PCR-RFLP 通常按照如下步骤进行：首先利用 PCR 扩增含有变异的片段（如16S rRNA 基因），然后用合适的限制性酶处理扩增的片段，由于限制酶识别位点的存在或缺乏，形成不同大小的限制性片段，因此可以通过片段的电泳解析来进行等位基因鉴定，如图 7.7 所示。

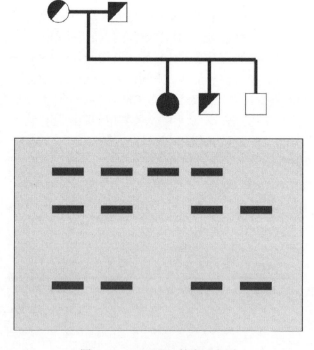

图 7.7　PCR-RFLR 技术示意图

　　PCR-RFLP 技术最大的优势在于价格便宜并且不需要复杂设备。此外，实验设计简单，可重复性强。PCR-RFLP 不足之处在于需要特异性内切酶，并且实验耗时较长。如果多处 SNP 影响了同一个酶切位点，该技术难以确切识别变化的位置。另外，由于每个 SNP 需要特异性引物和限制性内切酶，PCR-RFLP 不适合于同时分析大量 SNPs，因而也限制了其高通量分析（high-throughput）的适用性。此外，RFLP 也受 DNA 纯度、DNA 结构、反应温度、反应缓冲液等因素影响。PCR-RFLP 的多种变型技术被广泛应用于微生物群落结构分析，其中包括核糖体 DNA 扩增片段限制性内切酶分析（amplified ribosomal DNA restriction analysis，ARDRA）、末端限制性酶切片段长度多态性（terminal-restriction fragment length polymorphism，T-RFLP）、扩增片段长度多态性（amplified fragment length polymorphism，AFLP）等。

7.2.1　ARDRA

　　核糖体 DNA 扩增片段限制性内切酶分析（ARDRA）是基于 PCR 的 RFLP 技术在核糖体 RNA 序列上的扩展应用。ARDRA 原理步骤与一般 PCR-RFLP 相似，首先利用 PCR 扩增 16S rRNA 片段，然后利用 4 切口（tetracutter）限制性内切酶，对扩增片段进行消化剪切，再利用低熔点琼脂糖凝胶对酶切产物进行电泳分离。基于随即发生概率计算，4bp 序列的限制性位点平均每 256 个碱基发生一次。大量商用 4 切口的限制酶，如 *Msp* I、*Eco*R I 等，可用于 ARDRA。基于统计学意义，须至少使用三种限制酶进行分析，以克服某些限制酶产生类似模式的可能性。待分析的扩增 DNA 片段必须大于 1000bp，方可增加限制性位点可能性。电泳结果的分析通常利用随机扩增多态性 DNA 模式，或称为 RAPD，一种利用任意引物（8～12 个核苷酸），使用基因组 DNA 模板进行随机扩增 DNA 片段 PCR，通过解析产物模式。

　　ARDRA 选择 16S rRNA 作为扩增对象，电泳分离片段样式（pattern）可作为微生物系统发育分析鉴定的依据，可广泛应用于研究环境样本（如土壤、水体、海洋沉积物、活性污泥系统和生物反应器等）微生物群落的结构与时空变化分析，尤其适合于识别与鉴定分离纯菌株和种群 DNA 克隆所得到的 16S rRNA。ARDRA 技术主要特点是：①引物与限制性内切酶的组合多样，大大增加了揭示多态性的机会；②操作简单，仅用琼脂糖电泳分析，而无须 RFLP 膜转印的步骤（如 Southern 印迹、探针标记、杂交和自显影）；③不需要复杂的仪器设备，因而价格低廉。然而，该技术的不足则体现在操作步骤略烦琐，相对耗时较长（10～16h）。此外，ARDRA 如果用于复杂群落结构分析，则得到的图谱复杂性太高，用来定性表征难度大。将 ARDRA 用来分析分离的纯菌或者是种群 16S rRNA 的克隆，得到的图谱用来比对种间差异，则适用性可大大提升，并且大幅度减少后续测序的复杂度。

7.2.2　T-RFLP

末端限制性酶切片段长度多态性（T-RFLP）分析是一项基于 PCR-RFLP 的分子指纹技术。当 PCR 引物的 5′端用荧光物质标记，PCR 产物进行限制性酶切消化后，产生一个末端带有荧光标记引物的核苷酸片段（T-RFs）。末端带荧光标记的片段通过非变性聚丙烯酰胺凝胶电泳或毛细管电泳分离后，可被激光诱导荧光检测器（laser-induced fluorescence detector）检测，如图 7.8 所示。选择合适的引物与限制性内切酶对 T-RFLP 至关重要。通常在 T-RFLP 中，只用一端荧光标记引物和一种限制性内切酶。为了提高 T-RFLP 的分辨率，也可运用两端荧光标记引物，同时使用多种不同限制性内切酶进行消化。

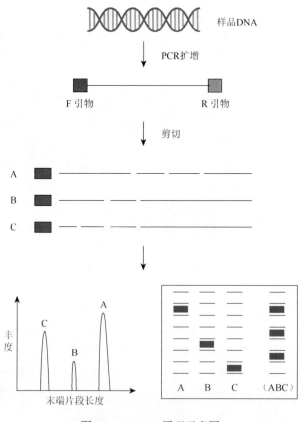

图 7.8　T-RFLP 原理示意图

由于有良好的可重复性，T-RFLP 通常可被用来对生物种群进行定性和定量分析。通过数据库查询不同长度的 T-RFs 所代表的菌种亲缘信息，这些数据库包括 TRFMA、T-Align 及 PAT 等。因此，利用这些末端标记的片段，可以分析得到微生物群落结构信息。T-RFLP 具有高分辨率、高灵敏度的优点，可以检测到数量稀少的种群。更具优势的是，T-RFLP 方法能够标准化，可以用于比较不同研究的结果。1997 年，刘文佐等首次将 T-RFLP 应用于分析比较厌氧-好氧反应器中的种群多样性。自此，T-RFLP 广泛应用于各类型环境样品的群落结构分析。

T-RFLP 的不足之处在于 PCR 产物需要经过纯化后才能进行酶切，实验中经常出现 T-RFs 片段大小与理论长度不同的情形。因此，T-RFLP 适合于表征低到中等多样性的生物种群，而不适用于高多样性的样品。此外，T-RFLP 的重复性受到不完全酶切的影响。形成假片段（pseudo T-RFs）的现象也时有发生，造成对多样性的高估。

7.2.3　AFLP

扩增片段长度多态性（amplified fragment length polymorphism，AFLP）分析是一项基于 PCR 的 RFLP 技术，被认为是一种理想、有效的分子标记，可灵敏检测 DNA 多态性变化。AFLP 基本分析步骤为：①先利用两种限制性内切酶剪切基因组 DNA，产生具有黏性末端的 DNA 片段；②再用寡核苷酸衔接子（adapter）与酶切产物的黏性末端进行连接，连接产物作为模板 DNA；③使用与衔接子、酶切位点序列和酶切位点内部几个核苷酸（3′端 1～4 个碱基）的互补链为引物，选择性地扩增酶切片段（向酶切点位内部延伸几个碱基大大降低引物-模板之间的错配，降低扩增子复杂性）；④DNA 扩增片段通过放射性标记引物扩增后经过琼脂糖凝胶电泳分离来检测，结果可用来分析判断多态性。荧光标记引物的扩增和毛细管电泳分离是近年来更常用的 AFLP 方法。

AFLP 技术的独特之处在于可在缺乏 DNA 信息的前提下对酶切片段进行 PCR 扩增，而扩增片段的复杂性可由限制酶来确定，片段的数量是靠改变 3′端的选择性碱基数量来决定。AFLP 可同时扩增多达 50～100 个片段，因而能够同时检测不同基因组区域的多态性。因此，AFLP 已广泛用于细菌的基因组分析和系统发育分析。相比于其他 DNA 指纹技术，AFLP 具有良好的灵敏度、分辨率和可重复性，但由于酶切后需要进行 PCR，AFLP 对 DNA 的纯度和内切酶的质量要求很高。

7.3　随机扩增多态性 DNA（RAPD）

随机扩增多态性 DNA（random amplified polymorphic DNA，RAPD）标记技

术出现于 1990 年，是建立在 PCR 基础之上的一种可对整个未知序列基因组进行多态性分析的分子技术。RAPD 技术与常规 PCR 的差别主要体现在随机扩增引物上。RAPD 所用的一系列引物具有特异结合位点，即引物在模板的两条链上有互补位置，且引物 3′端相距在一定的长度范围之内，就可扩增出 DNA 片段。如果基因组在这些区域发生 DNA 片段插入、缺失或碱基突变就可能导致这些特定结合位点分布发生相应的变化，进而使 PCR 产物增加、缺少或发生分子质量的改变。通过对 PCR 产物检测即可检出基因组 DNA 的多态性。简而言之，RAPD 以基因组 DNA 为模板，以单个人工合成的寡聚核苷酸单链（通常为 10 个碱基对）为引物，在 DNA 聚合酶（*Taq* 酶）作用下进行 PCR 扩增。扩增产物经琼脂糖或聚丙烯酰胺电泳分离，经 DNA 染色或放射性自显影来检测扩增产物 DNA 片段的多态性，扩增产物的多态性反映了基因组 DNA 的多态性。

对 RAPD 技术而言，选择正确的引物非常重要。因为不同的引物序列会产生不同的条带模式，允许更加特异性识别单个菌株。虽然对每一个引物而言，其检测基因组 DNA 多态性的区域是有限的，但是利用一系列引物则可以使检测区域几乎覆盖整个基因组。因此 RAPD 可以对整个基因组 DNA 进行多态性检测。由于其独特的检测 DNA 多态性的方式以及快速、简便的特点，RAPD 技术已经广泛应用于微生物鉴定、系谱分析及进化关系的研究。例如，Yang 等通过 RAPD 分析评估受农业化学品影响的 4 种土壤中微生物群落的 DNA 序列多样性，并使用 14 个随机引物扩增来自 4 个土壤微生物群落 DNA。12 个引物的产物在凝胶中产生 155 个可靠的片段，其中 134 个是多态的。通过计算丰富度，修正丰度，Shannon-Weaver 指数和 DNA 的相似系数，定量获得 4 个土壤微生物群落多样性。此外，RAPD 还可以作为一种快速评估外毒素诱导的细菌 DNA 损伤的方法。

RAPD 技术不使用同位素，对模板 DNA 的纯度要求不高，技术简单，不需要克隆 DNA 探针，不需要进行分子杂交，灵敏度高，可提供丰富的多态性，引物没有严格的种属界限，同一套引物可以应用于任何一种生物的研究，因而具有广泛性、通用性。但是，RAPD 不足之处体现在重复性较易受到各种因素的影响，如模板质量和浓度、短引物序列、PCR 循环次数、基因组 DNA 复杂性等。采用标准化反应、提高扩增片段分辨率，或将 RAPD 标记转化为 SCAR 标记后再进行常规的 PCR 分析，可以提高反应稳定性及可靠性。然而，引物和模板之间的错配可能导致 PCR 产物的缺失或减少。因此，RAPD 结果可能难以解释。

7.4　SSCP/DGGE/TGGE 指纹技术

单链构象多态性分析（Single-strand conformation polymorphism，SSCP）、变

性梯度凝胶电泳（denaturing gradient gel electrophoresis，DGGE）及温度梯度凝胶电泳（temperature gradient gel electrophoresis，TGGE）是三项基于 PCR 和凝胶电泳的 DNA 指纹技术，目前已经成为微生物菌群多样性研究的重要手段。这三项技术的共性是可以用于分离长度相同但序列有差异的 DNA 片段。对于 DGGE 和 TGGE 技术，双链 DNA 片段的分离是依靠其在含有化学变性剂或温度梯度的凝胶当中电泳具有不同的解链行为而实现的；对于 SSCP 技术，单链片段的分离是依靠其在低温下具有不同构象而实现的。与微生物学传统研究手段相比，这三项微生物分子生态学技术最大的特点在于它是以样品总核酸出发进行研究，具有可靠性强、重现性高、方便快捷的优点，目前被广泛应用于土壤、活性污泥、生物膜、动物肠道、湖泊等各种环境的微生物生态解析中。

7.4.1　SSCP

对于双链 DNA 而言，其物理性质对于两个等位基因几乎相同，所以序列中的单个核苷酸变化无法通过琼脂糖电泳来区分。SSCP 的技术原理是基于双链 DNA 变性后，单链 DNA 根据碱基序列互补，可形成二级和三级结构，经三维折叠后 DNA 序列呈现独特的构象状态，某些位点的一个核苷酸发生改变也可能影响整个构象。因此，具有不同序列的两条单链 DNA 链之间的形状差异可导致它们在（不含变性剂）聚丙烯酰胺凝胶电泳产生迁移的速度差异，进而在凝胶中得以分离，通过显色、显影或者银染后在凝胶显示出多态性。简而言之，SSCP 是指在长度相等，但序列存在差异的单链核苷酸序列的构象差异。通过聚丙烯酰胺凝胶电泳分离后，各序列根据其不同的构象分离片段得以区分。

SSCP 适用于环境多样本筛选，特别是环境混合种群群落结构和功能基因多态性分析，因而得到广泛应用。PCR-SSCP 具备以下优点。

1）可以检测任何 DNA 位点上的多态性和突变，且检测灵敏性高，甚至能够检测出 1bp 点突变或缺失，大大提高了基因突变的检测范围。

2）实验操作简单、成本低。SSCP 技术容易掌握，实验省去了酶切消化及核酸杂交等复杂步骤，不需要特殊仪器，实验成本低，整个过程可在一到两天内完成。

此外，SSCP 技术也非常适合于在大量 DNA 测序前对样本进行筛选，如配合克隆文库后的质粒 DNA 测序，从而避免了盲目测序带来的人力、物力和时间上的浪费。

然而，SSCP 不足之处体现在其不能对 DNA 序列变异进行精确定性，只能对其进行初筛，需要结合序列分析才能确定变异，仅通过 SSCP 无法完全证明未发生突变。小于 300bp 的 DNA 片段中的单碱基突变，SSCP 检测灵敏度可达 90%，而随着 DNA 片段长度的增加到大于 300bp，SSCP 检测敏感度会逐渐降低。理论上 PCR-SSCP 可检测任意位点的突变，但实际可能会遇到假阴性结果而未能检出突变。实验条件也会影响 SSCP 的结果，为了使单链 DNA 保持一定的稳定立体构象，SSCP 应在较低温度下进行，一般是在 4～15℃。电泳电压过高能引起温度升高，宜采用先高压（250V）5min 后，改用 100V 电压进行电泳。DNA 片段中点突变位置对 SSCP 的影响取决于该位置对维持立体构象作用的大小，而不仅仅取决于点突变在 DNA 链上的位置。SSCP 的检测限不能定得太低，否则主观因素太大，易造成假阳性结果。一般要求电泳长度在 16～18cm 及以上，以检测限 3mm 为指标来判定结果，那么当两带间距离在 3mm 以上，则说明两链之间有改变。另外，电泳缓冲液离子强度、凝胶浓度、甘油浓度和交联剂亚甲基双丙烯酰胺的浓度等均会对 SSCP 分析结果产生影响，不同条件结果差异较大，也会有条带难以分离的情况发生。

　　SSCP 是一种快速、简便、灵敏的突变检测方法，而随着 SSCP 分析不断完善和进展，已成为基因诊断研究的一个有力分析工具。例如，荧光标记 PCR-SSCP 并通过恒温和自动检测，大大提高了 SSCP 的分辨率与自动化程度。由于单链 RNA 具有更丰富的二级结构构象，RNA 碱基配对比 RNA-DNA 碱基配对更稳定，因此 RNA-SSCP 对序列突变更敏感，从而提高了检出率，其突变检出率可达 90% 以上。但该方法增加了一个反转录过程，还需要一个较长的引物，内含有启动 RNA 聚合酶的启动序列，从而增加了该方法的分析难度。此外，双脱氧指纹（dideoxy fingerprinting，ddF）分析克服了 SSCP 分析时因 DNA 长度影响 SSCP 显示的困难，通过一种双脱氧核苷酸生产特异性的单链 DNA，使其中长度合适的 DNA 片段显示 SSCP 改变，因此，ddF 提高了 PCR-SSCP 检测结果的多态性及更高的灵敏度。毛细管电泳技术（CE）与 SSCP 的结合，更是实现了高速度、高效率和自动化分析。

7.4.2　DGGE/TGGE

　　变性梯度凝胶电泳（denaturing gradient gel-electrophoresis，DGGE）技术是 1979 年由 Fischer 和 Lerman 最先提出的，起初主要用来检测 DNA 片段中的点突变。Muyzer 等在 1993 年首次将 DGGE 应用于微生物群落结构研究，并完整、准确地描述了微生物种群多样性、种群丰度和系统进化等。而温度梯度凝胶电泳（temperature gradient gel-electrophoresis，TGGE）是 DGGE 的衍生技术。DGGE 与 SSCP 和 T-RFLP 等方法一起是研究微生物群落结构的主要分子指纹技术。

　　DGGE/TGGE 原理：由于双链 DNA 中存在氢键，DNA 分子可在特定的温度、盐浓度或变性剂（通常为尿素和甲酰胺）浓度等条件下得到变性解链（melting）。

通常一段含有几百个碱基对的 DNA 片段有几个解链区域，当温度（或变性剂浓度）逐渐升高到其最低的解链区域温度时，该区域发生解链。随着温度进一步升高，双链 DNA 完全解链。一个特定的 DNA 片段序列组成决定了其解链区域和解链行为。不同 DNA 片段的解链区域及其解链温度也不同。

　　DGGE 就是将序列不同的等长片段 DNA 分子，在不同的变性剂条件下有效分离的一种凝胶电泳方法。而通过温度梯度所得到的 DNA 分离即 TGGE。当样品中 DNA 经过 PCR 扩增后产生等长的 DNA 片段后进行 DGGE/TGGE，电泳开始温度较低，DNA 没有发生解链，所有的 DNA 以相同的速率在聚丙烯酰胺胶中迁移。当 DNA 迁徙到某一位置时，温度（或变性剂浓度）提升到双链 DNA 的最低解链温度，DNA 片段开始发生部分变性解链，解链形成含有双链和单链的复杂结构，导致了电泳迁移速率的急剧下降。解链 DNA 在聚酰胺胶中的移动性因种群不同而存在序列差异，进而不同序列 DNA 可在含有梯度变性剂的丙烯酰胺胶中得到分离，即 DGGE。简而言之，通过改变条件，如变性剂或温度梯度范围、电泳时间和施加电压等，可以优化分离的效果。DGGE/TGGE 分辨率很高，1～10 个碱基的差异足以分离 PCR 产物。为了防止 DGGE 过程中双链 DNA 的完全分离，形成单链 DNA，通常在 PCR 的某一个引物 5′端加上一段富含 GC 的 DNA 片段，即一个高熔点 GC 夹（GC clamp，一般 30～50 个碱基片段）。含有 GC 夹的 DNA 解链温度很高，可以防止 DNA 片段在 DGGE/TGGE 在胶中完全解链。

　　由于环境中各类微生物的 16S rRNA 基因序列中可变区域（如 V3 区）的碱基顺序存在较大差异，当环境样品中的基因组 DNA 经过针对 16S rRNA 的 V3 区进行 PCR 扩增，所得到的 PCR 产物经过 DGGE 分离，再利用银染、溴化乙锭或 SYBR Green 染料染色，凝胶上呈现出分离的条带（图 7.9）。每个 DGGE 的条带代表样品中的一种种属，即可依据 DGGE 的条带数量快速判定环境样品的种群丰度。通过 DGGE 的条带切胶回收，可以得到分离的 DNA 片段，再经过纯化、测序和亲缘关系分析，DGGE 能够给出环境样品的生物种群组成信息和种属鉴定。与其他分子指纹技术相比，DGGE 的切胶和测序通常更加方便高效。对于复杂种群来说，为了分开分离较差的条带，DGGE 切胶后仍需进一步克隆来纯化分离的 DNA。

　　由于 DGGE 是基于 PCR 的指纹技术，为了准确鉴定微生物种群，选择合适的 PCR 引物至关重要。要进行 DGGE 分析的核糖体 DNA 片段应具有高度保守、中度和高度可变的区域。高度保守的区域可作为比对指导，是通用引物退火的便利位点，而中度和高度可变的区域允许区域和生物之间的区分。通常细菌 16S rRNA 与真菌 18S rRNA、ITS 和 28S rRNA 可用于研究细菌和真菌群落的结构。对于细菌，已经开发靶向细菌 16S rRNA 的不同可变区（V1～V9 区）的引物对，常用的针对 V3、V4 和 V6～V8 区引物见表 7.2。

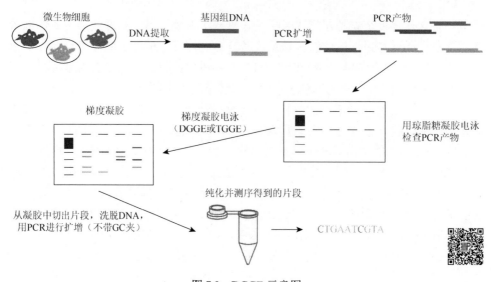

图 7.9　DGGE 示意图

表 7.2　用于评估真菌和细菌多样性的引物

生物	引物	目标
真菌	NS1F/GC fungR	18S rRNA（5′部分）
	ITS3FGC/IRS4R	ITS
细菌	338FGC/518R	16S rRNA（V3 区）
	515FGC/806R	16S rRNA（V4 区）
	984FGC/1378R	16S rRNA（V6～V8 区）

　　DGGE 分离图谱需根据研究目标，采用不同方法进行分析。如果要研究种群遗传多样性，则需要对 DGGE 的分离条带进行切胶回收和测序，再进行亲缘关系分析；如果研究群落结构和演替规律，则需要对 DGGE 图谱中优势条带的位置和强度分析，但是 DGGE 条带的强度仅仅表示相对菌种的丰度趋势，而不是绝对数量。如果可以直接观察到不同样本间 DGGE 指纹图谱的结果的显著差异，则不需要进行统计学分析。如果是多样品的 DGGE 且条带复杂，则很难定义样本间的相似性，必须借助于统计学方法。

　　切胶回收、测序获得条带的序列信息后，可用 CHECK-CHIMERA 软件进行嵌合序列评估，然后在 GenBank 中进行比对分析，搜索最相似的序列。相比于克隆和全长测序，DGGE 条带回收的 DNA 片段较短，通常为 200～400bp，难以用于后续的引物或是探针设计。根据 DGGE 所得到的测序信息进行的亲缘关系分析可信度不够，尤其是当与已知菌序列相似性低于 85%的情况。通过利用克隆文库-DGGE 联用的方法，可以解决这一问题，即先建立基于全长 16S rRNA 的克隆文库，再用 DGGE 来筛选克隆子差异（这种方法类似于克隆文库-ARDRA 分析）。然而，克隆方法本身降低了 DGGE 的高通量特性。DGGE 的分型能力相对较低，一次只能针对 16S rRNA 基因的 9 个高变区其中的一个来检测和判断。此外，Wang 和 He 开发了两步 2S-DGGE 方法，通过两步 PCR 和 DGGE 切胶测序方法，得到目的片段的全长序列，而省去了烦琐的克隆步骤，如图 7.10 所示。其步骤为：①利用 8F-GC 和 518R 扩增样品基因组 DNA；②第一次 DGGE 得到目的片段分离，切胶纯化测序目标片段；③设计针对目标片段的特异性引物 X-F；

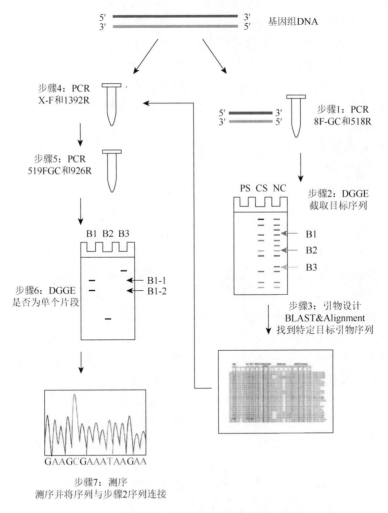

图 7.10 2S-DGGE 示意图

④利用 X-F 和 1392R 这一对引物对原始 DNA 样品进行 PCR 扩增;⑤步骤③的 PCR 产物作为模板,再利用 519FGC 和 926R 进行巢式 PCR 扩增;⑥第二次 DGGE,并找出目标片段,再进行切胶纯化;⑦纯化后 DNA 进行测序,并且与第一次测序结果进行拼接,得到全长 16S rRNA 序列信息。

为研究群落之间的相互关系,可利用统计学方法对不同微生物群落样品的 DGGE 结果进行多变量分析,如排序(ordination)和分类(classification)。目前应用的是聚类分析(clustering)方法,包括凝聚分层聚类分析、分解分层聚类和非分层聚类。有些凝胶分析系统(Biorad Gel Document 3000)整合了聚类分析功能,通过自动选带生成聚类树。也可以手动选带生成矩阵数据,输入统计软件后完成聚类分析。根据 DGGE 图谱手动选带后生成矩阵数据,再利用统计软件 SAS、SSPS、MiniTab 和 Statistics 等均可以进行 MDS 和 PCA 分析。此外,GelCompar Ⅱ 和 Bionumerics 也是常用的程序来表征条带。GelCompar Ⅱ 和 Bionumerics 提供了一些模块来比较微生物群落结构,并执行聚类分析,并将条目放置在分层的分叉结构(如树状图)的排序分析。可以通过各种相似性和距离系数及聚类方法来计算相似性或矩阵的距离。

PCR-DGGE/TGGE 在微生物生态学领域中,已被广泛用于研究微生物种群结构多样性、种群动态、菌液富集培养、DNA 提取方法评价及克隆文库筛选等各个方面,以及多种微生物生态系统,包括土壤、活性污泥、人体或动物肠道、温泉、植物根系、海洋、湖泊及油藏等。绝大多数研究通过细菌或古菌 16S rRNA 基因来研究微生物生态系统群落,也有通过 18S rRNA 基因研究真菌的群落。再者,可通过功能基因来研究功能菌群的基因多样性。PCR-DGGE/TGGE 表现出诸多优点:①简便快速,DGGE 仅仅依靠条带的变化模式,便可简便、快速地检测微生物种群的变化,因此它既可以对比分析不同微生物群落之间的差异,也可以研究不同微生物群落随时间和环境条件的变化过程;②直观高效,当检测大量样品,DGGE 可在一块胶片中,同时概览多组样品中的主要种群。相比于其他方法,DGGE 更加直观。此外,它还可以跟踪监测环境条件对菌种富集的动态影响、单个纯菌的基因差异和克隆子的筛选与文库建立等。

DGGE 方法不足之处在于:①由于 PCR 产物的 DNA 拷贝数既与初始种群丰度相关,也与序列扩增的难易度相关,DGGE 的条带印记强度并不能完全定量地反映种群丰度,同时具有多拷贝数的微生物种群丰度往往被高估;②DGGE 检测限仍然不足,丰度过低的种群(1%以下)由于条带太浅,往往难以检测或得到序列信息;③当 DGGE 条带过多,平行比较 DGGE 的结果是很困难的;④由于迁移速率相似,不同种群可能存在条带重合。此外,PCR 产生的单链 DNA 也会在 DGGE 中产生条带,导致高估种群多样性。除此之外,相比于 T-RFLP 等指纹技术,DGGE 的重现性相对较低。如果 DGGE 条带过于复杂,则需要进一步提高 DGGE 的分离效果。也可以通过特异引物选择性扩增降低样品的复杂性，从而降低 DGGE 分析时条带的多样性。DGGE 分析中获得的核酸序列还可以进一步应用于荧光原位杂交（FISH）、DNA 芯片和实时定量 PCR（quantitative real-time PCR）等技术，可用于检测特异种群。

7.5　荧光原位杂交

荧光原位杂交（fluorescence in situ hybridization，FISH）技术起源于 20 世纪 70 年代末期，是同位素原位杂交技术基础上发展起来的非放射性原位杂交方法。FISH 是利用荧光标记探针特异性结合目的细胞 RNA 分子，进行生物种群显微观测的成像技术。FISH 技术在环境样品上直接原位杂交，结合了分子生物学的精确性和显微镜的可视性信息，不仅可测定不可培养微生物的形态特征及丰度，而且能够给出微生物群落组成及空间分布信息，同时对微生物群落进行评价。由于 FISH 不需要 DNA 提取和 PCR 扩增，因此克服了基于 PCR 扩增所带来的检测偏差，是基于 PCR 方法的分子标记技术的有益补充。目前，作为监控和鉴定环境中复杂混合微生物群落的有效手段，FISH 已成为重要的分子生物学检测技术并广泛应用到环境分子生态学的研究。

FISH 技术原理是以荧光素直接标记的已知核酸分子为探针，探针和靶序列双链 DNA 变性后杂交，互补的异源单链 DNA 分子在适宜的温度和离子强度下退火形成稳定的异源双链 DNA，通过荧光标记显示，最后用荧光显微镜或者是激光共聚焦显微镜（confocal laser scanning microscope，CLSM）进行观察和定性、定量分析。FISH 探针是一段由标记物（如酶与荧光素等）标记的与目的基因互补的 DNA 片段或单链 DNA 或 RNA 分子。根据其来源可分为 cDNA 探针、基因组探针、寡核苷酸探针与 RNA 探针。在环境微生物生态研究领域，更广泛应用的"寡核苷酸探针"，为人工合成的 DNA 片段，一般长 15～30bp（碱基）。可根据已知 DNA 或 RNA 序列合成精确互补的 DNA 探针（如不知核酸序列，可依据其蛋白产物的氨基酸顺序推导出核酸序列合成 DNA 探针）。基于碱基互补配对原则，FISH 探针能够与细胞中的 16S rRNA、23S rRNA 或其他 mRNA 特异性地原位杂交，形成 DNA-RNA 杂交链。根据探针的特异性，FISH 可在各个分类水平上进行目标种群的检测和识别，具体的原理和方法见图 7.11。例如，利用 Eubacteria 特异性探针 EUB338 和产甲烷菌特异性的探针 ARC915 进行典型 UASB 厌氧颗粒污泥的分析，可以得到很明显的原位种群结构信息，如图 7.12 所示。

根据生物特异序列可以设计目标种群在微生物各分类层次上的特异性探针，如表 7.3 所示。然而 FISH 探针的适用性并不是绝对的，仍需要在具体的研究中进行评价。目前，用于环境样品检测的 FISH 探针多达 1500 种以上，ARB/SILVA 平台可以在线分析与设计新的探针（https://www.arb-silva.de/fish-probes）。此外，通过建立了基于热力学的 FISH 数学模型网络工具 mathFISH，可以轻松完成探针设计并在计算机中进行杂交条件的优化。此外，利用 5′端和 3′端双端标记的寡核苷酸探针能够有效增强荧光强度。

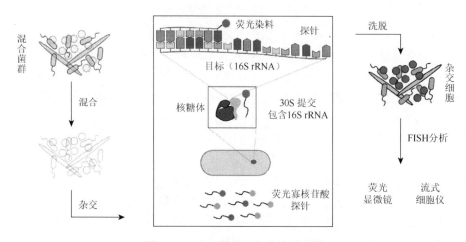

图 7.11　FISH 的原理与方法示意图

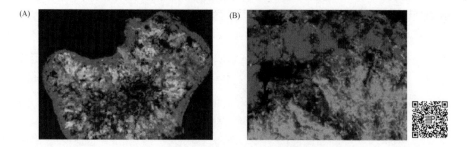

图 7.12　FISH 分析邻苯二甲酸酯厌氧降解颗粒污泥

（A）颗粒污泥整体；（B）颗粒污泥的局部。红色代表 Cy3 标记的 Eubacteria 特异性探针；绿色代表 FAM 标记的产甲烷菌特异性探针

表 7.3　不同种群分类的特异性寡核苷酸探针设计及其序列信息

探针	序列（5′-3′）	特异种属
NEU23a	CCCCTCTGCTGCACTCTA	化能自养嗜盐菌
Nb1000	TGCGACCGGTCATGG	*Nitrobacter hamburgensis* + *Nireobacter winogradsdyi* + *Nitrobacter* sp.
NIT3	CCTGTGCTCCATGCTCCG	*Nitrobacter* spp.同 Nb1000

探针	序列（5′-3′）	特异种属
CNIT3	CCTGTGCTCCAGGCTCCG	NIT3 竞争探针
NSO190	CGATCCCCTGCTTTTCTCC	氨氧化菌
NSO1225	CGCCATTGTATTACGTGTGA	氨氧化菌
Nsm156	TATTAGCACATCTTTCGAT	*NEU + Nitrosomonas* C56
Nsv443	CCGTGACCGTTTCGTTCCC	*Nitrosospira briensis + Nitrosovibrio tenuis + Nitrosolobus multiformis*
CTE	TTCCATCCCCCTCTGCCG	*Comamonas testosterone，Leptothrix discophora*

FISH 通常经过以下几个步骤来完成：①样品固定与预处理，其目的是稳定细胞结构，防止细胞裂解，同时改善细胞壁的通透性；②杂交，固定化的细胞在含有探针的缓冲溶液中，特定的温度下进行杂交，这一特定温度略低于探针分子-RNA的解离温度，最理想的结果是只适于探针核苷酸序列分子结合目标 RNA，而不形成错配；③洗脱，用于清洗去除未结合的探针分子；④显微镜观察。利用荧光显微镜、流质细胞仪等进行细胞原位观察或计数。

除了成像，FISH 也广泛用于定量检测生物量。FISH 的细胞定量则是利用荧光强度、面积或单个细胞数量。然而细胞计数则只适用于均匀分散的生物样品，如流式细胞计数或显微镜视野下的细胞计数。"Spike FISH"方法则是依靠添加外源细胞作为内标物，经过杂交、镜检和自动图片分析计数后，通过比较样品与内标相对荧光面积（或数量），来间接计算未知菌的数量。

FISH 技术有诸多优点：①快速简易，通常仅需几个小时即可得到结果；②对不可培养细菌能够直接观察；③半定量；④对种群能够差异性的检测；⑤借助 CLSM，能够对生物聚集形态，如污泥絮体、生物膜或颗粒污泥进行三维分析；⑥通过检测阳性信号强度，判断细胞的代谢活性。其缺点在于：①针对未知菌的 FISH 检测，需要知道未知菌的 RNA 序列；②难以设计严格针对某一特定种群微生物的探针，尤其是按照代谢类型分类的种群，如产酸菌；③新设计探针的杂交条件难以优化；④难以准确定量。此外，对于复杂种群的检测，有时会出现较强的自发荧光信号干扰。若是微生物细胞壁太厚导致通透性变差，会严重影响探针的进入，甚至难以检测到信号。

RNA 靶向的 FISH 技术已经得到不断发展来克服其自身缺陷，如增加细胞通透性，提高探针的特异性和有效性，信号灵敏度和分辨率的提高，从单色到多色等。此外，通过融合其他技术，FISH 逐渐演化出多种变型技术，其中包括：①酪胺信号放大-FISH（TSA-FISH）能够增强杂交荧光信号达 20～40 倍，甚至可检测到单一拷贝的基因。②催化指示物沉积-FISH（CARD-FISH），由于辣根过氧化物酶（horseradish peroxidase，HRP）可催化生色团标记的酪胺自由基生成，该自由基与核糖体的富酪氨酸区域强力结合，通过探针标记辣根过氧化物酶（horseradish peroxidase）的方法，有效解决了 FISH 信号太弱或被背景淹没（图 7.13），相比于传统 FISH，CARD-FISH 的高灵敏度并消除自发荧光干扰能够用来检测低含量 rRNA 的自养微生物（如蓝藻），鉴于该技术的高灵敏度；CARD-FISH 也可以用来检测 mRNA 和各种环境微生物的染色体编码基因。③geneFISH，geneFISH 是一种结合 rRNA 靶向的 CARD-FISH 和原位基因检测于一体的方法。④自显影-FISH（MAR-FISH）。

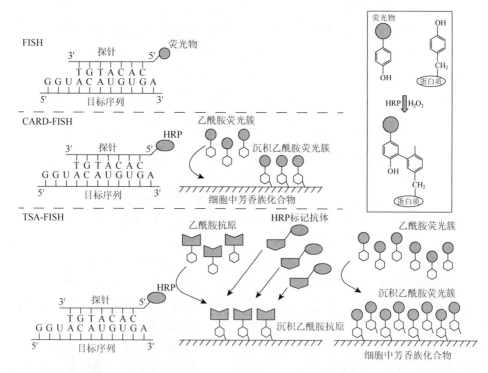

图 7.13　FISH、催化指示物沉积-FISH（CARD-FISH）和酪胺信号放大-FISH（TSA-FISH）示意图

该图描述了酪氨酸上的酪胺固定化

参 考 文 献

陈敏玲，李伟华，陈章和. 2008. 不同层面上为生物多样性研究方法. 生态学报，12：6264-6271.

宋琳玲，曾光明，陈耀宁，等. 2007. 荧光原位杂交技术及其在环境微生物生态学中的应用研究. 微生物学杂志，1：40-44.

Burr M D，Clark S J，Spear C R，et al. 2006. Denaturing gradient gel electrophoresis can rapidly display the bacterial diversity contained in 16S rDNA clone libraries. Microb Ecol，51（4）：479-486.

Crocetti G，Murto M，Björnsson L. 2006. An update and optimisation of oligonucleotide probes targeting methanogenic Archaea for use in fluorescence in situ hybridisation （FISH）. J Microbiol Methods，65（1）：194-201.

DeLong　E F，Wickham G S，Pace N R. 1989. Phylogenetic stains：ribosomal RNA-based probes for the identification of single cells. Science，243（4896）：1360-1363.

Fang H H，Liang D W，Zhang T，et al. 2006. Anaerobic treatment of phenol in wastewater under thermophilic condition. Water Res，40（3）：427-434.

Fischer S G，Lerman L S. 1979. Length-independent separation of DNA restriction fragments in two-dimensional gel electrophoresis. Cell，16（1）：191-200.

Giovannoni S J，Britschgi T B，Moyer C L，et al. 1990. Genetic diversity in Sargasso Sea bacterioplankton. Nature，345（6270）：60-63.

Liang D W，Zhang T，Fang H H. 2007. Anaerobic degradation of dimethyl phthalate in wastewater in a UASB reactor. Water Res，41（13）：2879-2884.

Liu W T，Marsh T L，Cheng H，et al. 1997. Characterization of microbial diversity by determining terminal restriction fragment length polymorphisms of genes encoding 16S rRNA. Appl Environ Microbiol，63（11）：4516-4522.

Muyzer G，de Waal E C，Uitterlinden A G. 1993. Profiling of complex microbial populations by denaturing gradient gel electrophoresis analysis of polymerase chain reaction-amplified genes coding for 16S rRNA. Appl Environ Microbiol，59（3）：695-700.

Raskin L，Poulsen L K，Noguera D R，et al. 1994. Quantification of methanogenic groups in anaerobic biological reactors by oligonucleotide probe hybridization. Appl Environ Microbiol，60（4）：1241-1248.

Woese C R，Gutell R，Gupta R，et al. 1983. Detailed analysis of the higher-order structure of 16S-like ribosomal ribonucleic acids. Microbiol Rev，47（4）：621-669.

Yang Y，Yao J，Hu S，et al. 2000. Effects of agricultural chemicals on DNA sequence diversity of soil microbial community：a study with RAPD marker. Microb Ecol，39：72-79.

Yilmaz L S，Parnerkar S，Noguera D R. 2011. MathFISH，a web tool that uses thermodynamics-based mathematical models for in silico evaluation of oligonucleotide probes for fluorescence in situ hybridization. Appl Environ Microbiol，77（3）：1118-1122.

8 微生物电子传递

在地表环境（如土壤、底泥、垃圾填埋场等）中，均含有复杂的无机、有机物质及丰富的微生物。微生物和这些物质的相互作用决定了地表环境的进化进程。当最终电子受体是可穿梭细胞膜的可溶性物质时，发生胞内电子传递过程。然而当最终电子受体为固态的具有氧化还原活性的多价态金属氧化物时，细胞需要将电子传递到胞外，完成电子传递链，即胞外电子传递过程。从电子供体到电子受体的能量流动是所有细胞新陈代谢过程的驱动，新陈代谢过程伴随的电子传递链上所发生的氧化还原反应均以反应物和产物的吉布斯自由能推动。在胞外电子传递的过程中，固相金属氧化物被还原，称为异化金属还原。微生物的胞外电子传递是地表环境演变的重要组成部分，涉及的微生物厌氧呼吸是囊括微生物、环境、分子间相互作用及电化学等多方面交叉的复杂过程，是横跨物理学、微生物学、化学、地质学和工程学的多个领域的复杂问题。微生物的胞外电子传递具有非常大的现实意义。例如，*Geobacter* 可实现铀在污染场地的固定，二价铁氧化菌可有效实现低品矿中的铜、金及其他有价金属的回收。另外，微生物胞外电子传递在生物甲烷的产生过程中也起到了非常重要的作用，但是微生物的矿物质呼吸过程在生物化学循环及在有机和无机污染的生物修复过程中的分子机理不明确。原因有二：①机理的复杂性，涉及复杂的环境化学及电子传递机理的分子特异性；②基于基因层面的研究匮乏，两株参与矿物呼吸的微生物［希瓦氏菌（*Shewanella oneidensis* MR-1）和硫还原地杆菌（*Geobacter sulfurreducens*）］的基因序列直到近期才被完整记录，使得基因层面的胞外电子传递研究成为可能。本章将以这两种模式微生物为例重点介绍几种可能的胞外电子传递机制，以及胞外电子传递在废水处理以及能源回收方向的应用——微生物电化学系统。

8.1 微生物能量获取与吉布斯自由能

自然界中包括微生物在内的任何细胞均需要从外界获取能量以维持生存、繁殖的需求，称为代谢过程。通过微生物所需能量的来源，可将微生物分为化能营养型（利用化学反应能）和光能营养型（利用光能）（图 8.1）。根据微生物获取碳源的方式不同，可分为自养型（碳源来自无机碳源，如二氧化碳）和异养型（碳源来自有机化学物质）。通常，能量来源和碳源相关的不同属又可交叉使用，如异

养型微生物又可根据其是否能利用光能分为光能异养型和化能异养型；光能无机
化能自养型微生物利用光能和二氧化碳为碳源，以还原态无机化合物作为电子供
体，如硫化物、分子态硫、氢气或水等；有机化能异养型微生物利用有机化合物
作为能量、碳源及电子供体，如 *Escherichia coli*、*Bacillus*、*Actinobacteria* 等。

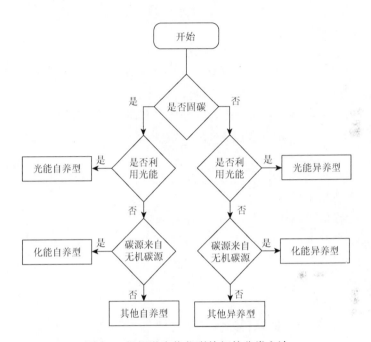

图 8.1 根据微生物代谢特征的分类方法

　　所有微生物捕获能量及细胞合成的过程都依赖于细胞界面及内部的氧化还原
反应，即电子通过一系列的电子载体由电子供体向电子受体的传递过程，称为微
生物电子传递链。微生物通过电子传递过程释放自由能，被细胞以能量载体的形
式捕获，从而进行细胞大分子合成、细胞运动及各种溶质的传递等代谢过程，对
微生物的生存和繁殖具有重要意义。这一系列氧化还原反应的推动力是反应物和
产物的吉布斯自由能（gibbs free energy，*G*），其决定了微生物能够在这个反应中
获得的能量的大小（式 8.1）。

$$G=H-TS \tag{8.1}$$

式中，*T* 为温度（K）；*S* 为熵，在标准状态下（100kPa），1mol 纯物质的规定熵，
称为该物质的标准摩尔熵 [J/（mol·K）]；*H* 为焓（J/mol）。

　　热力学中吉布斯自由能是在一定温度和压力条件下可逆系统中所能做的最大
非膨胀功的大小。吉布斯自由能同熵和焓一样为状态函数，其绝对值没有明确的

物理意义，只有在特定的过程中，由一个状态转化为另一个状态时的吉布斯自由能的变化［ΔG，吉布斯-赫姆霍兹公式（式8.2）］才具有意义，可作为反应进行方向的判据。在封闭体系中，等温等压且不做其他功的条件下，自发的化学反应总是向着体系吉布斯自由能降低的方向进行，包涵了ΔH（能量）和ΔS（混乱度）两方面的影响。当 G 达到极小值时，体系达到平衡态。ΔG 的数值与过程的始终态相关，与具体的反应途径无关。

$$\Delta G = \Delta H - T\Delta S \tag{8.2}$$

$\Delta G < 0$ 的反应为自发反应；$\Delta G > 0$ 的反应需要外力推动，反向反应为自发反应；$\Delta G = 0$ 的反应处于平衡状态。

当系统内任何参与反应的气体的压强均为 0.1MPa，所有参与反应的溶解态物质的浓度均为 1mol/L，反应温度为 25℃（298.15K）时，称为标准状态下的吉布斯自由能 ΔG^0（式 8.3）。

$$\Delta G^0 = \Delta H^0 - T\Delta S^0 \tag{8.3}$$

【例 8.1】有如下反应：$N_2（g）+ 3H_2（g）\rightleftharpoons 2NH_3（g）$

已知 $\Delta H_f^0[kJ/mol]$ $\Delta S^0[J/（mol \cdot K）]$

$N_2（g）$ 0   191.61

$H_2（g）$ 0   130.68

$NH_3（g）$ −46.11   192.45

1）计算上述反应的 ΔH^0 与 ΔS^0。

2）上述反应在 25℃时是否为自发反应？

3）上述反应在 500℃时是否为自发反应？

解：

1) $\Delta H^0 = \sum n H_{f,\ 产物}^0 - \sum m H_{f,\ 反应物}^0$

$$= \left(2\text{mol NH}_3 \times \frac{-46.11\text{kJ}}{\text{mol}}\right) - \left[\left(1\text{mol N}_2 \times \frac{0\text{kJ}}{\text{mol}}\right) + \left(3\text{mol H}_2 \times \frac{0\text{kJ}}{\text{mol}}\right)\right]$$

$$= -92.22 （\text{kJ}）$$

$\Delta S^0 = \sum n S_{产物}^0 - \sum m S_{反应物}^0$

$$= \left(2\text{mol NH}_3 \times \frac{192.45\text{J}}{\text{mol} \cdot \text{K}}\right) - \left[\left(1\text{mol N}_2 \times \frac{191.61\text{J}}{\text{mol} \cdot \text{K}}\right) + \left(3\text{mol H}_2 \times \frac{130.63\text{J}}{\text{mol} \cdot \text{K}}\right)\right]$$

$$= -198.6 （\text{J/K}）$$

2) $T = 25℃ + 273.15 = 298.15\text{K}$

$\Delta G^0 = \Delta H^0 - T\Delta S^0$

$$= -92.22\text{kJ} - 298.15\text{K} \times （-198.6 \times 10^{-3}）\text{kJ} / \text{K}$$

$$= -32.01\text{kJ}$$

$\Delta G < 0$，故反应为自发反应。

3）$T = 500℃ + 273.15 = 773.15\text{K}$

$$\Delta G = \Delta H - T\Delta S$$
$$= -92.22\text{kJ} - 773.15\text{K} \times (-198.6 \times 10^{-3})\text{kJ/K}$$
$$= 61.33\text{kJ}$$

$\Delta G > 0$，故反应为非自发反应。

标准状态下的 ΔG^0 与反应物和生成物的标准生成吉布斯能 ΔG_f^0 相关。由于在特定状态下吉布斯自由能的绝对值无法求得，于是规定在标准状态下，由最稳定的单质生成单位量（1mol）纯物质的反应过程的标准吉布斯自由能变，为该物质标准摩尔生成吉布斯自由能，记作 ΔG_f^0，则有

$$\Delta G^0 = \sum \Delta G_{f,产物}^0 - \sum \Delta G_{f,反应物}^0 \tag{8.4}$$

表 8.1 为常见的与微生物代谢途径相关的物质标准生成吉布斯自由能，利用反应物和生成物的标准摩尔生成吉布斯自由能也可判断反应是否可以自发进行。

表 8.1 部分物质标准摩尔生成吉布斯自由能

名称	形态	化学式	$\Delta G_f^0 /$（kJ/mol）
碳			
碳（石墨）	固体	C	0
二氧化碳	气体	CO_2	-394.39
碳酸	溶液	H_2CO_3	-623.1
碳酸氢盐	溶液	HCO_3^-	-586.85
碳酸根	溶液	CO_3^{2-}	-527.8
一氧化碳	气体	CO	-137.16
葡萄糖	固体	$C_6H_{12}O_6$	-910.56
乙醇	液体	C_2H_5OH	-174.8
氢			
氢气	气体	H_2	0
水	液体	H_2O	-237.14
水	气体	H_2O	-228.61
过氧化氢	液体	H_2O_2	-120.42
锰			
氧化锰	固体	MnO	-362.9
二氧化锰	固体	MnO_2	-465.2

名称	形态	化学式	ΔG_f^0 /（kJ / mol）
氮			
氨	溶液	NH_3	−26.57
氨	气体	NH_3	−16.4
氯化铵	固体	NH_4Cl	−203.89
二氧化氮	气体	NO_2	51.3
一氧化氮	气体	NO	87.6
氧			
单原子氧	气体	O	231.7
氧气	气体	O_2	0
臭氧	气体	O_3	163.2
氢氧化物	溶液	OH^-	−157.2
钠			
碳酸钠	固体	Na_2CO_3	−1044.4
碳酸钠	溶液	Na_2CO_3	−1051.6
氯化钠	溶液	$NaCl$	−393.17
氯化钠	固体	$NaCl$	−384.1
氢氧化钠	溶液	$NaOH$	−419.2
硝酸钠	溶液	$NaNO_3$	−373.21
硫			
硫化氢	气体	H_2S	−33.4
二氧化硫	气体	SO_2	−300.13
三氧化硫	气体	SO_3	−370.4

8.2　矿物形式及其氧化还原活性

8.2.1　含铁地表矿物

地表环境中所有元素，无论其含量多少，均参与地表物质循环过程。其中，Fe 和 Mn 含量高且具有氧化还原活性，同 Si 和 Al 一样，是地质演变过程中的关键元素。所谓矿物质，是指通常由无机过程形成的、具有高度有序排列原子结构及确定（但不固定）化学成分的物质。石英和赤铁矿是地表中常见矿物质结构。但是作为地表铁循环中重要的化合物之一的水铁矿，是一种非晶型氧化铁，不具备远程的周期性三维结构，因此这类物质不属于矿物质，称为"类矿物"。包含 Fe/Mn 元素的矿物质可以分为两大类，其中一类以 Fe/Mn 作为主要成分，另一类只含有少量 Fe/Mn 元素。

Fe 矿物性质主要由 + 2、 + 3 两种常见的氧化态决定，这两种形态是地表矿物质中最主要的形态。微生物在 Fe（Ⅱ）和 Fe（Ⅲ）之间的转化以及 Fe（Ⅱ）和 Fe（Ⅲ）矿物质的形成和溶解等自然过程中起到了重要作用。微生物铁呼吸过程是地表铁循环过程中最主要的过程。铁的存在形态受多种因素影响，如 Fe-C-S-O-H 体系的 pH-pe 相位图所示（图 8.2），在还原条件下，黄铁矿（主要成分为 FeS_2）占据图谱的很大部分，菱铁矿（主要成分为 $FeCO_3$）也占据一小部分稳定区间，赤铁矿（铁的不同氧化物）占据图谱的大部分空间。在还原氛围且 S 元素不存在的条件下，磁铁矿（主要成分为 Fe_3O_4）可以形成。其他混合价态的亚稳态和暂稳态铁相（图 8.2 中未标出）也会存在。在氧化氛围下，赤铁矿（主要成分为 Fe_2O_3）是最稳定的形式，但是 Fe（Ⅲ）的氧化物并不仅限于赤铁矿，还会以其他的形式存在。常见的以 Fe 为主要阳离子的矿物如表 8.2 所示。含亚铁的矿物质包括氧化物、碳酸盐、硫化物和硅酸盐。其中氧化亚铁主要存在于磁铁矿中，以二价-三价混合态存在（ $Fe^{2+}Fe_2^{3+}O_4$ ）。磁铁矿的生物形成过程，尤其是趋磁细菌在磁铁矿的形成过程中的作用得到广泛关注。有趣的是，异化 Fe（Ⅲ）还原菌在生物制备磁铁矿的过程中比趋磁细菌的速率高上千倍。除此之外，微生物厌氧 Fe（Ⅱ）氧化过程也在磁铁矿的形成过程中起到关键作用。微生物呼吸过程在其他形态的含铁矿物的形成中也起到了重要作用。例如，菱铁矿的形成被认为和微生物有机物呼吸耦合铁还原过程相关。

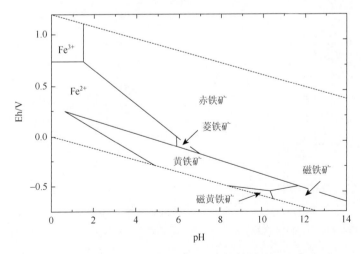

图 8.2　Fe-C-S-O-H 体系 pH-pe 相位图

表 8.2　铁作为主要阳离子的矿物质

矿物中铁的价态	化合物形式	具体矿物名称
含二价或二价-三价铁并存的矿物	氧化物	磁铁矿
	碳酸盐	菱铁矿、铜绿
	硫化物	四方硫铁矿、黄铁矿
含三价铁的矿物	氧化物	赤铁矿、磁赤铁矿
	氢氧化物	针铁矿、纤铁矿、四方纤铁矿、六方纤铁矿、施氏矿物、水铁矿

8.2.2　矿物质的氧化还原电位

氧化还原电位代表了一个给定的物质在特定条件下可以被提取的能量大小。其中，Fe^{3+}/Fe^{2+}对的氧化还原电位最高。Fe（Ⅲ）只有在 pH 非常低的情况下才能以一定浓度的六水化合物的离子态存在（$[Fe(H_2O)_6]^{3+}$），所以 Fe^{3+}/Fe^{2+}只能被嗜酸细菌所利用。MnO_2/Mn^{2+}的氧化还原电位为 $+550\sim+610mV$。如图 8.3 所示，对于含铁矿物质/类矿物而言，结晶度较低的水铁矿和施威特曼石结构的还原电位较高，结晶度较高的赤铁矿和针铁矿的还原电位较低。另外，颗粒的尺寸及表面积也会影响矿物质的氧化还原电位，如当固体颗粒尺寸为 $2\sim20nm$ 时，所有铁氧化物的氧化还原电位都非常接近。

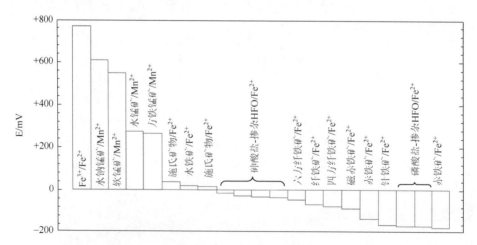

图 8.3　水相 Fe^{3+}/Fe^{2+}及 Fe/Mn 矿物质氧化还原电位

pH = 7，热力学活性：溶解态金属（Mn^{2+}/Fe^{2+}），10^{-5}；溶解态硫酸盐，10^{-4}；磷酸盐或砷酸盐，10^{-5}

8.3 微生物胞外电子传递

土壤、水及底泥等地表环境中含有丰富的具有氧化还原活性的矿物质。微生物在地表环境演化、矿物形成及转化过程中起到了关键作用。以含铁、锰矿物为代表的矿物可以通过 4 种方式支持微生物生长：作为异养型微生物的电子受体、自养型微生物的能量源、促进胞间电子传递及电子存储元件（图 8.4）。在没有氧气及其他电子受体存在的条件下，一些异化金属还原细菌，如 *Geobacter metallireducens* GS-15 及 *Shewanella oneidensis* MR-1 可通过氧化有机物或氢气，将电子传递到胞外铁锰矿物。相反，金属氧化微生物（包括 *Rhodopseudomonas palustris* TIE-1 和 *Sideroxydans lithotrophicus* ES-1）以矿物作为电子和能量来源，用于还原氧气、二氧化碳及 NO_3^- 等。此外，一些半导体物质，如 α-Fe_2O_3 及 $Fe^{2+}Fe_2^{3+}O_4$（Fe_3O_4），可以作为不同微生物胞间电子传递载体。例如，赤铁矿和磁铁矿可传递 *Geobacter sulfurreducnes* PCA 氧化乙酸释放的电子到 *Thiobacillus denitrificans*，后者得到电子，把 NO_3^- 还原为 NO_2^-。

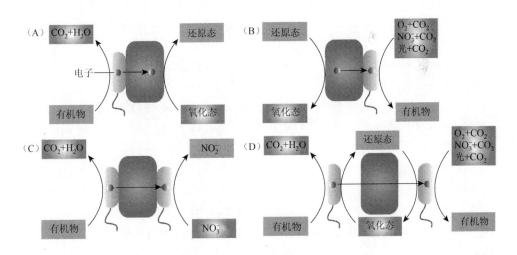

图 8.4 微生物和矿物质界面的电子交互过程

（A）微生物利用含铁矿物为呼吸链最终电子受体；（B）以矿物质作为微生物呼吸电子/能量来源；（C）微生物间电子传递介质；（D）微生物代谢过程中能量存储元件

此外，磁铁矿和黏土矿等包含 Fe（Ⅱ）和 Fe（Ⅲ）的矿物质，可以作为电子存储材料（电池），当没有其他电子受体存在时，它们存储部分微生物释放的电子（*G. sulfurreducens* PCA 和 *S. oneidensis* MR-1）。当环境改变时，可将获得的电子传递给其他微生物（如 *R. palustris* TIE-1 与 *Pseudogulbenkiania* sp. 2002）。因此，矿物质和微生物间电子传递可以将矿物质氧化还原、微生物界面有机物氧化、CO_2 到有机化合物合成等过程紧密联系在一起。

8.3.1　耦合有机物氧化与 Fe（Ⅲ）还原的能量壁垒

Fe（Ⅲ）还原的热力学过程比较困难，对于新沉积的水合铁而言，其氧化还原电位在 $-100\sim+100mV$（图 8.3），其上限已经非常接近铁还原微生物可利用的还原电位（图 8.2），其他结晶度更好的含 Fe（Ⅲ）矿物质的氧化还原电位更低。研究表明，*Geobacter* 可以耦合乙酸氧化到还原电位约为 $-220mV$ 的电子受体，说明 *Geobacter* 在以 Fe（Ⅲ）为最终电子受体时，只能获取每电子 6kJ 的少许能量，这个过程保证了 *Geobacter* 在乙酸浓度很低（低至 μmol/L）的环境中或电子受体为结晶度较高的矿物质时，仍然能够保证电子的顺利流通。

此外，造成 Fe（Ⅲ）还原过程比较困难的另一个原因是电子从胞内到胞外的电子传递过程涉及有机物在胞内的氧化，并释放 H^+ 和 e^-，电子向胞外的传递导致正电荷（H^+）在胞内的累积，使胞内环境酸化。如果按照每个电子产生的新细胞计算，当利用胞内富马酸（$E^{0'}=-32mV$）为电子受体时，*G. sulfurreducens* 可以产生 3 倍于利用胞外柠檬酸铁（$E^{0'}=+350mV$）作为电子受体的细胞数量。胞内富马酸还原过程消耗乙酸氧化产生的 H^+ 和 e^-，约合成 1.5ATP/乙酸，而胞外电子传递只消耗电子，造成质子在胞内累积，降低质子动力势，约产生 0.5ATP/乙酸。虽然富马酸还原过程提供了较低的势能，但是改变柠檬酸铁的反应电势（$E^{0'}=0\sim+200mV$）并不能改变 ATP 的合成量，说明胞外传递过程是造成低产能的主要因素，也是制约胞外金属还原效率的主要原因。

在电子的胞内传递过程中，当电子从醌池释放到细胞周质时，所有的能量产生过程已经完成，但是电子还需要克服一系列障碍传递到胞外。微生物外层的细胞质膜具备维护细胞内微环境的相对稳定，且同外界环境进行物质交换、能量和信息传递，是微生物电子传递的中心。但是细菌最外层通常存在一些其他细胞组成，包括肽聚糖、细胞外膜及 S-layer 等，这些结构往往不具有导电性，且对矿物质存在物理隔绝。研究表明电子传递蛋白需要一系列连续的氧化还原反应中心进行多步电子传递，它们之间的距离不能大于 $15\sim18Å$。例如，*S. oneidensis* 通过铁还原 Mtr 路径，将细胞质膜上的醌和喹啉池的电子通过周质和外膜，传递到含 Fe（Ⅲ）的矿物表面。同样，*G. sulfurreducens* PCA 也可能利用不同的蛋白质，如孔蛋白细胞色素蛋白质（porin-cytochrome protein）将电子传递到细胞表面。与 Mtr 路径及孔蛋白细胞色素路径相反，*R. palustris* TIE-1 的光氧铁氧化路径（Pio）及 *S. lithotrophicus* ES-1 的铁氧化路径（Mto）可以实现 Fe

（Ⅱ）的胞外氧化，并将电子传递到内细胞质膜上的光反应中心，或者是细胞质膜上的醌和喹啉池。

即使是微生物可以通过胞内蛋白质之间紧密结合实现电子的胞外传递过程，但胞外矿物质电子受体的表面非常多样化，其带电性、形貌、晶体结构等都极大影响微生物和矿物质间的关联。单一的蛋白质复合物可能实现电子的外膜穿梭，但是单一的蛋白质可以实现细胞与所有类型的胞外电子受体的电子传递吗？研究表明细胞色素所暴露的血红素与赤铁矿表面的接触方向的不同，可导致细胞色素到赤铁矿表面的电子传递速率变化超过 6 个数量级。说明微生物-矿物质间的相互作用可能是通过多样化的传递通道完成的，并且微生物必须进化出特别的机制与非接触性的矿物进行电子传递。例如，*G. sulfurreducens* PCA 可形成纳米导线进行矿物与细胞，以及胞间的电子传递。*G. sulfurreducens* PCA 还可以利用纳米导线及和纳米导线关联的 OmcS 血红素 c 型细胞色素（multihaem c-type cytochrome，c-Cyt）从 *G. metallireducens* GS-15 接受电子。*G. metallireducens* GS-15 可通过纳米导线将电子传递到产甲烷古细菌上，Desulfobulbaceae 科的细菌可生长多细胞纤维用于电子传递。此外，微生物还可借助胞外物质，如腐殖质、溶解性的金属离子、二甲基亚砜、电极及导电碳材料等进行电子传递，微生物胞外电子传递的距离可从纳米级别（穿越细胞膜），并在电缆细菌的辅助下达到厘米级别。

8.3.2 直接电子传递

很多微生物可以通过一系列氧化还原反应和功能蛋白实现细胞质膜到胞外矿物质的电子传递。这些功能蛋白在一些模式菌株已经得到很好的表征。这些蛋白质形成了胞内代谢过程和胞外矿物的氧化还原过程的电子传递和物理连接路径，这些路径往往非常复杂，不能由基因分析数据给出。因此，理解这些路径的机理要基于它们各个功能部件的表征。

8.3.2.1 *Shewanella oneidensis* MR-1 的金属还原 Mtr 路径

S. oneidensis 是最初从美国纽约州北部的奥奈达湖分离出来的革兰氏阴性 γ-变形菌（图 8.5）。*S. oneidensis* 可以利用多种化合物作为厌氧呼吸的电子受体，包括硝酸盐、亚硝酸盐、硫、硫代硫酸盐、富马酸盐、亚硫酸盐等，是最早发现可以实现从细胞质膜到胞外 Fe（Ⅲ）、Mn（Ⅲ）、Mn（Ⅳ）金属矿物，以矿物作为最终电子受体的微生物之一。在获得希瓦氏菌的全基因组信息后，共鉴定出 42 种细胞色素 c 编码基因，其中 14 种包括 4 个或更多的编码亚铁血红素，说明血红素蛋白在希瓦氏菌的胞外电子传递过程中发挥着重要作用。

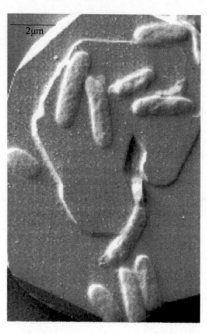

图 8.5　生长在赤铁矿上的 *Shewanella oneidensis* MR-1

　　Fe^{3+}/Fe^{2+} 还原电位约为 + 770mV（pH = 0），但是这个电位只是针对酸性条件下离子态铁的还原过程，在中性条件下三价铁的氢氧化物的还原电位在 −177～+ 24mV，而泛醌的氧化电位约为 + 66mV，甲基萘醌的氧化还原电位为 −74mV，处于更负的位置，相对于泛醌/Fe^{3+}，甲基苯醌/Fe^{3+}的氧化还原电位差有利于电子向三价铁的传递。在不合成甲基苯醌的变异体中，微生物不能以三价铁作为最终电子受体，从而验证了电子是经由 c 型细胞色素蛋白的催化作用通过甲基萘醌传递到周质，这种 c 型细胞色素蛋白包含四面体结构的血红素（tetraheme），称为细胞质膜蛋白 A（cytoplasmic membrane protein A，CymA）。删除 *cymA* 基因的变异体不仅不能利用三价铁作为电子受体，也无法利用硝酸盐、亚硝酸盐、富马酸盐、DMSO 作为电子受体，并且影响其以锰氧化物作为电子受体的能力（图 8.6）。

　　分离出的 *S. oneidensis* 细胞周质由于存在多种 c 型细胞色素呈现亮红-深红色，细胞周质中的 c 型细胞色素在胞外电子传递中起到重要作用。其中延胡索酸还原酶 Fcc_3 是呼吸链上的重要组成部分。它是可溶的单体细胞周质蛋白。研究表明 Fcc_3 可以直接被 CymA 还原，在敲除 *fcc₃* 基因的 *S. oneidensis* 变异体中，其初始阶段还原三价铁的速率相比于野生型变快，但是菌落生成的数量却少于野生型。由于野生型铁还原速率和菌落生长并没有相关性，因此认为 Fcc_3 更多的是电子存储蛋白，其存储电子的速率要远大于电子传递到胞外的速率，可以作为暂时的电子受体。这种电子存储性能是野生型初始生长速率较快的原因。STC 是细胞周质中的小型四血红素 c 型细胞色素，它在 *S. onedensis* 中的功能尚未明确，有学者提出它是细胞周质中非特异性电子中介蛋白，在不同的呼吸路径中的作用是无区别的，所以也可能是 CymA 电子传递到周质的电子受体（图 8.7）。

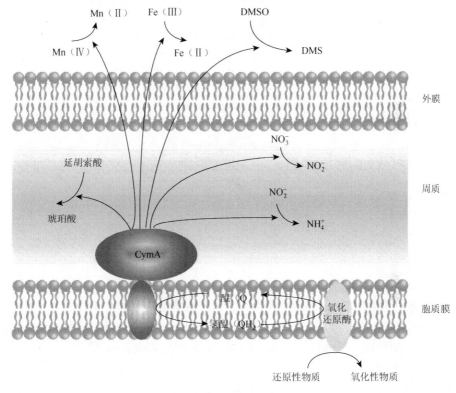

图 8.6　CymA 与周质及胞外呼吸链的相关型

作为一个暂态电子存储蛋白，Fcc_3 必须有合适的路径将电子传递到胞外的三价铁。细胞外膜上包含 MtrA、MtrB、MtrC 系列金属还原蛋白可以直接和 Fcc_3 关联将电子传递到胞外。MtrA 是首先被确认的铁还原蛋白之一，其所在位置目前仍有争议。根据不同的检测方法，有的认为 MtrA 和外膜相关联，并且在周质中以游离态存在，有的研究只在膜上检测到 MtrA 的存在。细胞质膜蛋白 CymA 从甲基苯醌将电子传递到细胞周质延胡索酸还原酶 Fcc_3 和 STC，并进一步将电子传递到 MtrA 金属还原蛋白。由于去除 Fcc_3 和 STC 的突变体不具有还原三价铁氧化物及铁氢氧化物的能力，故两者被认为是 CymA 到 MtrA 电子传递过程中不可缺少的一环。但是也有研究表明，在体外试验中，MtrA 可以直接被 CymA 还原，两者之间电子传递效率要稍高于 Fcc_3 到 MtrA 的电子传递效率。

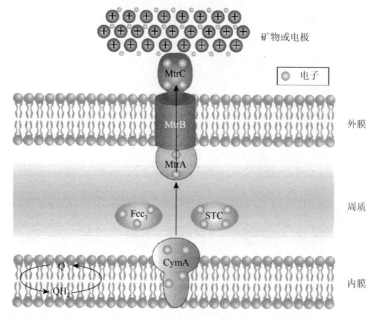

图 8.7　*Shewanella oneidensis* MR-1 金属还原 Mtr 路径

Mtr 通过血红素上的铁原子和胞外矿物直接接触进行电子传递

　　革兰氏阴性菌的外膜厚度约为 25Å，所以电子不可能通过隧穿效应跃迁到胞外，电子通过外膜的传输是通过 MtrABC 系列金属还原蛋白完成的。MtrB 一侧和周质 MtrA 关联，另一侧和胞外 MtrC 关联，故 *S. oneidensis* 的电子传输很大程度上是以这一组跨膜蛋白完成的。在去除 *mtrB* 基因的变异体中，*S. oneidensis* 不能利用锰的氧化物和三价铁作为电子受体，故 MtrB 是除 MtrA 之外确定的胞外电子传递所必需的蛋白质。此外，MtrB 还起到固定外膜细胞色素的作用，删除 *mtrB* 致使外膜细胞色素移位至周质和细胞质膜。

　　MtrAB 及其类似结构在具有胞外电子传递功能的微生物中广泛存在，多种表面蛋白可与 MtrAB 结合并与外界最终的电子受体或者电子供体相关联，以完成微生物胞外电子传递过程。对于 *S. oneidensis* 的三价铁还原而言，OmcA 和 MtrC 是研究最为彻底的外膜蛋白。两种蛋白质都可以将电子传递到离子态和固态三价铁。删除 *mtrC* 基因显示，在异化铁还原条件下，细菌生长受到极大限制，删除 *omcA* 基因降低 MnO_2 还原速率，但 Fe(III) 的还原几乎不受影响，这可能是因为 MtrABC 所形成的完整跨膜蛋白路径。

　　总之，底物还原生成 NADH，在脱氢酶作用下，NADH 将电子传递到醌类中间体，电子进一步经细胞质膜蛋白 CymA 传递到细胞周质延胡索酸还原酶 c-Cyts Fcc_3 和 STC，随后将电子传递到 MtrA 金属还原蛋白。电子从细胞周质经由 MtrA、

MtrB 和 MtrC 系列外膜金属还原蛋白传递到胞外。MtrC 和 OmcA 可以通过直接物理接触的方式将电子传递到矿物表面。近期研究表明，MtrC 及 OmcA 均和纳米导线相关联，且纳米导线是包含 MtrC 和 OmcA 的外膜延伸，可以促进微生物相邻细胞之间的物理接触。

8.3.2.2　*Geobacter sulfurreducens* 电子传递路径

　　G. sulfurreducens 是一种金属和硫还原变形菌，革兰氏阴性，属变形菌门中的 δ-变形菌纲（图 8.8）。其基因组有 110 个可能的 c 型细胞色素基因被确认，这些细胞色素在 *G. sulfurreducens* 胞外电子传递过程起到了重要作用。多种 c 型细胞色素、导电鞭毛、多铜蛋白、孔蛋白、多糖合成酶、分泌系统等均报道有参与 *Geobacter* 胞外电子传递过程。多血红素 c 型细胞色素将电子由细胞甲基萘醌池传递到胞外固态金属获取能量。该传递过程中，细胞色素复合结构在电子传递链上的作用是基于不同细胞色素所包含的血红素氧化还原电位进行的，因此不同氧化还原对的反应窗口相互重叠，使得电子成功传递到胞外（图 8.9）。由于多种蛋白质可能参与该过程，因此微生物和金属表面直接接触的蛋白质可能根据不同的金属结构及氧化还原电位具有不同程度的选择性，且从 *G. sulfurreducens* 的研究中得出的结论不一定适用于 *Geobacter* 其他分支。

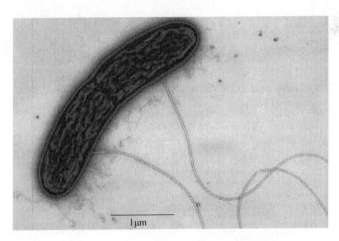

图 8.8　*Geobacter sulfurreducens* 显微图像

　　（1）*Geobacter sulfurreducens* 的 OMCs 传递路径　图 8.10 显示了 *G. sulfurreducens* 的 OMCs（outer membrane cytochromes，外膜细胞色素）电子传递路径。其中血红素细胞色素 c 过氧化物酶 MacA，被认为是电子从内膜传递到周质 PpcA 中间体，PpcA 随之将电子进一步传递到外膜 OMCs（包括 OmcB、

OmcC、OmcS、OmcZ 等），并进一步传递到胞外电子受体。这个传递过程非常复杂，目前的研究结果表明，不同电子受体（金属类型、还原电位、电极）需要不同 OMCs 与之取得相互作用。例如，十血红素细胞色素 OmcZ 在电极表面的生物膜中富集明显，删除 omcZ 可以降低电子向电极传递量的 90%，但不影响向其他电子受体的电子传递，如氧化铁。十二血红素细胞色素 OmcB 和六血红素细胞色素 OmcS 对三价铁还原过程非常关键，但去除 omcB 或 omcS 却不会对生物膜向电极的电子传递产生影响。图 8.10 为简化后的电子传递过程，事实上胞外电子传递存在调节机制而且存在多种 omc 同源基因，如在敲除 omcB 的变异体中，可分泌十二血红素细胞色素 OmcC 形成平行的电子传递通道进行三价铁还原。该结果说明，虽然 OmcB 在胞外电子传递中非常重要，但其他平行路径隐性细胞色素的存在，可以在变异体中通过调节机制进行选择。

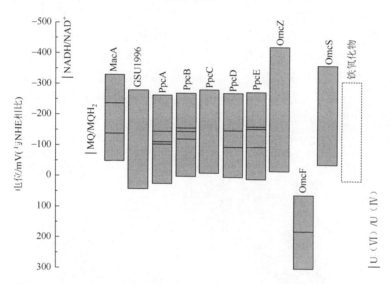

图 8.9　*Geobacter sulfurreducens* 细胞色素氧化还原电位区间 （pH = 7）

黑色横线代表该细胞色素所含血红素结构的还原电位。虚线边框柱状图表示自然界中常见铁氧化物的氧化还原电位区间[–310～ + 10mV vs. NHE（normal hydrogen electrode，铂电极在 1mol/L 酸性溶液中的电位）]

此外，二血红素细胞色素 OmcA 不太可能参与胞外电子传递过程，但在删除二血红素细胞色素 OmcA 菌株中发现，*Geobacter* 不能还原溶解态和固态的 Fe（III），更多的是因为 OmcB 在敲除 *macA* 变异体中也消失了，说明它在某种程度上影响了 *omcB* 基因的表达。除此之外，*omcB* 的转录、表达及表达后的稳定性还受到其他蛋白质的影响，如 OmcF、OmcG 等。因此，任何针对 *Geobacter* 的电子传递过程中单一蛋白质功能的研究都需要考虑其后续对 OmcB 的影响，同时多种平行电子传递路径的存在也是不可忽视的因素。

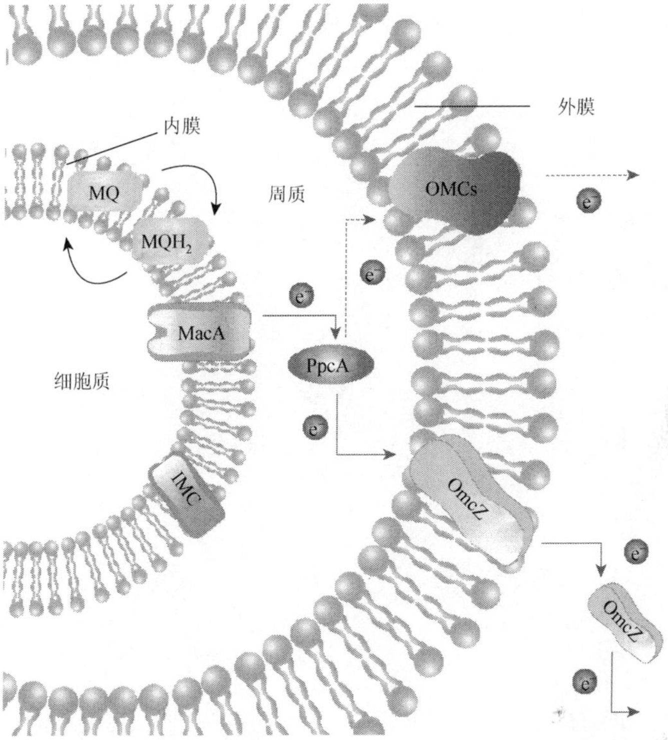

图 8.10 *Geobacter sulfurreducens* 的 OMCs 胞外电子传递过程

（2）*Geobacter sulfurreducens* 的孔蛋白-细胞色素传递路径　　在此传递路径中，多血红素细胞色素 c 在 *G. sulfurreducens* DL-1 及 *G. sulfurreducens* PCA 的三价铁矿物胞外还原电子传递过程起到了关键作用（图 8.11）。已经确定的多血红素包括细胞质膜中的喹啉氧化酶 ImcH 和 CbcL，周质中的 PpcA 及 PpcD，以及外膜上的 OmaB、OmaC、OmcB 和 OmcC。在这些孔蛋白及细胞色素的共同作用下，将电子从细胞质膜上的苯醌和对苯二酚池通过细胞周质及外膜，传递到细胞表面。此外，DL-1 及 PCA 菌株在周质中还拥有三个 PpcA 和 PpcD 的同系物及两个外膜孔蛋白-细胞色素同系物。所以，这些菌株存在多条平行的电子传递路径可以还原胞外含 Fe（Ⅲ）矿物质。

尽管 *S. oneidensis* 和 *G. sulfurreducens* 都能形成外膜复合物，MtrABC 和孔蛋白-细胞色素是两个独立的进化体系，并且孔蛋白-细胞色素同系物在所有测序的 *Geobacter* 菌株中都被发现，在另外 6 门的微生物种群中也发现了类似结构（*Anaeromyxobacter dehalogenans* 2CP-1、*Candidatus kuenenia stuttgartiensis*、*Denitrovibrio acetiphilus* DSM12809、*Desulfurispirillum indicum* S5、*Ignavibacterium album* JCM16511 及 *Thermovibrio ammonificans* HB-1），说明孔蛋白-细胞色素蛋白

质在这些微生物胞外还原含 Fe（III）矿物中起到了关键作用。

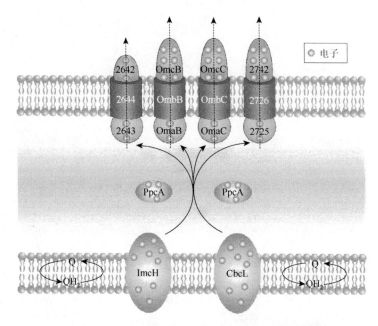

图 8.11　*Geobacter sulfurreducens* 孔蛋白-细胞色素传递路径

8.3.2.3　*Rhodopseudomonas palustris* TIE-1 光养铁氧化路径

光养 *R. palustris* TIE-1 以光作为能量来源，Fe（II）作为电子供体进行固碳。其 *pio* 基因簇（*pio* gene cluster）包括 *pioA*（一种 MtrA 同系物）、*pioB*（一种 MtrB 同系物）及 *pioC*（一种高氧化还原电位的铁硫蛋白编码基因）。删除 *pioA*、*pioB*、*pioC* 或整个 *pio* 基因簇，都显著降低了 *R. palustris* TIE-1 对 Fe（II）的氧化能力及向电极传递电子的能力。研究表明，PioA 和 PioB 在细胞表面氧化 Fe（II），并将所得电子穿过外膜，传递给可能位于细胞周质的 PioC，并进一步将电子传递至位于细胞内膜的光反应中心（图 8.12）。

8.3.2.4　*Sideroxydans lithotrophicus* ES-1 金属氧化路径

S. lithotrophicus ES-1 可在 pH 为 7 的条件下氧化 Fe（II）获取能量。*S. lithotrophicus* ES-1 有 *mto* 基因簇，包括 *mtoA*（一种 MtrA 同系物的编码基因）、*cymA*、*mtoB*（MtrB 同系物的编码基因）、*mtoD*（单铁红素细胞色素 c 编码基因）。MtoA 可直接氧化 Fe（II）及包含 Fe（II）矿物质。MtoD 是细胞周质细胞色素 c 蛋白，可将电子从细胞外膜 MtoA 转移至细胞质膜 CymA。可推测，MtoA、MtoB、MtoD 及 CymA 形成 Fe（II）胞外氧化和细胞质膜醌到喹啉的还原电子传递路径（图 8.12）。

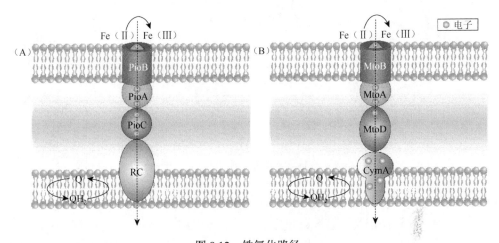

图 8.12　铁氧化路径

（A）*R. palustris* TIE-1；（B）*S. lithotrophicus* ES-1

8.3.3　氧化还原中介体

多种微生物具备矿物呼吸能力，并且其代谢途径随环境改变而不同。例如，*Geobacter* 在营养不足的情况下，可附着在矿物表面，它们一般不形成很厚的生物膜。*Shewanella* 是兼性菌，被认为和管道腐蚀相关，一般能形成比较厚的生物膜。可见，这些种群的矿物呼吸机理不同。在没有胞外电子传递介体的情况下，*Geobacter* 必须与矿物质直接接触，然而 *Shewanella* 却不需要。尽管有很多研究表明，膜结合细胞色素及外膜蛋白质在两者的矿物呼吸中均起到关键作用，但说明 *Shewanella* 至少存在两条电子传递路径，一条需要直接接触，而另一条不需要。

在没有溶解性电子中介体，并且不易接触到矿物质表面的情况下，微生物采取其他策略完成胞外电子传递的过程：其一是采用导电鞭毛实现电子到矿物质表面的传递；其二是分泌 Fe（III）螯合剂，溶解 Fe（III）并被带到胞内进而被还原；其三是借助可逆氧化还原小分子，称为氧化还原中介体，完成电子传递链。这类电子中介体作为电子胞内的最终电子受体，一旦被还原，可将电子传递到胞外矿物质上被氧化（图 8.13）。这种电子中介体被氧化还原的过程形成了间接胞外电子传递的一种方式。理论上，电子中介体可以循环成千上万次，从而有效实现最终电子接受体的还原（如铁）。具备电子中介体能力的有机分子包括腐殖质、醌类、吩嗪、含硫醇分子（半胱氨酸）。但任何具备可逆氧化还原活性的物质，并且其氧化还原电位位于还原剂和氧化剂之间的物质，如无机分子硫化物及还原态铀均可以作为电子中介体，这里将重点讨论有机氧化还原中介体。

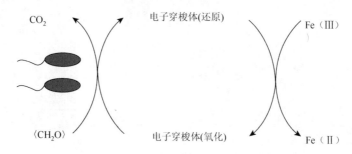

图 8.13　利用电子中介体实现微生物胞内和 Fe（Ⅲ）之间的电子传递

　　这些可逆氧化还原中介体具有非特异性的特点，其分子质量小、水溶性好、有高度的氧化还原活性。理想的电子中介体可使微生物从电子传递过程中收获更多的能量，在没有副反应的理想状况下，氧化还原中介体可以反复参与电子循环，实现电子从胞内到胞外的传递，故很低浓度的电子中介体即会对环境中末端氧化剂的迁移转化产生显著影响。这一机制被广泛应用于阐释那些无可溶性电子受体且不能直接接触固态电子受体情况下的氧化还原过程。

8.3.3.1　外源性电子中介体

　　自然界中存在丰富的天然氧化还原中介体，其中腐殖质是一类可溶性羧基结构高分子量芳香族聚合物。它们来源于动植物残体的腐殖化反应，普遍存在于陆地、海洋和土壤沉积物等自然环境中。自然腐殖质包括芳香族木质素衍生物、肽、碳水化合物和脂肪族分子，其化学性质稳定，难以被生物降解。腐殖质多包含活性官能团，易被吸附在矿物质表面，并和金属粒子螯合，具备氧化还原活性。腐殖质因其来源不同，其化学成分和结构区别非常大，而且很难用化学式来表达。因此，天然腐殖质一般以溶解性和分子质量来区分，如富里酸的分子质量较小（0.5～5kDa），且在所有 pH 条件下均可溶；腐殖酸分子质量在 20～100kDa，仅在碱性条件下可溶。1996 年，Lovley 首次发现微生物可以还原腐殖质并用于支持微生物繁殖。被还原的腐殖质还可以将电子传递到含 Fe（Ⅲ）的矿物质表面，促进 Fe（Ⅲ）的微生物还原过程。

　　腐殖质可以作为氧化还原中介体是由于腐殖质中具有接受和贡献电子的活性官能团，而醌类是主要的接受电子的官能团。电子自旋共振（ESR）结果表明半醌是主要的有机自由基。不同的腐殖质接受电子的能力和物质的芳香化程度相关，因此醌及醌类官能团是腐殖质具备电子接受能力的主要因素（图 8.14）。腐殖质的电子传递通过两步完成：①腐殖质生物还原；②被还原的腐殖质将电子传递到 Fe（Ⅲ）矿物表面被氧化。被氧化的腐殖质可以重新被微生物还原利用这个过程是可逆的，且在此过程中腐殖质没有被消耗。

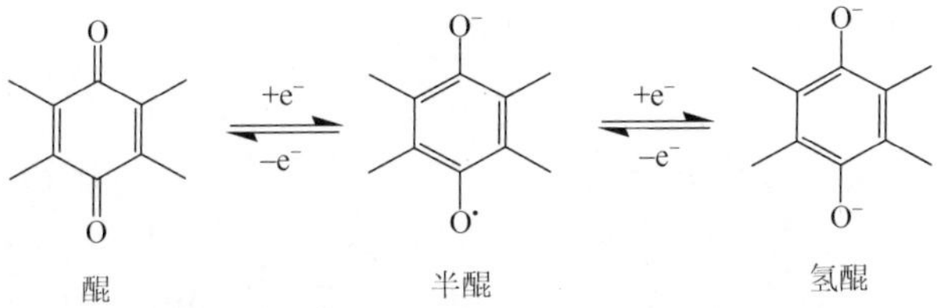

图 8.14 醌和醌类官能团通过半醌自由基的氧化还原过程

此外，半胱氨酸是土壤中常见的氨基酸，在 *Geobacter sulfurreducens* 与 *Eolinella succinogenes* 的共培养体系中添加半胱氨酸可以促进胞间的电子传递，且在 *Geobacter sulfurreducens* 的纯菌体系中加入半胱氨酸可提高胞外还原速率 8～11 倍。在标准氧化还原电位-220mV[vs. SHE（标准氢电极）]下，S^0/H_2S 也可作为胱氨酸/半胱氨酸电对相当的氧化还原介体，在缺氧呼吸中也发现了其他的氧化还原电对，如 CO_2/甲酸盐、$2H^+/H_2$、NO_3^-/NO_2^-、MnO_2/Mn^{2+} 和 Fe^{3+}/Fe^{2+}。

除天然的电子中介体外，还可以通过有效的分子设计，合成氧化还原电位可调整的人工氧化还原电子中介体。类醌小分子化合物,如 anthraquinone-2, 6-disulfonate（AQDS），也可以作为电子中介体使革兰氏阳性菌持续向电极传递电子；甲基紫精可以使酵母菌 *Saccharomices cerevisiae* 从电极获得电子，并在含氯的溶液中进行呼吸作用。由于中介体的非特异性，几乎可以利用中介体从所有的革兰氏阴性菌中得到电子进行相关研究。为了防止人工氧化还原电子中介体在溶液中的扩散（降低效率和提升成本），还可以将氧化还原介体固定在电极上。但是这样的设计往往只能促进第一层生物膜的电子传递，对于比较厚的生物膜及悬浮微生物的电子传递并不能起到促进作用。

在土壤微生物实验中，添加胞外醌类物质的研究均可促进铁还原速率，所有的铁还原细菌和古菌，包括一些发酵菌，均可还原腐殖质。所以，腐殖质作为电子中介体实现铁的间接还原是环境中非常重要的胞外电子传递过程。虽然从单位还原氧化中介体所获得的能量要小于直接还原三价铁，实际上，AQDS 等电子中介体具有非常高的溶解性和生物相容性，能在相等时间内提供更多的能量以供微生物新陈代新所利用。

8.3.3.2 内源性电子中介体

人们发现部分微生物可自身产生电子中介体进行胞外电子传递，称为内源性电子中介体。内源性电子中介体的合成需要消耗能量，但是微生物通过这种方式可以大大拓展其可生存的环境范围。这里需要做出区分的是，微生物可以分泌两种物质，一种是呼吸过程中的电子中介体，一种是可使胞外难溶金属溶解，并与之螯合的物质。对于后者，溶解后的金属离子可扩散至细胞表面通过直接接触的方式被还原，这种分泌物不归为真正的电子中介体。

细胞的密度在基于电子中介体传递的呼吸过程中起到重要作用。微生物分泌电子中介体，并不能保证中介体能返回，并为己所用。在细胞密度较低，或者传质速度较快的情况下，电子中介体的效率有限。生物膜的形成可能有助于电子中介体的有效利用，生物膜中微生物高度集中，其分泌的电子中介体可以更有效地为周围其他微生物所用。

（1）*Shewanella oneidensis* 黄素中介体　　*S. oneidensis* 可以进行非接触性的电子传递源于实验中发现 *S. oneidensis* 可以还原沉积在含纳米孔玻璃珠内部的三价铁；同时，在电极表面包裹绝缘层，只允许小分子穿梭，不允许细胞直接接触电极表面的实验中，发现 *S. oneidensis* 可以产生和直接接触相当的电量。上述实验证明了微生物可以通过电子中介体进行胞外电子传递，但并没有验证中介体的类型和结构。

早期研究中发现，*S. oneidensis* 可以分泌一种类醌物质，这种胞外物质是在提取野生型 *S. oneidensis* 及不具备 AQDS 和腐殖质还原性能的变异菌种的上清液中发现的。该变异菌种的 *menC* 基因受到破坏，该基因编码邻琥珀酰苯甲酸合酶的合成（endodes o-succinylbenzoic acide synthase）。该酶负责甲基萘醌的合成，甲基萘醌是一种可在膜中自由扩散的亲脂萘醌，在呼吸链中负责低氧化还原电位的蛋白质间电子传递。这个 MenC 变异体缺乏合成电子中介体的能力，说明和甲基萘醌电子中介体的合成至少共享部分生物合成路径。因此推测该电子中介体可能为某种小分子醌类。这种胞外因子有较高的紫外吸收性能，被还原之后变为橙色，其分子质量为 $150 \sim 300Da$。但后续研究表明，这种类醌化合物实际上仅仅是微生物合成过程中弥补甲基萘醌合成缺陷的一种机制。

后续研究在 *Shewanella* 序批式培养上清液中发现了黄素（图 8.15）的累积（$250 \sim 500nmol/L$），并证实了黄素是 *S. oneidensis* 分泌的内源性中介体，原因如下：①提纯的核黄素可以还原难溶的三价铁氧化物；②提高 *S. oneidensis* 对三价铁氧化物的还原速率；③提高 *S. oneidensis* 以乳酸为碳源，铁氧化物为唯一电子受体情况下的微生物生长。

此外，基于另一种 *Shewanella*（*S. alga* BrY）的研究表明它可以还原被海藻酸盐包裹的不定形态氢氧化铁。由于海藻酸盐颗粒表面的孔太小（12kDa），不足以使微生物穿过，故微生物不能接触大多数的氢氧化铁。在活性 *S. alga* 细菌存在条件下发现的大量二价铁离子充分证明了这种细菌可分泌一种可穿梭海藻酸盐颗粒的中介体。

（2）*Shewanella oneidensis* 生物膜电子传递过程　　假设在 *S. oneidensis* 生物膜形成过程中环境可提供充足有机碳，且氧气充足，可以推断，即使是单一种类微生物形成的生物膜，不同层次生物膜中能量产生过程是不一样的。可以将生物膜

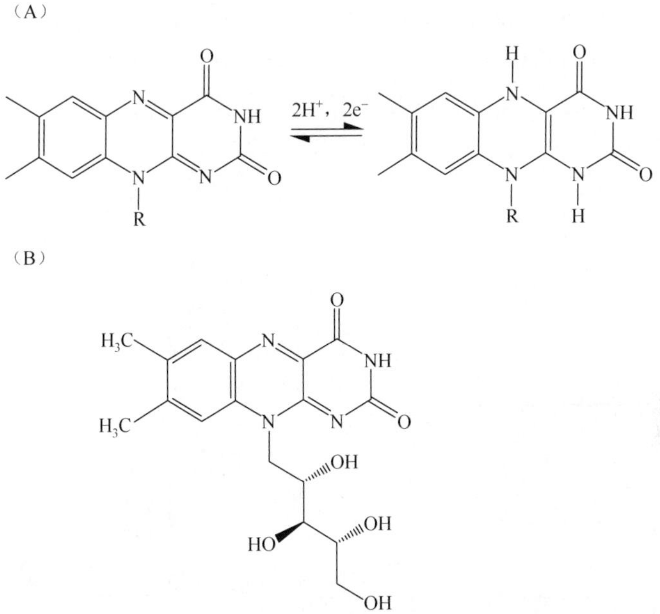

（A）

（B）

图 8.15　黄素类电子传递中介体分子结构
（A）黄素；（B）核黄素

分为三层：金属矿物表面的生物膜层Ⅰ、中间层Ⅱ及表层生物膜Ⅲ（图 8.16）。在矿物质表面，至少是在生物膜形成的初期，推测电子传递主要是基于外膜蛋白与矿物质的直接接触完成的，此时胞外电子传递并不是能量产生的主要方式，因为产生的电子中介体向溶液的扩散是比较容易的，难以形成浓度较高的电子中介体来有效促进胞外电子传递过程。例如，在微生物群体感应中，假设存在一定的中介体产生的基础水平，那么随着生物膜的发展，由于组成生物膜的胞外聚合物阻碍中介体向溶液中传质，可以推测其局部水平开始上升。这种情况反而促进了不能直接接触矿物质表面微生物利用这部分中介体进行能量代谢。那么存在这样一个问题，这些微生物利用的中介体最终电子受体是什么呢？假设在厌氧主导的环境中，溶解氧含量极低，氧传质非常慢，并且好氧微生物可以迅速消耗存在的少量氧气，没有溶解态的三价铁离子和其他溶解性氧化物，必须假设中介体的再生是通过将电子传递到铁矿物表面来完成的。在第三层Ⅲ，好氧环境占主导，这时电子中介体可以通过氧还原过程再生，这些中介体可能被用来辅助好氧呼吸作用。这些能量代谢过程的机理仍然是一个未知领域。群体感应在生物膜形成过程中起到了重要作用。如果中介体仅仅在生物膜形成过程中起到关键作用，那么可以推测中介体的表达应该和生物膜的厚度相关。在针对 *P. aeruginosa* 的接近7000 种变异体研究中发现，47 种基因表达在群体感应 AHSLs 的存在条件下提高了 5 倍多。这些包括绿脓菌素的合成基因、抗生素类化合物的合成基因及明显参与电子传递（细胞色素 c）的基因等。由于绿脓菌素可以作为电子中介体，*S. oneidensis* 分泌的 AQDS 也具有和抗生素类似的结构，可以推测群体感应可以调节电子中介体的表达。

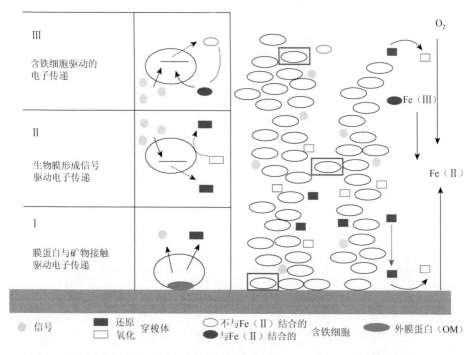

图 8.16　生长在矿物质表面的 *Shewanella oneidensis* 生物膜电子传递模型

图 8.16 仅表达了单一微生物形成生物膜的过程，该过程还有很多问题：外源性化学环境（氧气浓度、二价铁和三价铁）是如何和内源性化学环境（小分子生物合成）相关联并且影响相关电子传递网络的表达？多种微生物共存条件下的生物膜复杂度如何？生物膜抗环境波动干扰的能力如何？这些问题的解答都是非常复杂的，但是微电极的发展可以使微米级的 pH 和 O_2 浓度检测成为可能；微阵列为生物膜的基因表达研究提供了新的方法手段，通过激光共聚焦显微镜也可以实现生物膜的三维重组，这些都为生物膜的电子传递、物理和化学性质的分析提供了新的研究手段。

（3）*Pseudomonas* 吩嗪电子中介体 吩嗪（图 8.17）是微生物代谢的次级代谢物，自然界中有 100 多种吩嗪衍生物。按氨基中吩嗪环上位置的不同，有各种异构体，具有广谱抗生素属性。吩嗪在胞间信号传递中起重要作用，其中研究最深入的是 *Pseudomonas* 的吩嗪分泌。基于以下观察获知，吩嗪可以作为中介体：①*Pseudomonas* 可

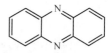

图 8.17　吩嗪分子结构图

以分泌胞外吩嗪类物质；②氧化态吩嗪可以还原固态的三价铁氧化物；③微生物培养上清液中累积的吩嗪可以经历多次氧化还原循环；④*Pseudomonas* 可以还原氧化态吩嗪。从根系部位土壤中分离到的 *Pseudomonas chlororaphis* PCL1391 可以降解弱介晶态的铁/锰氧化物，同时产生吩嗪-1-草酰氨（PCN），PCN 分子可多次循环参与电子传递。*Pseudomonas aeruginosa* 可以分泌绿脓菌素作为胞外电子中介体。绿脓菌素电子传递过程可提高生物膜内部微生物活性，促进以固态铁氧化物微电子受体的生物膜形成。可产生绿脓菌素的细菌在厌氧条件下可由蓝色转变为无色，摇晃培养液可再度恢复蓝色。在这个过程中，该蓝色色素进行可逆的两个电子还原反应，转变为无色的产物白绿脓菌素（leukopyocyanin），该产物又可被氧气氧化。最初的观点认为绿脓色素可以作为辅助性呼吸色素促进 *P. aeruginosa*、*Staphylococcus aureus* 及 *Streptococcus pneumoniae* 的氧气消耗，特别是在缺乏碳源情况下。更换基质后有绿脓菌素的基质对氧气的消耗量相比于没有基质氧气的消耗量存在巨大差别。上述结果表明，绿脓菌素可以氧化胞内物质，包括脂类和多糖，并将电子传递到氧分子，但是微生物是否能从该电子传递过程获得能量还尚未可知。

（4）其他内源性电子中介体 类醌物质：*Pseudomonas* sp. BN6 可分泌醌-氢醌促进胞外萘磺酸盐的胞外降解；*Sphingomonas xenophaga* BN6 可分泌 4-氨基-1, 2-萘醌和 4-乙醇-1, 2-萘醌，促进萘-2-磺酸盐的厌氧降解；嗜酸菌 *Geothrix fermentans* 可产生水溶性醌，促进胞外铁还原。

黑色素：*Shewanella algae* BrY 能分泌胞外黑色素作为微介体，在氧化 H_2 的过程中还原 Fe(III)。黑色素可以和细菌生物膜链接。去除生物膜上的黑色素使 Fe(III) 的还原速率降低 10 倍，加入游离黑色素可以恢复部分 Fe（III）还原能力。

铁螯合剂：铁螯合剂是一种可溶解性的具有金属中心的物质，可以使铁更容易被细菌接触。细菌可以自发产生铁螯合剂，称为铁载体。由微生物在低铁环境下产生，传递到胞外对三价铁进行还原。关于细菌是否在铁还原环境中产生铁载体的研究才刚刚起步。如果微生物确实产生铁载体进行呼吸，可推测出这个过程不需要微生物和矿物质的直接接触。然而两例独立的研究结果表明可能不是这样。在一例针对 *G. metallireducens* 的研究中，其可以对固态无定形氢氧化铁进行还原，溶液中检测出二价和三价铁离子，但没有检测到铁载体的产生。第二例研究中，

利用透析膜分离 *Shewanella putrefaciens* 和针铁矿，并没有检测出任何二价铁离子的存在。利用合成的次氮基三乙酸作为铁螯合剂，可穿梭透析膜，在溶液中检测出了二价铁离子的存在。该研究表明，如果微生物可以分泌生物螯合剂（铁载体），在这个过程中应该能够被检出。但如果上述过程中 AQDS 能够产生，但不能穿梭透析膜，因此也不能被检出。简单的说，铁矿物首先与铁载体螯合变为可溶态，并作为微生物代谢的电子受体，铁还原之后实现螯合剂的释放。这个过程可以极大加速不溶态铁矿物的还原过程。值得注意的是，这类铁载体，越是和铁结合得好越不可能成为好的电子中介体。总之，很少有证据表明铁载体在铁矿物呼吸过程中起到电子传递介体的作用，这类铁结合介质更倾向于与铁永久结合，作为铁氧化还原活性位点，而非电子传递介体。

8.3.3.3　微生物细胞间电子传递

由于氧化还原中介体非特异性，一种微生物分泌的中介体可以被另一种微生物利用，进行胞内电子传递。其中，ACNQ（2-氨基-3-羧基-1, 4-萘醌）被证实在人类肠道菌群中可有效促进微生物增长。ACNQ 由 *Propionibacterium freundenreichii* 产生和分泌，在另外一种专性厌氧菌 *Bifidobacterium longum* 细胞质中辅助实现 NAD（P）H 向氧气及双氧水的电子传递。*B. longum* 不具备完整呼吸链，其 NAD（P）$^+$ 的产生通常通过乳酸脱氢酶催化反应来完成，消耗丙酮酸，产生乳酸。这个过程减少了一个很重要的胞内代谢产物即丙酮酸，一旦乳酸在环境中累积，整个热动力学反应过程将变得困难。ACNQ 提供了以另一条由胞浆酶和过氧化物酶催化的代谢途径。通过以氧气和过氧化氢为电子受体实现 NAD（P）$^+$再生，ACNQ 可以促进微生物生长，并降低 *B. lonum* 受氧毒性危害的风险。关于 *P. freundenreichii* 是否在ACNQ 分泌过程中受益尚不清楚。如果推断是正确的，那么 ACNQ 在这两种微生物代谢过程中都起到了协同作用。另一种可能性是 ACNQ 仅仅是 *P. freundenreichii* 代谢过程的废弃物，而 *B. lonum* 刚好可以从该过程受益。

8.3.4　直接电子传递与电子中介体介导电子传递

由于中性条件 Fe（III）主要是以非溶解性固态氧化物存在，微生物和矿物质间的直接电子传递依赖于微生物和矿物表面的距离（<20Å）。即使是在微生物和矿物质能直接接触的情况下，微生物细胞色素电子供体与矿物质电子接受位点之间的距离仍然可能大于 20Å，这就限制了微生物和三价铁之间的直接电子传递效率。电子中介体的存在可以促进上述情况下的电子传递过程。通过比较 *G. sulfurreducens* 直接还原水铁矿和通过腐殖质间接还原水铁矿的速率发现，后者是前者速率的 27 倍。腐殖质电子介体的电子传递效率受限于还原态腐殖质到水铁矿的电子传递，

即使如此，还原态腐殖质到水铁矿的电子传递比 *G. sulfurreducens* 到水铁矿的传递速率仍然快了至少 7 倍。但腐殖质也可能和矿物质表面结合，减少活性位点或者增加矿物团聚，降低矿物质表面的生物可利用度，从而降低电子传递效率。

不同醌类电子中介体的三价铁还原动力学主要取决于中介体的氧化还原电位。理想中的电子中介体的氧化还原电位应为−225～−137mV（图 8.18），如此可提供足够高的电位支持电子供体（乳酸或乙酸）合成更多的 ATP，也可以有足够低的电势使电子能够传递到矿物质电子最终受体上。在该过程中微生物可以获取的能量取决于电子供体和电子受体之间的电势差，并不因为电子中介体提高电子传输效率而提高所能获取的能量。在针对 *Geobacter* 和 *Shewanella* 的研究中发现，和能量获取相关的氧化还原电位差是电子供体（如乙酸）和周质电子受体的电势差，而非电子供体和终极电子受体 Fe（III）的电势差。因此，对于 Fe（III）直接接触还原和电子中介体还原而言，这部分路径是一致的，从单位电子传递获得的能量也是相同的。但电子中介体的存在可以极大地提高三价铁还原速率，因此提高微生物生长速率。

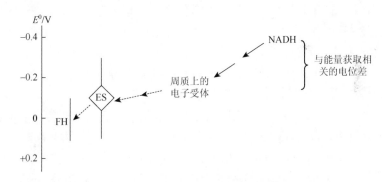

图 8.18　电子中介体电子传递过程主要部位氧化还原电位

电子从 NADH 到周质的传递过程伴随能量产生（实线箭头），后续从周质到电子中介体并最终到水铁矿的电子传递并不伴随 ATP 产生。FH. 水铁矿；ES. 电子中介体

8.3.5　纳米导线

电导性的类似菌毛的细胞附属物称为纳米导线。纳米导线的长度可达几个微米。借助纳米导线，微生物可以接触到有一定距离的电子受体进行电子传递，同时不同微生物可通过纳米导线或细胞接触进行生物间电子传递，这种能力极大拓展了微生物的生存界限，并且把多种微生物代谢活动联系在一起。纳米导线主要在 *Geobacter* 和 *Shewanella* 中发现，另外在集胞藻 PCC 6803 中也得到证实（图 8.19）。虽然这种纳米导线的导电性能有限，但其在环境科学与工程上的应用具有深远影响。

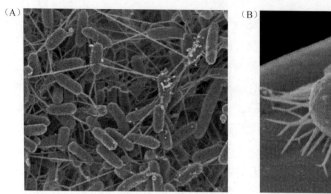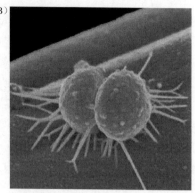

图 8.19 纳米导线电子显微镜图

（A）*Shewanella oneidensis*；（B）集胞藻 PCC 6803

8.3.5.1 *Geobacter* 和 *Shewanella* 纳米导线

纳米导线是微生物细胞壁上的蛋白质丝状物，*Geobacter sulfurreducens* PCA 导电菌毛由菌毛蛋白组合而成，与其他微生物的 IV 型菌毛类似。纳米导线可从内膜、周质、外膜上的蛋白质接收电子，并传递到胞外。菌毛上的 PiLA 多肽比其他不导电 PiLA 多肽要短，在非保守区（non-conserved region）包括多至 5 个芳香环氨基酸。使用丙氨酸取代该芳香族氨基酸会使纳米导线失去导电性能，证实了纳米导线中芳香族氨基酸对导电性能的重要性。

纳米导线是 *Geobacter* 和 Fe（III）氧化物及氢氧化物之间电子传递的重要途径，也是 *G. metallireducens* GS-15 向 *G. sulfurreducens* PCA 及产甲烷菌 *Methanosaeta harundinacea* 和 *Methanosarcina barkeri* 电子传递的重要手段。这个胞间电子传递过程耦合了 *G. metallireducens* GS-15 的乙醇氧化过程、*G. sulfurreducens* PCA 的延胡索酸盐还原过程，以及 *M. harundinacea* 和 *M. barkeri* 的二氧化碳还原产甲烷过程。

Geobacter 纳米导线的导电性能与温度和 pH 相关，电导率随温度和 pH 降低而升高，这个性质和部分导电聚合物的性质类似。据推测，这种纳米导线具有类似金属的导电性质，借由 PilA 芳香族氨基酸中相互连接的芳香环进行电子传输。虽然纳米导线的结构还没有被实验证实，一些模拟结果认为纳米导线的表面由周期性紧密结合的芳香环（3.2Å）组成，利用 X 射线衍射也证实了长度为 3.2Å 的周期性芳香族氨基酸结构。降低 pH 可以增加其周期性间距，提高导电性能，也证实了电子的导电机理是类金属导电的过程。同时，也有模型认为 PilA 的芳香环之间的间距是 3.5～8.5Å，这个距离对于类金属导电过程而言太大，认为电子在该闭合芳香族氨基酸的表面传递是通过多步跃迁过程进行的。由于对

芳香环的位置无法得到进一步验证，因此其具体的电子传递过程还有待进一步
证实。

　　Shewanella 在电子受体不足的情况下可生成束状纳米导线，直径为 50～
150nm。*Shewanella* 的纳米导线上有沿结构组装的细胞色素 c，缺少 MtrC 和 OmcA
的外膜结构，其菌毛不具有导电性，缺乏二型分泌途径的伪菌毛（pseudo-pilin）
编码基因（*gspG*）的变异体外膜会失去导电性，敲除编码前菌毛肽酶基因（*pilD*）
的变异体会失去胞外附属（菌毛）能力，因此推断：①肽酶基因对于纳米导线的
合成非常重要；②二型分泌路径可能沿着胞外结构向胞外传送亚铁血红素细胞色
素 c；③纳米导线导电性能和表面氧化还原细胞色素 c 相关。上述推断仍需要实
验进一步证实。

8.3.5.2　电缆细菌 *Desulfobulbaceae*

　　胞间电子传递对于 *Desulfobulbaceae* 家族丝状多细胞细菌具有重要意义。电
缆细菌可以氧化海底 1cm 以下深度底泥中硫化物，并将电子传递到底泥表面的氧
气。这个过程可降低底泥 pH，促进 FeS 矿物的溶解及 Fe（Ⅱ）释放。Fe（Ⅱ）
进一步被氧气或者 Mn（Ⅳ）氧化物氧化，形成铁氧化物和铁氢氧化物。这些铁
氧化物和铁氢氧化物形成底泥防火墙，可吸收有毒、游离的硫化物，保护底泥中
微生物生长环境。电缆细菌在海洋及淡水底泥中分布广泛，其活性受到其他微生
物（如光合成藻类）的影响。*Desulfobulbaceae* 每个细胞的平均长度为 3μm，这些
细胞首尾相连，长度可达 1.5cm。每根丝上呈现 15～17 个沟壑状波纹，此波纹宽
70～100nm，位于细胞质膜和外膜之间（图 8.20）。细胞外膜可能起到了保护电子

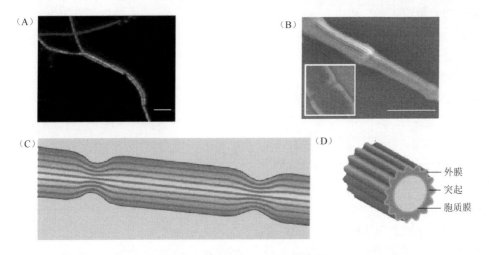

图 8.20　*Desulfobulbaceae* 电缆菌

（A）荧光染色照片；（B）局部电镜照片；（C）丝状结构示意图；（D）丝状结构切面示意图

在细胞之间传输，防止电子泄露的作用。静电力显微镜分析表明，在沟壑的突起处存在比沟壑处更大的静电力，证实细胞外膜下的波纹结构具有电子存储功能。而在细胞结构表面并未探测到电流的存在，说明外膜的绝缘性，但是电缆细菌的电子传递机制还有待验证。

8.4 胞外电子传递意义

微生物胞外电子传递在环境污染生物修复、纳米材料合成、生物冶金及生物能源开发等领域具有极大的应用潜力。除了矿物中的金属离子，金属还原微生物还可以还原废水中溶解性金属离子，包括 Cr（VI）、Se（IV）、Se（VI）、Tc（VIII）及 U（IV）等，分别将其还原为不溶性的 Cr（III）、Se（0）、Tc（IV）及 U（IV）等，在重金属污染生物修复领域有很大的应用潜力。除了废水中金属离子污染治理，Fe（III）还原微生物还可以直接或间接地降解有机污染物。金属的胞外还原，包括 Fe（III）、Pb（II）、Se（IV）/Se（VI）及 Fe（II）的胞外还原，可以合成包含 Fe（II）、Pd（0）、Se（0）及 Fe（III）的纳米材料。这些生物制备纳米材料在催化、环境污染治理、半导体加工、癌症治疗等领域有广泛应用。此外，Fe（II）氧化微生物可以用于工业级别的铜、金、镍、锌等生物冶金领域。

微生物胞外电子传递在生物甲烷的制备过程中也起到了关键作用。*Geobacter metallireducens* GS-15 可将有机物氧化，电子通过纳米导线传递到产甲烷菌，进行 CO_2 还原及产甲烷。导电矿物也可以通过促进不同微生物间电子传递过程，如 *Geobacter* 到甲烷菌的电子传递来促进甲烷生成。此外，可以和矿物进行电子交换的微生物也可以和电极进行电子交换，如 *Geobacter sulfurreducens* 及 *Shewanella oneidensis* MR-1 可以氧化有机物并将电子传递到电极，实现微生物燃料电池的产电。微生物电化学合成利用微生物从阴极接收电子作为能量来源，利用 CO_2 进行有机物合成。

8.5 微生物电化学技术

基于部分微生物可借助外膜细胞色素直接接触、氧化还原电子中介体、纳米导线进行胞外电子传递的特点，微生物电化学技术应运而生并取得快速发展。1911 年，Potter 检测出微生物降解有机物的同时伴随电流的产生。自 20 世纪 60 年代起，微生物产电和燃料电池结合，产生了微生物燃料电池（microbial fuel cells，MFCs）的雏形。在过去的几十年研究中，微生物燃料电池得到多方位的拓展，在污水处理、生物修复、生物产电、生物合成及生物传感等生物技术领域都展示了很大的发展潜力，形成了全方位生物电化学体系。本节以微生物燃料电池为例，介绍微生物胞外电子传递在污水处理及生物产电领域的应用。

8.5.1　微生物电化学技术总括

微生物电化学技术的基础是微生物代谢有机物过程中可以进行胞外电子传递。大部分系统中，微生物利用电极（阳极）作为最终电子受体完成电子传递链，部分系统中微生物可以从电极（阴极）获得电子，以电极作为电子供体，在这个过程中可以实现化学能到电能或者化学能之间的转化。基于不同装置的功能，可以大致将微生物电化学系统分为微生物燃料电池、微生物电解池、微生物合成池及微生物脱盐池 4 种（表 8.3），常见的微生物电化学系统的阳极和阴极反应可利用的化学物质见图 8.21，与微生物电子胞外传递的热力学一致，微生物电化学的电极反应也是受两者的氧化还原电位驱动，也可以采用外加电压改变系统的过电位，使热力学上 $\Delta G > 0$ 的氧化还原反应得以发生（图 8.22）。

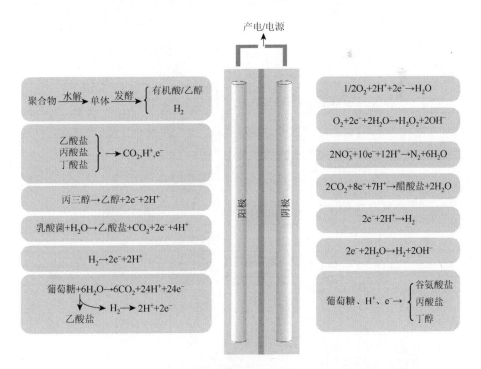

图 8.21　常见微生物电化学系统阳极和阴极反应可利用的化学物质

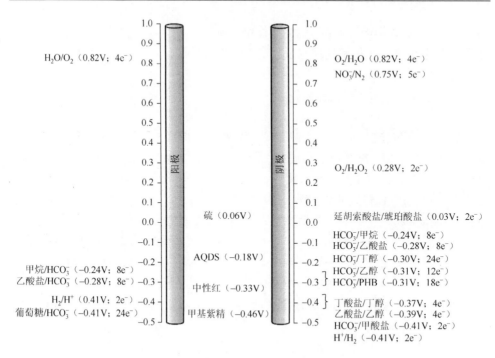

图 8.22 微生物电化学系统中可能的电子受体/供体的氧化还原电位

表 8.3 典型微生物电化学系统类型及功能

名称	英文及缩写	定义	微生物	阳极氧化电子供体	阴极还原电子受体	能量来源	产物
微生物燃料电池	microbial fuel cells，MFCs	以微生物为催化剂，将有机物中的化学能转化为电能的装置	阳极和/或阴极催化剂，降解有机物将电子传递到胞外电极，或直接从电极获得电子	任何可以被微生物降解的有机物	氧气、铁氰化钾、硫、氯化溶剂、高氯酸盐、铬、铀	有机物化学能	电能、低毒或无毒产物（生物修复）
微生物电解池	microbial electrolysis cells，MECs	在小于水解的电压下，以微生物为催化剂，将氧化有机物产生的氢离子和电子在阴极还原微氢气的装置	阳极催化剂，降解有机物将电子传递到胞外电极	任何可以被微生物降解的有机物，主要包括各种废水、乙酸、葡萄糖、蔗糖、淀粉等	氢离子	有机物化学能、电能	氢气、甲烷
微生物合成池	microbial electrosynthesis cells，MESCs	在一定电压下，以微生物为催化剂，将从阳极获得的电子传递到电子受体，进行高值有机物合成的装置	阳极和/或阴极催化剂，降解有机物将电子传递到胞外电极，或直接从电极获得电子；抑或直接通过电解水获得电子	有机物、硫化氢、水	乙酸或者其他有机物、二氧化碳	有机物化学能、电能	乙醇、乙酸、甲酸盐、2-氧代丁酸乙酯

续表

名称	英文及缩写	定义	微生物	阳极氧化电子供体	阴极还原电子受体	能量来源	产物
微生物脱盐池	microbial desalination cells，MDCs	利用微生物燃料电池驱动脱盐，同时实现污水处理、生物产能、海水脱盐的装置	阳极和/或阴极催化剂，降解有机物将电子传递到胞外电极，或直接从电极获得电子	任何可以生物降解的有机物，包括乙酸钠、木糖等	氧气、铁氰化钾、有机物、硝酸盐	有机物化学能或电能（结合微生物电解池情况）	电能、脱盐水、氮气

8.5.2 微生物燃料电池

8.5.2.1 微生物燃料电池中微生物群落

微生物燃料电池中的微生物和电极的电子交换显示了和矿物质胞外呼吸相对一致的电子传递方式。微生物电化学系统的阳极群落分析显示出高度的生物多样性，几乎遍布所有菌门，如 *Aeromonas hydrophilia*、*Clostridium butyricum*、*Desulfobulbus propionicus*、*Enterococcus gallinarum*、*Geobacter sulfurreducens* 及 *Rhodoferax ferrireducens* 等。其中变形杆菌门、硬壁菌门显示较高的丰度。其中研究最为广泛的是 *Geobacter sulfurreducens* 及 *Shewanella oneidensis* MR-1。阳极微生物群落非常复杂，包括电化学活性菌（可以从电极获得或供给电极电子）、发酵菌和产甲烷菌等。并且能够和电极交换电子的微生物和能够与矿物质交换电子的微生物类型并不总是一致，如暗杆菌属 *Pelobacter carbinolicus* 可以胞外还原三价铁，但是却不能以电极作为电子受体。引起这一差异的原因可能是源于热力学或化学条件的不同，还有待进一步验证。相对阳极微生物研究，微生物电化学中利用阴极作为电子供体的研究较少，包括 *Bacteroidetes*、*Proteobacteria* 被发现可以促进阴极催化作用。此外，*Geobacter metallireducens* 也可以利用阴极作为电子供体，实现硝酸盐或者延胡索酸盐的还原。

8.5.2.2 工作原理

微生物燃料电池通过微生物可以持续地氧化有机物，产生电子和氢离子。电子通过各种胞外电子传递机制传递到阳极电极，并进一步通过外接电路传递到阴极，氢离子通过隔离阴极和阳极的质子交换膜传递到阴极。氢离子、电子在阴极被电子受体捕获，最终完成电子传递过程（图 8.23）。微生物燃料电池的电子供体可以是任何可生物降解的有机物，阴极的电子受体一般为氧气（表 8.3）。微生物燃料电池根据电子从供体到电极的传递方式可分为三种：①间接微生物燃料电池。微生物将复杂的大分子有机物降解为小分子产物，小分子产物可通过铂金电极进一步催化。这种情况下微生物不需要和电极进行直接接触。该系统需要贵金属催化电极的参与。②中介体微生物燃料电池。通过添加人工氧化还原中介体（硫蛋白、紫精和亚甲基蓝等）实现电子从微生物到电极的传递，但是人工中介体的使用提高了造价，且由于中介体的流失而不适用于连续流的系统。③无外加中介体微生物燃料电池。在该系统中，微生物可在电极上形成生物膜，依靠外膜蛋白进行直接的电子传递，有些微生物可自行分泌电子中介体，共同参与电子传递过程，该系统是微生物燃料电池最常见的形式。

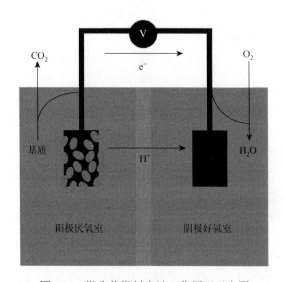

图 8.23　微生物燃料电池工作原理示意图

8.5.2.3　微生物燃料电池产电

热力学和电动势：只有当所有反应在热力学上可行时，MFC 才能产电。这个反应可以以吉布斯自由能［以焦耳（J）为单位］来评估，对 MFC 而言，用总电池电动势（electromotive force，emf）E_{emf} 来评估反应更加方便，emf 定义为阴阳极的电位差。这与电池做功 W 有关：

$$W = E_{emf}Q = -\Delta G \tag{8.5}$$

式中，$Q = nF$ 为反应中的电荷转移量，单位为库伦（C），定义为反应中电子交换的数量，n 为每个反应的电子数（mol），F 为法拉第常数（9.64853×10^4C/mol）。将上面两个式子合并可得式（8.6）：

$$E_{emf} = -\frac{\Delta G}{nF} \tag{8.6}$$

假设所有的反应都在标准状况下进行，则

$$E_{\text{emf}}^0 = -\frac{\Delta G^0}{nF} \qquad (8.7)$$

式中，E_{emf}^0 为标准电池电动势，其中 ΔG^0 为标准状况（298.15K，1 个大气压，所有物质浓度均为 1mol/L）下的吉布斯自由能，利用以上的式子，可以用电位表示整个反应：

$$E_{\text{emf}} = E_{\text{emf}}^0 - RT\ln(\Pi) \qquad (8.8)$$

式中，E_{emf} 为特定情况下的电动势；R 为通用气体常数 [8.31447J/（mol·K）]，T 为绝对温度（K）；Π（无量纲）为物质活性除以反应物活性的反应商。

式（8.8）中，对于有利的反应其结果是正值，并且等于直接产生反应的总电池电动势值。该计算所得的电动势为电池电压提供了上限，但由于各种潜在的损失，MFC 的实际电势低于式（8.8）的计算值。

标准电极电位：MFC 中发生的反应可通过半电池的反应或者在阴极或阳极独立发生的反应来分析。标准状况（298.15K，1 个大气压，1mol/L 反应物）下的电位被定义为还原电位。举例来说，如果乙酸盐在阳极被微生物氧化，那么反应为

$$2HCO_3^- + 9H^+ + 8e^- \longrightarrow CH_3COO^- + 4H_2O \qquad (8.9)$$

标准电位与标准氢电极（NHE）有关，NHE 在标准状况（298K，1 个大气压，$[H^+] = 1mol/L$）下电位为零。为得到理论阳极电位值 E_{An}，在特定条件下，假设不同物质的活性与其浓度相对应。以乙酸盐氧化为例，可以得到：

$$E_{\text{An}} = E_{\text{An}}^0 - \frac{RT}{8F}\ln\left(\frac{\left[CH_3COO^-\right]}{[HCO_3^-]^2[H^+]^9}\right) \qquad (8.10)$$

为得到理论阴极电位 E_{cat}，假设氧气被用作反应的电子受体，可以得到

$$O_2 + 4H^+ + 4e^- \longrightarrow 2H_2O \qquad (8.11)$$

$$E_{\text{cat}} = E_{\text{cat}}^0 - \frac{RT}{4F}\ln\left(\frac{1}{\rho O_2[H^+]^4}\right) \qquad (8.12)$$

电池的电动势计算式为

$$E_{\text{emf}} = E_{\text{cat}} - E_{\text{An}} \qquad (8.13)$$

不同阴极电解液的使用可以改变电池电压。例如，氧化锰和铁氰化物可以用作氧气的替代物，阴极溶液的 pH 也可以变化，进而影响整个阴极电位。其中"$-E_{\text{An}}$"是因为阳极电位被定义为还原反应，尽管实际发生氧化反应。

开路电压（OCV）：电池电动势是热力学数值，与内部消耗无关。开路电压是在没有电流流过时系统的电压值。理论上，开路电压应当等于电池电动势。但

实际上由于不同的电势损失，开路电压远小于电池电动势。例如，在 pH 为 7 时，阴极使用氧气作为反应物所测得的开路电压为 0.2V，远低于预期值 0.805V，这说明在阴极有许多能量损失。这种能量损失通常被称为过电势或实际电位和理论电位的差值，此例中该值为 0.605V（0.805V－0.2V）。

8.5.2.4　反应器构型

微生物燃料电池最初始的构型称为双瓶式反应器，阳极和阴极分别置于通过质子交换膜或者盐桥隔离的双瓶中，从而达到隔离基质、微生物及氧气的作用 [图 8.24（A）]。这种装置相对简单，但是阳极和阴极的距离较大，增大了系统的欧姆内阻，使得产电能力较低。但是该系统适用于单因素的研究，如纯菌在不同反应条件下的产电性能。后续发明了移除阴室的单室反应器，在阴极上氧气通过扩散进入反应器阴极表面，这种反应装置大大增加了微生物燃料电池的产电效率 [图 8.24（B）]。柱状反应器是单室方形反应器的变形，适合于废水连续处理的情况 [图 8.24（C）]。由于单个 MFC 反应器的产电能力有限，故通过将多个 MFC 反应器串联或者并联，可以提高总输出电流和电压，称为层叠式反应器 [图 8.24（D）]。此外，微生物燃料电池阵列将多个微型 MFC 集成在一个反应器上，可以进行多个反应条件下的 MFC 的并行研究，如环境微生物中产电菌的筛选 [图 8.24（E）]。除此之外，MFC 根据不同的研究对象和使用条件，还可以有其他构型，上述微型和小型反应器主要适用于实验室研究，针对 MFC 实际废水处理而构建的大型反应器也是近年来 MFC 的研究热点之一。

除反应器构型之外，微生物燃料电池的性能还与阴极和阳极的电极材料、隔离双室的膜类型相关。阳极材料需要具备导电性好、生物相容性好、化学性质稳定等特点。最常见的电极材料为碳材料，如碳毡、碳布、碳纸、石墨、碳刷等，金属材料包括不锈钢、银、镍、金等都可以在 MFC 中实现产电。除了不同的材料类型，材料表面物理化学结构也是影响产电性能的重要因素，包括材料表面的孔径分布和化学官能团等，可以通过对电极进行物理和化学处理，改变材料的导电性能或修饰有利于微生物附着的官能团以提高 MFC 产电性能。阴极材料的选择同样非常关键，在以氧气为阴极电子受体时，Pt 催化电极可以提高反应效率，可以采取载铂电极来减少 Pt 的用量降低造价，但是载铂电极的长期稳定性要逊于采用活性炭为阴极材料的电极。其他非贵金属催化剂如 CoTMPP 也可用作 MFC 的阴极。大多数 MFC 都需要阳离子交换膜隔离阴室和阳室，常用的是 Nafion 及 Ultrex CMI-7000，然而必须认识到膜对氧气、其他离子或者有机物都有一定的透过性。单室反应器去除了阳离子交换膜，降低系统的内阻，但是一般情况下系统的库伦效率要低于双室反应器。

8.5.2.5　MFC 废水处理

实验室研究 MFC 主要采用乙酸钠、葡萄糖等较为简单的有机物作为基质，来评价 MFC 的构型、电极材料、运行模式等对 MFC 性能的影响。在针对实际废水处理时，MFC 也展现出许多相比传统生物处理方法的优势，如不需要曝气、产生污泥量少、操作条件温和、常温常压下即可运行、维护成本低、安全性强、以水作为唯一产物（氧气作为阴极电子的情况）无污染及能量利用率高等。传统污水处理工艺中，曝气可占 45%～75% 的电力成本，利用 MFC 作为污水处理手段，不仅可以减少曝气能耗，还能额外产生至少 10% 的电能用于其他设施。基于生物膜的 MFC 系统相比于活性污泥法可减少 50%～70% 的污泥量。因此，是一种非常具有潜力的污水处理方法。

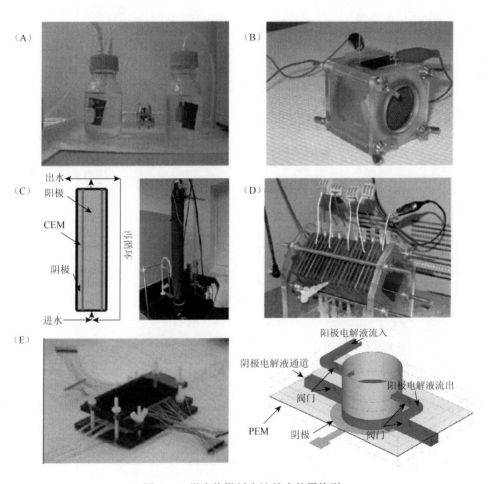

图 8.24　微生物燃料电池基本装置构型

MFC 不仅可以处理易生物降解的市政污水，对于难降解有毒废水的处理也展现出很大的优势。MFC 降解产油废水、玻璃和大理石加工废水及化工废水可去除85%以上的 COD。MFC 对 150mg/L 苯酚的去除可达 99%以上。采用葡萄糖和对硝基苯酚为共同底物，400mg/L 的对硝基苯酚在 4d 内即可去除 74%，6d 内可去除 82%。MFC 阴极可以还原电镀废水中的 Cr^{6+}，在 pH = 2 时，可去除 99.5%的初始浓度为 204mg/L 的 Cr^{6+}。以葡萄糖为共基质时，对于青霉素的降解可以在 24h内达到 98%（初始浓度 50mg/L）。MFC 对于去除含薯蓣皂素（一种合成类固醇激素类药）废水的 COD 去除率可达到 93%，输出电能 175mW/m^2。此外，MFC 还可以处理偶氮染料废水、垃圾渗滤液，及脱氮、脱硫等。因此，MFC 是一种很有前景的废水处理手段。

8.5.2.6　MFC 生物修复

将 MFC 的阳极置于底泥或土壤中，作为微生物降解/转化污染物的可持续性电子受体，避免了修复过程中昂贵化学药剂的使用，是一种有效的生物修复手段。在石油污染土壤修复中，微生物在土壤中降解石油，并通过附近阳极传递到地表的阴极，以氧气作为最终电子受体。采用 MFC 技术可以增加 164%的石油类有机物降解率。电极附近污染原油的降解可提高 120%，其降解效率的增加主要归因于基于电极的电子传递方式要比电子中介体传递的方式快，或是阳极附近微生物以电极作为电子受体，从而具有更高的生物活性。除此以外，柴油、吡啶、乙醇等污染物均可通过 MFC 氧化降解，含氯溶剂、高氯酸盐、铬、铀均可通过 MFC 还原降解或者降低毒性。

8.5.3　总结和展望

微生物电化学系统的运行主要依赖于微生物的胞外电子传递功能，具体为微生物和固态电极之间交换电子的功能。微生物电化学的电子传递研究主要基于两种模式产电菌：*G. sulfurreducens* 和 *S. oneidensis* MR-1，自然界中复杂的底物环境及微生物之间的相互作用关系使得实际系统中的电子传递过程变得异常复杂。近年来，传统电化学、分子生物学等发展，为微生物之间的电子传递过程提供了强有力的研究手段。在微生物电化学系统中可通过电化学测量来确定电极界面结构、电荷及电势等，从而进行界面电化学及电子传递的过程规律研究。具体的方法包括线性扫描伏安法、循环伏安法、脉冲伏安法等。通过对电子传递过程中氧化还原反应的测量，可推测不同状态下的电子传递特性；此外，高效液相色谱也可以作为分析电子传递过程中分泌的电子中介体的有效手段；通过生物信息学，包括指纹序列的提取、测序及比对等，可深入研究微生物群落结构，通过基因敲除技术可以获得基因缺陷型产电微生物，从而分析特定基因在微生物与电极之间电子传递过程中的作用。利用分子生物学技术可以得到不同条件下不同基因的表达，从而研究电子和电极的传递途径，有助于实现有目的的电化学活性强化。

经过几十年的研究，微生物电化学技术的功能得到了极大拓展，其性能也得到很大提高。但是该技术离实际应用还有很大距离。以 MFC 为例：通过改善 MFC 构型、电极材料及运行方式，MFC 产电从 mW/m^3 级别增加到 kW/m^3 级别，污水处理能力可达到 7.1kg COD/（$m^3 \cdot d$）。但是总体而言，MFC 的产电效率较低，难以作为电源使用。在扩大化的过程中出现的密封性差、产电低、入水波动大、系统造价高等问题还有待解决。相较于 MFC 产电，微生物合成池及微生物脱盐池显得更有应用前景，但目前这方面研究还仅限于实验室小型装置，并且对于试验装置的长期应用性能报道较少，系统的造价需要进一步降低以适应工业化应用的需求。此外，微生物电化学技术还可以作为环境"震动"传感器，实现水环境重金属或有毒物质的实时监测，然而其实际应用还有待进一步研究。

参 考 文 献

Gescher J，Kappler A. 2013. Microbial Metal Respiration：From Geochemistry to Potential Applications. New York：Springer.

Hernandez M E，Newman D K. 2001. Extracellular electron transfer. Cell Mol Life Sci，58（11）：1562-1571.

Hou H，Li L，Ceylan C Ü，et al. 2012. A microfluidic microbial fuel cell array that supports long-term multiplexed analyses of electricigens. Lab Chip，12：4151-4159.

Kracke F，Vassilev I，Krömer J O. 2015. Microbial electron transport and energy conservation-the foundation for optimizing bioelectrochemical systems. Front Microbiol，6：575.

Kumar R，Singh L，Zularisam A W. 2016. Exoelectrogens：recent advances in molecular drivers involved in extracellular electron transfer and strategies used to improve it for microbial fuel cell applications. Renew Sust Energ Rev，56：1322-1336.

Logan B E，Hamelers B，Rozendal R A，et al. 2006. Microbial fuel cells：methodology and technology. Environ Sci Technol，40（17）：5181-5192.

Logan B E，Rabaey K. 2012. Conversion of wastes into bioelectricity and chemicals by using microbial electrochemical technologies. Science，337：686-690.

Lovley D R，Malvankar N S. 2015. Seeing is believing：novel imaging techniques help clarify microbial nanowire structure and function. Environ Microbiol，17（7）：2209-2215.

Lovley D R. 2011. Powering microbes with electricity：direct electron transfer from electrodes to microbes. Environ Microbiol Rep，3：27-35.

Rabaey K，Angenent L，Schröder U，et al. 2010. Bioelectrochemical Systems：From Extracellular Electron Transfer to Biotechnological Application. London：IWA Publishing.

Rabaey K，René A. 2010. Rozendal，microbial electrosynthesis-revisiting the electrical route for microbial production. Nat Rev Microbiol，8：706-716.

Santos T C，Silva M A，Morgado L，et al. 2015. Diving into the redox properties of *Geobacter sulfurreducens* cytochromes: a model for extracellular electron transfer. Dalton Trans, 44 (20): 9335-9344.

Shi L, Dong H, Reguera G, et al. 2016. Extacellular electron transfer mechanisms between microorganisms and minerals. Nat Rev Microbiol, 14 (10): 651-662.

Wang H, Ren Z J. 2013. A comprehensive review of microbial electrochemical systems as a platform technology. Biotechnol Adv, 31 (8): 1796-1807.